JavaScript
设计模式
与开发实践

曾探◎著

人民邮电出版社

北京

图书在版编目（CIP）数据

JavaScript设计模式与开发实践 / 曾探著. -- 北京：
人民邮电出版社，2015.5
　（图灵原创）
　ISBN 978-7-115-38888-9

Ⅰ. ①J… Ⅱ. ①曾… Ⅲ. ①JAVA语言－程序设计
Ⅳ. ①TP312

中国版本图书馆CIP数据核字(2015)第072098号

内 容 提 要

　　本书根据JavaScript语言的特性，全面总结了实际工作中常用的设计模式。全书共分为三个部分，第一部分讲解了JavaScript语言面向对象和函数式编程的知识及其在设计模式方面的作用；第二部分通过一步步完善示例代码，由浅入深地讲解了16个设计模式；第三部分讲述了面向对象的设计原则及其在设计模式中的体现，以及一些常见的面向对象编程技巧和日常开发中的代码重构。

　　书中所有示例均来自作者长期的开发实践，与实际开发密切相关，适用于初、中、高级 Web 前端开发人员，尤其适合想往架构师晋级的中高级程序员阅读。

　　　　◆ 著　　　　曾　探

　　　　　责任编辑　王军花

　　　　　执行编辑　张　霞

　　　　　责任印制　杨林杰

　　　　◆ 人民邮电出版社出版发行　　北京市丰台区成寿寺路 11 号

　　　　　邮编　100164　电子邮件　315@ptpress.com.cn

　　　　　网址　https://www.ptpress.com.cn

　　　　　固安县铭成印刷有限公司印刷

　　　　◆ 开本：800×1000　1/16

　　　　　印张：19.5　　　　　　　　2015年5月第 1 版

　　　　　字数：461千字　　　　　　2025年1月河北第 44 次印刷

定价：69.80元

读者服务热线：(010)84084456-6009　印装质量热线：(010)81055316

反盗版热线：(010)81055315

广告经营许可证：京东市监广登字 20170147 号

序

如果时间倒退一点，很难想象我这样的"懒人"会花上近一年的业余时间来完成这本书。

这本书的原型是我发表在腾讯内部KM论坛的一篇文章《JavaScript常用设计模式》。这篇文章反响不错，还位列2012年KM十大热门文章第一名。不过说老实话，当时自己也是模式的初学者，和网上大部分讨论设计模式的文章一样，这篇文章里其实存在一些错误，这里要诚恳地说声抱歉。也正是由于这个原因，近两年我重新投身于对设计模式的研究之中。尽管如此，当在电脑上敲下本书第一行字的时候，我心中还是非常忐忑。一是我自己本身并非理论派，大部分工作时间都在做上层应用开发，很多偏理论的知识对于我来说，也是一个学习加总结的过程，二是不确保自己能否牺牲如此多的业余时间，毕竟很难削减玩LOL的时间。

无论如何，它终于和大家见面了。

本书结构

本书共分为三大部分。

第一部分讲解了JavaScript面向对象和函数式编程方面的知识，主要包括静态类型语言和动态类型语言的区别及其在实现设计模式时的异同，以及封装、继承、多态在动态类型语言中的体现，此外还介绍了JavaScript基于原型继承的面向对象系统的来龙去脉，给学习设计模式做好铺垫。

第二部分是核心部分，通过从普通到更好的代码示例，由浅到深地讲解了16个设计模式。

第三部分主要讲解面向对象的设计原则及其在设计模式中的体现，还介绍了一些常见的面向对象编程技巧和日常开发中的代码重构。

目标读者

本书主要面向初中级JavaScript开发人员。本书虽然以设计模式为主题，但也讲述了一些JavaScript开发中需要的基础知识，初级程序员也能从这里找到自己需要的东西。而对于中级程序员而言，学习设计模式的过程，可能正是往高级进阶的过程。

示例代码与勘误

本书提供了丰富的示例，示例代码可以在图灵社区本书主页（http://www.ituring.com.cn/book/1632）的"随书下载"中下载使用。

另外，由于作者的水平和时间所限，本书中难免存在一些遗憾。如果大家发现有什么问题，或者对本书有任何建议，欢迎到图灵社区本书主页提交勘误，也可以发送邮件到svenzeng@tencent.com来讨论，先谢谢！☺

致谢

虽然在写作过程中经历了不少曲折，但最终顺利完成。在这里，我想感谢为我提供帮助的所有人。

感谢图灵的美女编辑Alice，没有她的帮助，这本书不可能完成。

感谢AlloyTeam团队中每一个成员对我的指导和帮助，在这里工作不仅是工作，也是生活很重要的一部分。

感谢贺师俊、王集鹄、易郑超、程劭非几位老师提供的技术指导和宝贵建议。

感谢设计师"出壳设计"设计的插画和封面，它们让内容更加生动有趣。

最后，感谢我的妻子Annie，遇见你，是最美丽的意外。

前　言

　　《设计模式》一书自1995年成书一来，一直是程序员谈论的"高端"话题之一。许多程序员从设计模式中学到了设计软件的灵感，或者找到了问题的解决方案。在社区中，既有人对模式无比崇拜，也有人对模式充满误解。有些程序员把设计模式视为圣经，唯模式至上；有些人却认为设计模式只在C++或者Java中有用武之地，JavaScript这种动态语言根本就没有设计模式一说。

　　那么，在进入设计模式的学习之前，我们最好还是从模式的起源说起，分别听听这些不同的声音。

　　设计模式并非是软件开发的专业术语。实际上，"模式"最早诞生于建筑学。20世纪70年代，哈佛大学建筑学博士Christopher Alexander和他的研究团队花了约20年的时间，研究了为解决同一个问题而设计出的不同建筑结构，从中发现了那些高质量设计中的相似性，并且用"模式"来指代这种相似性。

　　受Christopher Alexander工作的启发，Erich Gamma、Richard Helm、Ralph Johnson、John Vlissides四人（人称Gang Of Four，GoF）把这种"模式"观点应用于面向对象的软件设计中，并且总结了23种常见的软件开发设计模式，录入《设计模式：可复用面向对象软件的基础》一书。

　　　　设计模式的定义是：在面向对象软件设计过程中针对特定问题的简洁而优雅的解决方案。

　　通俗一点说，设计模式是在某种场合下对某个问题的一种解决方案。如果再通俗一点说，设计模式就是给面向对象软件开发中的一些好的设计取个名字。

　　GoF成员之一John Vlissides在他的另一本关于设计模式的著作《设计模式沉思录》中写过这样一段话：

　　　　设想有一个电子爱好者，虽然他没有经过正规的培训，但是却日积月累地设计并制造出许多有用的电子设备：业余无线电、盖革计数器、报警器等。有一天这个爱好者决定重新回到学校去攻读电子学学位，来让自己的才能得到真实的认可。随着课程的展开，这个爱好者突然发现课程内容都似曾相识。似曾相识的并不是术语或者表述的方式，而是背后的概念。这个爱好者不断学到一些名称和原理，虽然这些名称和原理原来他不知道，但事实上他多年来一直都在使用。整个过程只不过是一个接一个的顿悟。

软件开发中的设计也是如此。这些"好的设计"并不是GoF发明的,而是早已存在于软件开发中。一个稍有经验的程序员也许在不知不觉中数次使用过这些设计模式。GoF最大的功绩是把这些"好的设计"从浩瀚的面向对象世界中挑选出来,并且给予它们一个好听又好记的名字。

那么,给模式一个名字有什么意义呢?上述故事中的电子爱好者在未进入学校之前,一点都不知道这些关于电器的概念有一些特定的名称,但这不妨碍他制造出一些电子设备。

实际上给"模式"取名的意义非常重要。人类可以走到生物链顶端的前两个原因分别是会"使用名字"和"使用工具"。在软件设计中,一个好的设计方案有了名字之后,才能被更好地传播,人们才有更多的机会去分享和学习它们。

也许这个小故事可以说明名字对于模式的重要性:假设你是一名足球教练,正在球场边指挥一场足球赛。通过一段时间的观察后,发现对方的后卫技术精湛,身体强壮,但边后卫速度较慢,中后卫身高和头球都非常一般。于是你在场边大声指挥队员:"用速度突破对方边后卫之后,往球门方向踢出高球,中路接应队员抢点头球攻门。"

在机会稍纵即逝的足球场上,教练这样费尽口舌地指挥队员比赛无疑是荒谬的。实际上这种战术有一个名字叫作"下底传中"。正因为战术有了对应的名字,在球场上教练可以很方便地和球员交流。"下底传中"这种战术即是足球场上的一种"模式"。

在软件设计中亦是如此。我们都知道设计经验非常重要。也许我们都有过这种感觉:这个问题发生的场景似曾相识,以前我遇到并解决过这个问题,但是我不知道怎么跟别人去描述它。我们非常希望给这个问题出现的场景和解决方案取一个统一的名字,当别人听到这个名字的时候,便知道我想表达什么。比如一个JavaScript新手今天学会了编写each函数,each函数用来迭代一个数组。他很难想到这个each函数其实就是迭代器模式。于是他向别人描述这个函数结构和意图的时候会遇到困难,而一旦大家对迭代器模式这个名字达成了共识,剩下的交流便是自然而然的事情。

学习模式的作用

小说家很少从头开始设计剧情,足球教练也很少从头开始发明战术,他们总是沿袭一些已经存在的模式。当足球教练看到对方边后卫速度慢,中后卫身高矮时,自然会想到"下底传中"这种模式。

同样,在软件设计中,模式是一些经过了大量实际项目验证的优秀解决方案。熟悉这些模式的程序员,对某些模式的理解也许形成了条件反射。当合适的场景出现时,他们可以很快地找到某种模式作为解决方案。

比如,当他们看到系统中存在一些大量的相似对象,这些对象给系统的内存带来了较大的负担。如果他们熟悉享元模式,那么第一时间就可以想到用享元模式来优化这个系统。再比如,系统中某个接口的结构已经不能符合目前的需求,但他们又不想去改动这个被灰尘遮住的老接口,一个熟悉模式的程序员将很快地找到适配器模式来解决这个问题。

如果我们还没有学习全部的模式，当遇到一个问题时，我们冥冥之中觉得这个问题出现的几率很高，说不定别人也遇到过同样的问题，并且已经把它整理成了模式，提供了一种通用的解决方案。这时候去翻翻《设计模式》这本书也许就会有意外的收获。

模式在不同语言之间的区别

《设计模式》一书的副标题是"可复用面向对象软件的基础"。《设计模式》这本书完全是从面向对象设计的角度出发的，通过对封装、继承、多态、组合等技术的反复使用，提炼出一些可重复使用的面向对象设计技巧。所以有一种说法是设计模式仅仅是就面向对象的语言而言的。

《设计模式》最初讲的确实是静态类型语言中的设计模式，原书大部分代码由C++写成，但设计模式实际上是解决某些问题的一种思想，与具体使用的语言无关。模式社区和语言一直都在发展，如今，除了主流的面向对象语言，函数式语言的发展也非常迅猛。在函数式或者其他编程范型的语言中，设计模式依然存在。

人类飞上天空需要借助飞机等工具，而鸟儿天生就有翅膀。在Dota游戏里，牛头人的人生目标是买一把跳刀（跳刀可以使用跳跃技能），而敌法师天生就有跳跃技能。因为语言的不同，一些设计模式在另外一些语言中的实现也许跟我们在《设计模式》一书中看到的大相径庭，这一点也不令人意外。

Google的研究总监Peter Norvig早在1996年一篇名为"动态语言设计模式"的演讲中，就指出了GoF所提出的23种设计模式，其中有16种在Lisp语言中已经是天然的实现。比如，Command模式在Java中需要一个命令类，一个接收者类，一个调用者类。Command模式把运算块封装在命令对象的方法内，成为该对象的行为，并把命令对象四处传递。但在Lisp或者JavaScript这些把函数当作一等对象的语言中，函数便能封装运算块，并且函数可以被当成对象一样四处传递，这样一来，命令模式在Lisp或者JavaScript中就成为了一种隐形的模式。

在Java这种静态编译型语言中，无法动态地给已存在的对象添加职责，所以一般通过包装类的方式来实现装饰者模式。但在JavaScript这种动态解释型语言中，给对象动态添加职责是再简单不过的事情。这就造成了JavaScript语言的装饰者模式不再关注于给对象动态添加职责，而是关注于给函数动态添加职责。

设计模式的适用性

设计模式被一些人认为只是夸夸其谈的东西，这些人认为设计模式并没有多大用途。毕竟我们用普通的方法就能解决的问题，使用设计模式可能会增加复杂度，或带来一些额外的代码。如果对一些设计模式使用不当，事情还可能变得更糟。

从某些角度来看，设计模式确实有可能带来代码量的增加，或许也会把系统的逻辑搞得更复杂。但软件开发的成本并非全部在开发阶段，设计模式的作用是让人们写出可复用和可维护性高的程序。假设有一个空房间，我们要日复一日地往里面放一些东西。最简单的办法当然是把这些东西直接扔进去，但是时间久了，就会发现很难从这个房子里找到自己想要的东西，要调整某几样东西的位置也不容易。所以在房间里做一些柜子也许是个更好的选择，虽然柜子会增加我们的成本，但它可以在维护阶段为我们带来好处。使用这些柜子存放东西的规则，或许就是一种模式。

所有设计模式的实现都遵循一条原则，即"找出程序中变化的地方，并将变化封装起来"。一个程序的设计总是可以分为可变的部分和不变的部分。当我们找出可变的部分，并且把这些部分封装起来，那么剩下的就是不变和稳定的部分。这些不变和稳定的部分是非常容易复用的。这也是设计模式为什么描写的是可复用面向对象软件基础的原因。

设计模式被人误解的一个重要原因是人们对它的误用和滥用，比如将一些模式用在了错误的场景中，或者说在不该使用模式的地方刻意使用模式。特别是初学者在刚学会使用一个模式时，恨不得把所有的代码都用这个模式来实现。锤子理论在这里体现得很明显：当我们有了一把锤子，看什么都是钉子。拿足球比赛的例子来说，我们的目标只是进球，"下底传中"这种"模式"仅仅是达到进球目标的一种手段。当我们面临密集防守时，下底传中或许是一种好的选择；但如果我们的球员获得了一个直接面对对方守门员的单刀机会，那么是否还要把球先传向边路队友，再由边路队友来一个边路传中呢？答案是显而易见的，模式应该用在正确的地方。而哪些才算正确的地方，只有在我们深刻理解了模式的意图之后，再结合项目的实际场景才会知道。

分辨模式的关键是意图而不是结构

在设计模式的学习中，有人经常发出这样的疑问：代理模式和装饰者模式，策略模式和状态模式，策略模式和智能命令模式，这些模式的类图看起来几乎一模一样，它们到底有什么区别？

实际上这种情况是普遍存在的，许多模式的类图看起来都差不多，模式只有放在具体的环境下才有意义。比如我们的手机，把它当电话的时候，它就是电话；把它当闹钟的时候，它就是闹钟；用它玩游戏的时候，它就是游戏机。我看到有人手中拿着iPhone18，但那实际上可能只是一个吹风机。有很多模式的类图和结构确实很相似，但这不太重要，辨别模式的关键是这个模式出现的场景，以及为我们解决了什么问题。

对 JavaScript 设计模式的误解

虽然JavaScript是一门完全面向对象的语言，但在很长一段时间内，JavaScript在人们的印象中只是用来验证表单，或者完成一些简单动画特效的脚本语言。在JavaScript语言上运用设计模式难免显得小题大做。但目前JavaScript已成为最流行的语言之一，在许多大型Web项目中，JavaScript代码的数量已经非常多了。我们绝对有必要把一些优秀的设计模式借鉴到JavaScript这门语言中。许多优秀的JavaScript开源框架也运用了不少设计模式。

JavaScript设计模式的社区目前还几乎是一片荒漠。网络上有一些讨论JavaScript设计模式的资料和文章，但这些资料和文章大多都存在两个问题。

第一个问题是习惯把静态类型语言的设计模式照搬到JavaScript中，比如有人为了模拟JavaScript版本的工厂方法（Factory Method）模式，而生硬地把创建对象的步骤延迟到子类中。实际上，在Java等静态类型语言中，让子类来"决定"创建何种对象的原因是为了让程序迎合依赖倒置原则（DIP）。在这些语言中创建对象时，先解开对象类型之间的耦合关系非常重要，这样才有机会在将来让对象表现出多态性。

而在JavaScript这种类型模糊的语言中，对象多态性是天生的，一个变量既可以指向一个类，又可以随时指向另外一个类。JavaScript不存在类型耦合的问题，自然也没有必要刻意去把对象"延迟"到子类创建，也就是说，JavaScript实际上是不需要工厂方法模式的。模式的存在首先是能为我们解决什么问题，这种牵强的模拟只会让人觉得设计模式既难懂又没什么用处。

另一个问题是习惯根据模式的名字去臆测该模式的一切。比如命令模式本意是把请求封装到对象中，利用命令模式可以解开请求发送者和请求接受者之间的耦合关系。但命令模式经常被人误解为只是一个名为execute的普通方法调用。这个方法除了叫作execute之外，其实并没有看出其他用处。所以许多人会误会命令模式的意图，以为它其实没什么用处，从而联想到其他设计模式也没有用处。

这些误解都影响了设计模式在JavaScript语言中的发展。

模式的发展

前面说过，模式的社区一直在发展。GoF在1995年提出了23种设计模式。但模式不仅仅局限于这23种。在近20年的时间里，也许有更多的模式已经被人发现并总结了出来。比如一些JavaScript图书中会提到模块模式、沙箱模式等。这些"模式"能否被世人公认并流传下来，还有待时间验证。不过某种解决方案要成为一种模式，还是有几个原则要遵守的。这几个原则即是"再现""教学"和"能够以一个名字来描述这种模式"。

不管怎样，在一些模式被公认并流行起来之前，需要慎重地冠之以某种模式的名称。否则模式也许很容易泛滥，导致人人都在发明模式，这反而增加了交流的难度。说不准哪天我们就能听到有人说全局变量模式、加模式、减模式等。

在《设计模式》出版后的近20年里，也出现了另外一批讲述设计模式的优秀读物。其中许多都获得过Jolt大奖。数不清的程序员从设计模式中获益，也许是改善了自己编写的某个软件，也许是从设计模式的学习中更好地理解了面向对象编程思想。无论如何，相信对我们这些大多数的普通程序员来说，系统地学习设计模式并没有坏处，相反，你会在模式的学习过程中受益匪浅。

目　　录

第一部分　基础知识

第二部分　设计模式

第三部分　设计原则和编程技巧

第一部分
基础知识

作为本书的第一部分，我们在进入设计模式的学习之前，需要先了解一些相关的周边知识，例如一些面向对象的基础知识、this 等重要概念，还要掌握一些函数式编程的技巧。这些都是学习设计模式的必要铺垫。

第 1 章

面向对象的 JavaScript

JavaScript 没有提供传统面向对象语言中的类式继承，而是通过原型委托的方式来实现对象与对象之间的继承。JavaScript 也没有在语言层面提供对抽象类和接口的支持。正因为存在这些跟传统面向对象语言不一致的地方，我们在用设计模式编写代码的时候，更要跟传统面向对象语言加以区别。所以在正式学习设计模式之前，我们有必要先了解一些 JavaScript 在面向对象方面的知识。

1.1 动态类型语言和鸭子类型

编程语言按照数据类型大体可以分为两类，一类是静态类型语言，另一类是动态类型语言。

静态类型语言在编译时便已确定变量的类型，而动态类型语言的变量类型要到程序运行的时候，待变量被赋予某个值之后，才会具有某种类型。

静态类型语言的优点首先是在编译时就能发现类型不匹配的错误，编辑器可以帮助我们提前避免程序在运行期间有可能发生的一些错误。其次，如果在程序中明确地规定了数据类型，编译器还可以针对这些信息对程序进行一些优化工作，提高程序执行速度。

静态类型语言的缺点首先是迫使程序员依照强契约来编写程序，为每个变量规定数据类型，归根结底只是辅助我们编写可靠性高程序的一种手段，而不是编写程序的目的，毕竟大部分人编写程序的目的是为了完成需求交付生产。其次，类型的声明也会增加更多的代码，在程序编写过程中，这些细节会让程序员的精力从思考业务逻辑上分散开来。

动态类型语言的优点是编写的代码数量更少，看起来也更加简洁，程序员可以把精力更多地放在业务逻辑上面。虽然不区分类型在某些情况下会让程序变得难以理解，但整体而言，代码量越少，越专注于逻辑表达，对阅读程序是越有帮助的。

动态类型语言的缺点是无法保证变量的类型，从而在程序的运行期有可能发生跟类型相关的错误。这好像在商店买了一包牛肉辣条，但是要真正吃到嘴里才知道是不是牛肉味。

在 JavaScript 中，当我们对一个变量赋值时，显然不需要考虑它的类型，因此，JavaScript 是一门典型的动态类型语言。

动态类型语言对变量类型的宽容给实际编码带来了很大的灵活性。由于无需进行类型检测，我们可以尝试调用任何对象的任意方法，而无需去考虑它原本是否被设计为拥有该方法。

这一切都建立在鸭子类型（duck typing）的概念上，鸭子类型的通俗说法是："如果它走起路来像鸭子，叫起来也是鸭子，那么它就是鸭子。"

我们可以通过一个小故事来更深刻地了解鸭子类型。

从前在 JavaScript 王国里，有一个国王，他觉得世界上最美妙的声音就是鸭子的叫声，于是国王召集大臣，要组建一个 1000 只鸭子组成的合唱团。大臣们找遍了全国，终于找到 999 只鸭子，但是始终还差一只，最后大臣发现有一只非常特别的鸡，它的叫声跟鸭子一模一样，于是这只鸡就成为了合唱团的最后一员。

这个故事告诉我们，国王要听的只是鸭子的叫声，这个声音的主人到底是鸡还是鸭并不重要。鸭子类型指导我们只关注对象的行为，而不关注对象本身，也就是关注 HAS-A，而不是 IS-A。

下面我们用代码来模拟这个故事。

```javascript
var duck = {
    duckSinging: function(){
        console.log( '嘎嘎嘎' );
    }
};

var chicken = {
    duckSinging: function(){
        console.log( '嘎嘎嘎' );
```

```
    }
};

var choir = [];    // 合唱团

var joinChoir = function( animal ){
    if ( animal && typeof animal.duckSinging === 'function' ){
        choir.push( animal );
        console.log( '恭喜加入合唱团' );
        console.log( '合唱团已有成员数量:' + choir.length );
    }
};

joinChoir( duck );     // 恭喜加入合唱团
joinChoir( chicken );    // 恭喜加入合唱团
```

我们看到，对于加入合唱团的动物，大臣们根本无需检查它们的类型，而是只需要保证它们拥有 duckSinging 方法。如果下次期望加入合唱团的是一只小狗，而这只小狗刚好也会鸭子叫，我相信这只小狗也能顺利加入。

在动态类型语言的面向对象设计中，鸭子类型的概念至关重要。利用鸭子类型的思想，我们不必借助超类型的帮助，就能轻松地在动态类型语言中实现一个原则："面向接口编程，而不是面向实现编程"。例如，一个对象若有 push 和 pop 方法，并且这些方法提供了正确的实现，它就可以被当作栈来使用。一个对象如果有 length 属性，也可以依照下标来存取属性（最好还要拥有 slice 和 splice 等方法），这个对象就可以被当作数组来使用。

在静态类型语言中，要实现"面向接口编程"并不是一件容易的事情，往往要通过抽象类或者接口等将对象进行向上转型。当对象的真正类型被隐藏在它的超类型身后，这些对象才能在类型检查系统的"监视"之下互相被替换使用。只有当对象能够被互相替换使用，才能体现出对象多态性的价值。

"面向接口编程"是设计模式中最重要的思想，但在 JavaScript 语言中，"面向接口编程"的过程跟主流的静态类型语言不一样，因此，在 JavaScript 中实现设计模式的过程与在一些我们熟悉的语言中实现的过程会大相径庭。

1.2   多态

"多态"一词源于希腊文 polymorphism，拆开来看是 poly（复数）+ morph（形态）+ ism，从字面上我们可以理解为复数形态。

多态的实际含义是：同一操作作用于不同的对象上面，可以产生不同的解释和不同的执行结果。换句话说，给不同的对象发送同一个消息的时候，这些对象会根据这个消息分别给出不同的反馈。

从字面上来理解多态不太容易，下面我们来举例说明一下。

主人家里养了两只动物，分别是一只鸭和一只鸡，当主人向它们发出"叫"的命令时，鸭会"嘎嘎嘎"地叫，而鸡会"咯咯咯"地叫。这两只动物都会以自己的方式来发出叫声。它们同样"都是动物，并且可以发出叫声"，但根据主人的指令，它们会各自发出不同的叫声。

其实，其中就蕴含了多态的思想。下面我们通过代码进行具体的介绍。

1.2.1 一段"多态"的 JavaScript 代码

我们把上面的故事用 JavaScript 代码实现如下：

```
var makeSound = function( animal ){
    if ( animal instanceof Duck ){
        console.log( '嘎嘎嘎' );
    }else if ( animal instanceof Chicken ){
        console.log( '咯咯咯' );
    }
};

var Duck = function(){};
var Chicken = function(){};

makeSound( new Duck() );      // 嘎嘎嘎
makeSound( new Chicken() );    // 咯咯咯
```

这段代码确实体现了"多态性"，当我们分别向鸭和鸡发出"叫唤"的消息时，它们根据此消息作出了各自不同的反应。但这样的"多态性"是无法令人满意的，如果后来又增加了一只动物，比如狗，显然狗的叫声是"汪汪汪"，此时我们必须得改动 makeSound 函数，才能让狗也发出叫声。修改代码总是危险的，修改的地方越多，程序出错的可能性就越大，而且当动物的种类越来越多时，makeSound 有可能变成一个巨大的函数。

多态背后的思想是将"做什么"和"谁去做以及怎样去做"分离开来，也就是将"不变的事物"与"可能改变的事物"分离开来。在这个故事中，动物都会叫，这是不变的，但是不同类型的动物具体怎么叫是可变的。把不变的部分隔离出来，把可变的部分封装起来，这给予了我们扩展程序的能力，程序看起来是可生长的，也是符合开放-封闭原则的，相对于修改代码来说，仅仅增加代码就能完成同样的功能，这显然优雅和安全得多。

1.2.2 对象的多态性

下面是改写后的代码，首先我们把不变的部分隔离出来，那就是所有的动物都会发出叫声：

```
var makeSound = function( animal ){
    animal.sound();
};
```

然后把可变的部分各自封装起来，我们刚才谈到的多态性实际上指的是对象的多态性：

```
var Duck = function(){}

Duck.prototype.sound = function(){
    console.log( '嘎嘎嘎' );
};

var Chicken = function(){}

Chicken.prototype.sound = function(){
    console.log( '咯咯咯' );
};

makeSound( new Duck() );         // 嘎嘎嘎
makeSound( new Chicken() );      // 咯咯咯
```

现在我们向鸭和鸡都发出"叫唤"的消息，它们接到消息后分别作出了不同的反应。如果有一天动物世界里又增加了一只狗，这时候只要简单地追加一些代码就可以了，而不用改动以前的 makeSound 函数，如下所示：

```
var Dog = function(){}

Dog.prototype.sound = function(){
    console.log( '汪汪汪' );
};

makeSound( new Dog() );      // 汪汪汪
```

1.2.3　类型检查和多态

类型检查是在表现出对象多态性之前的一个绕不开的话题，但 JavaScript 是一门不必进行类型检查的动态类型语言，为了真正了解多态的目的，我们需要转一个弯，从一门静态类型语言说起。

我们在 1.1 节已经说明过静态类型语言在编译时会进行类型匹配检查。以 Java 为例，由于在代码编译时要进行严格的类型检查，所以不能给变量赋予不同类型的值，这种类型检查有时候会让代码显得僵硬，代码如下：

```
String str;

str = "abc";   // 没有问题
str = 2;    // 报错
```

现在我们尝试把上面让鸭子和鸡叫唤的例子换成 Java 代码：

```
public class Duck {          // 鸭子类
    public void makeSound(){
        System.out.println( "嘎嘎嘎" );
    }
}
```

```java
public class Chicken {           // 鸡类
    public void makeSound(){
        System.out.println( "咯咯咯" );
    }
}


public class AnimalSound {
    public void makeSound( Duck duck ){      // (1)
        duck.makeSound();
    }

}

public class Test {
    public static void main( String args[] ){
        AnimalSound animalSound = new AnimalSound();
        Duck duck = new Duck();
        animalSound.makeSound( duck );      // 输出：嘎嘎嘎
    }
}
```

我们已经顺利地让鸭子可以发出叫声，但如果现在想让鸡也叫唤起来，我们发现这是一件不可能实现的事情。因为(1)处 AnimalSound 类的 makeSound 方法，被我们规定为只能接受 Duck 类型的参数：

```java
public class Test {
    public static void main( String args[] ){
        AnimalSound animalSound = new AnimalSound();
        Chicken chicken = new Chicken();
        animalSound.makeSound( chicken );      // 报错，只能接受 Duck 类型的参数
    }
}
```

某些时候，在享受静态语言类型检查带来的安全性的同时，我们亦会感觉被束缚住了手脚。

为了解决这一问题，静态类型的面向对象语言通常被设计为可以向上转型：当给一个类变量赋值时，这个变量的类型既可以使用这个类本身，也可以使用这个类的超类。这就像我们在描述天上的一只麻雀或者一只喜鹊时，通常说"一只麻雀在飞"或者"一只喜鹊在飞"。但如果想忽略它们的具体类型，那么也可以说"一只鸟在飞"。

同理，当 Duck 对象和 Chicken 对象的类型都被隐藏在超类型 Animal 身后，Duck 对象和 Chicken 对象就能被交换使用，这是让对象表现出多态性的必经之路，而多态性的表现正是实现众多设计模式的目标。

1.2.4　使用继承得到多态效果

使用继承来得到多态效果，是让对象表现出多态性的最常用手段。继承通常包括实现继承和

接口继承。本节我们讨论实现继承，接口继承的例子请参见第 21 章。

我们先创建一个 Animal 抽象类，再分别让 Duck 和 Chicken 都继承自 Animal 抽象类，下述代码中(1)处和(2)处的赋值语句显然是成立的，因为鸭子和鸡也是动物：

```java
public abstract class Animal {
    abstract void makeSound();   // 抽象方法
}

public class Chicken extends Animal{
    public void makeSound(){
        System.out.println( "咯咯咯" );
    }
}

public class Duck extends Animal{
    public void makeSound(){
        System.out.println( "嘎嘎嘎" );
    }
}

Animal duck = new Duck();        // (1)
Animal chicken = new Chicken();    // (2)
```

现在剩下的就是让 AnimalSound 类的 makeSound 方法接受 Animal 类型的参数，而不是具体的 Duck 类型或者 Chicken 类型：

```java
public class AnimalSound{
    public void makeSound( Animal animal ){    // 接受 Animal 类型的参数
        animal.makeSound();
    }
}

public class Test {
    public static void main( String args[] ){
        AnimalSound animalSound= new AnimalSound ();
        Animal duck = new Duck();
        Animal chicken = new Chicken();
        animalSound.makeSound( duck );     // 输出嘎嘎嘎
        animalSound.makeSound( chicken );         // 输出咯咯咯
    }
}
```

1.2.5　JavaScript 的多态

从前面的讲解我们得知，多态的思想实际上是把"做什么"和"谁去做"分离开来，要实现这一点，归根结底先要消除类型之间的耦合关系。如果类型之间的耦合关系没有被消除，那么我们在 makeSound 方法中指定了发出叫声的对象是某个类型，它就不可能再被替换为另外一个类型。在 Java 中，可以通过向上转型来实现多态。

而 JavaScript 的变量类型在运行期是可变的。一个 JavaScript 对象,既可以表示 Duck 类型的对象,又可以表示 Chicken 类型的对象,这意味着 JavaScript 对象的多态性是与生俱来的。

这种与生俱来的多态性并不难解释。JavaScript 作为一门动态类型语言,它在编译时没有类型检查的过程,既没有检查创建的对象类型,又没有检查传递的参数类型。在 1.2.2 节的代码示例中,我们既可以往 makeSound 函数里传递 duck 对象当作参数,也可以传递 chicken 对象当作参数。

由此可见,某一种动物能否发出叫声,只取决于它有没有 makeSound 方法,而不取决于它是否是某种类型的对象,这里不存在任何程度上的"类型耦合"。这正是我们从上一节的鸭子类型中领悟的道理。在 JavaScript 中,并不需要诸如向上转型之类的技术来取得多态的效果。

1.2.6 多态在面向对象程序设计中的作用

有许多人认为,多态是面向对象编程语言中最重要的技术。但我们目前还很难看出这一点,毕竟大部分人都不关心鸡是怎么叫的,也不想知道鸭是怎么叫的。让鸡和鸭在同一个消息之下发出不同的叫声,这跟程序员有什么关系呢?

Martin Fowler 在《重构:改善既有代码的设计》里写到:

> 多态的最根本好处在于,你不必再向对象询问"你是什么类型"而后根据得到的答案调用对象的某个行为——你只管调用该行为就是了,其他的一切多态机制都会为你安排妥当。

换句话说,多态最根本的作用就是通过把过程化的条件分支语句转化为对象的多态性,从而消除这些条件分支语句。

Martin Fowler 的话可以用下面这个例子很好地诠释:

> 在电影的拍摄现场,当导演喊出"action"时,主角开始背台词,照明师负责打灯光,后面的群众演员假装中枪倒地,道具师往镜头里撒上雪花。在得到同一个消息时,每个对象都知道自己应该做什么。如果不利用对象的多态性,而是用面向过程的方式来编写这一段代码,那么相当于在电影开始拍摄之后,导演每次都要走到每个人的面前,确认它们的职业分工(类型),然后告诉他们要做什么。如果映射到程序中,那么程序中将充斥着条件分支语句。

利用对象的多态性,导演在发布消息时,就不必考虑各个对象接到消息后应该做什么。对象应该做什么并不是临时决定的,而是已经事先约定和排练完毕。每个对象应该做什么,已经成为了该对象的一个方法,被安装在对象的内部,每个对象负责它们自己的行为。所以这些对象可以根据同一个消息,有条不紊地分别进行各自的工作。

将行为分布在各个对象中,并让这些对象各自负责自己的行为,这正是面向对象设计的优点。

再看一个现实开发中遇到的例子,这个例子的思想和动物叫声的故事非常相似。

假设我们要编写一个地图应用，现在有两家可选的地图 **API** 提供商供我们接入自己的应用。目前我们选择的是谷歌地图，谷歌地图的 **API** 中提供了 show 方法，负责在页面上展示整个地图。示例代码如下：

```
var googleMap = {
    show: function(){
        console.log( '开始渲染谷歌地图' );
    }
};

var renderMap = function(){
    googleMap.show();
};

renderMap();    // 输出：开始渲染谷歌地图
```

后来因为某些原因，要把谷歌地图换成百度地图，为了让 renderMap 函数保持一定的弹性，我们用一些条件分支来让 renderMap 函数同时支持谷歌地图和百度地图：

```
var googleMap = {
    show: function(){
        console.log( '开始渲染谷歌地图' );
    }
};

var baiduMap = {
    show: function(){
        console.log( '开始渲染百度地图' );
    }
};

var renderMap = function( type ){
    if ( type === 'google' ){
        googleMap.show();
    }else if ( type === 'baidu' ){
        baiduMap.show();
    }
};

renderMap( 'google' );    // 输出：开始渲染谷歌地图
renderMap( 'baidu' );     // 输出：开始渲染百度地图
```

可以看到，虽然 renderMap 函数目前保持了一定的弹性，但这种弹性是很脆弱的，一旦需要替换成搜搜地图，那无疑必须得改动 renderMap 函数，继续往里面堆砌条件分支语句。

我们还是先把程序中相同的部分抽象出来，那就是显示某个地图：

```
var renderMap = function( map ){
    if ( map.show instanceof Function ){
        map.show();
    }
};
```

```
renderMap( googleMap );      // 输出：开始渲染谷歌地图
renderMap( baiduMap );       // 输出：开始渲染百度地图
```

现在来找找这段代码中的多态性。当我们向谷歌地图对象和百度地图对象分别发出"展示地图"的消息时，会分别调用它们的 show 方法，就会产生各自不同的执行结果。对象的多态性提示我们，"做什么"和"怎么去做"是可以分开的，即使以后增加了搜搜地图，renderMap 函数仍然不需要做任何改变，如下所示：

```
var sosoMap = {
    show: function(){
        console.log( '开始渲染搜搜地图' );
    }
};

renderMap( sosoMap );       // 输出：开始渲染搜搜地图
```

在这个例子中，我们假设每个地图 API 提供展示地图的方法名都是 show，在实际开发中也许不会如此顺利，这时候可以借助适配器模式来解决问题。

1.2.7　设计模式与多态

GoF 所著的《设计模式》一书的副书名是"可复用面向对象软件的基础"。该书完全是从面向对象设计的角度出发的，通过对封装、继承、多态、组合等技术的反复使用，提炼出一些可重复使用的面向对象设计技巧。而多态在其中又是重中之重，绝大部分设计模式的实现都离不开多态性的思想。

拿命令模式[①]来说，请求被封装在一些命令对象中，这使得命令的调用者和命令的接收者可以完全解耦开来，当调用命令的 execute 方法时，不同的命令会做不同的事情，从而会产生不同的执行结果。而做这些事情的过程是早已被封装在命令对象内部的，作为调用命令的客户，根本不必去关心命令执行的具体过程。

在组合模式[②]中，多态性使得客户可以完全忽略组合对象和叶节点对象之间的区别，这正是组合模式最大的作用所在。对组合对象和叶节点对象发出同一个消息的时候，它们会各自做自己应该做的事情，组合对象把消息继续转发给下面的叶节点对象，叶节点对象则会对这些消息作出真实的反馈。

在策略模式[③]中，Context 并没有执行算法的能力，而是把这个职责委托给了某个策略对象。每个策略对象负责的算法已被各自封装在对象内部。当我们对这些策略对象发出"计算"的消息时，它们会返回各自不同的计算结果。

---

① 参见第 9 章。
② 参见第 10 章。
③ 参见第 5 章。

在 JavaScript 这种将函数作为一等对象的语言中，函数本身也是对象，函数用来封装行为并且能够被四处传递。当我们对一些函数发出"调用"的消息时，这些函数会返回不同的执行结果，这是"多态性"的一种体现，也是很多设计模式在 JavaScript 中可以用高阶函数来代替实现的原因。

1.3　封装

封装的目的是将信息隐藏。一般而言，我们讨论的封装是封装数据和封装实现。这一节将讨论更广义的封装，不仅包括封装数据和封装实现，还包括封装类型和封装变化。

1.3.1　封装数据

在许多语言的对象系统中，封装数据是由语法解析来实现的，这些语言也许提供了 private、public、protected 等关键字来提供不同的访问权限。

但 JavaScript 并没有提供对这些关键字的支持，我们只能依赖变量的作用域来实现封装特性，而且只能模拟出 public 和 private 这两种封装性。

除了 ECMAScript 6 中提供的 let 之外，一般我们通过函数来创建作用域：

```
var myObject = (function(){
    var __name = 'sven';      // 私有（private）变量
    return {
        getName: function(){    // 公开（public）方法
            return __name;
        }
    }
})();

console.log( myObject.getName() );   // 输出：sven
console.log( myObject.__name )       // 输出：undefined
```

另外值得一提的是，在 ECMAScript 6 中，还可以通过 Symbol 创建私有属性。详情可参阅 https://github.com/lukehoban/es6features，二维码见右边。

1.3.2　封装实现

上一节描述的封装，指的是数据层面的封装。有时候我们喜欢把封装等同于封装数据，但这是一种比较狭义的定义。

封装的目的是将信息隐藏，封装应该被视为"任何形式的封装"，也就是说，封装不仅仅是隐藏数据，还包括隐藏实现细节、设计细节以及隐藏对象的类型等。

从封装实现细节来讲，封装使得对象内部的变化对其他对象而言是透明的，也就是不可见的。对象对它自己的行为负责。其他对象或者用户都不关心它的内部实现。封装使得对象之间的耦合变松散，对象之间只通过暴露的 API 接口来通信。当我们修改一个对象时，可以随意地修改它的内部实现，只要对外的接口没有变化，就不会影响到程序的其他功能。

封装实现细节的例子非常之多。拿迭代器来说明，迭代器的作用是在不暴露一个聚合对象的内部表示的前提下，提供一种方式来顺序访问这个聚合对象。我们编写了一个 each 函数，它的作用就是遍历一个聚合对象，使用这个 each 函数的人不用关心它的内部是怎样实现的，只要它提供的功能正确便可以。即使 each 函数修改了内部源代码，只要对外的接口或者调用方式没有变化，用户就不用关心它内部实现的改变。

1.3.3 封装类型

封装类型是静态类型语言中一种重要的封装方式。一般而言，封装类型是通过抽象类和接口来进行的[①]。把对象的真正类型隐藏在抽象类或者接口之后，相比对象的类型，客户更关心对象的行为。在许多静态语言的设计模式中，想方设法地去隐藏对象的类型，也是促使这些模式诞生的原因之一。比如工厂方法模式、组合模式等。

当然在 JavaScript 中，并没有对抽象类和接口的支持。JavaScript 本身也是一门类型模糊的语言。在封装类型方面，JavaScript 没有能力，也没有必要做得更多。对于 JavaScript 的设计模式实现来说，不区分类型是一种失色，也可以说是一种解脱。在后面章节的学习中，我们可以慢慢了解这一点。

1.3.4 封装变化

从设计模式的角度出发，封装在更重要的层面体现为封装变化。

《设计模式》一书曾提到如下文字：

> "考虑你的设计中哪些地方可能变化，这种方式与关注会导致重新设计的原因相反。它不是考虑什么时候会迫使你的设计改变，而是考虑你怎样才能够在不重新设计的情况下进行改变。这里的关键在于封装发生变化的概念，这是许多设计模式的主题。"

这段文字即是《设计模式》提到的"找到变化并封装之"。《设计模式》一书中共归纳总结了 23 种设计模式。从意图上区分，这 23 种设计模式分别被划分为创建型模式、结构型模式和行为型模式。

拿创建型模式来说，要创建一个对象，是一种抽象行为，而具体创建什么对象则是可以变化的，创建型模式的目的就是封装创建对象的变化。而结构型模式封装的是对象之间的组合关系。行为型模式封装的是对象的行为变化。

通过封装变化的方式，把系统中稳定不变的部分和容易变化的部分隔离开来，在系统的演变过程中，我们只需要替换那些容易变化的部分，如果这些部分是已经封装好的，替换起来也相对

---

① 详情可参阅 1.2 节中的 Animal 示例。

容易。这可以最大程度地保证程序的稳定性和可扩展性。

从《设计模式》副标题"可复用面向对象软件的基础"可以知道,这本书理应教我们如何编写可复用的面向对象程序。这本书把大多数笔墨都放在如何封装变化上面,这跟编写可复用的面向对象程序是不矛盾的。当我们想办法把程序中变化的部分封装好之后,剩下的即是稳定而可复用的部分了。

1.4   原型模式和基于原型继承的 JavaScript 对象系统

在 Brendan Eich 为 JavaScript 设计面向对象系统时,借鉴了 Self 和 Smalltalk 这两门基于原型的语言。之所以选择基于原型的面向对象系统,并不是因为时间匆忙,它设计起来相对简单,而是因为从一开始 Brendan Eich 就没有打算在 JavaScript 中加入类的概念。

在以类为中心的面向对象编程语言中,类和对象的关系可以想象成铸模和铸件的关系,对象总是从类中创建而来。而在原型编程的思想中,类并不是必需的,对象未必需要从类中创建而来,一个对象是通过克隆另外一个对象所得到的。就像电影《第六日》一样,通过克隆可以创造另外一个一模一样的人,而且本体和克隆体看不出任何区别。

原型模式不单是一种设计模式,也被称为一种编程泛型。

本节我们将首先学习第一个设计模式——原型模式。随后会了解基于原型的 Io 语言,借助对 Io 语言的了解,我们对 JavaScript 的面向对象系统也将有更深的认识。在本节的最后,我们将详细了解 JavaScript 语言如何通过原型来构建一个面向对象系统。

1.4.1   使用克隆的原型模式

从设计模式的角度讲,原型模式是用于创建对象的一种模式,如果我们想要创建一个对象,一种方法是先指定它的类型,然后通过类来创建这个对象。原型模式选择了另外一种方式,我们不再关心对象的具体类型,而是找到一个对象,然后通过克隆来创建一个一模一样的对象。

既然原型模式是通过克隆来创建对象的,那么很自然地会想到,如果需要一个跟某个对象一模一样的对象,就可以使用原型模式。

假设我们在编写一个飞机大战的网页游戏。某种飞机拥有分身技能,当它使用分身技能的时候,要在页面中创建一些跟它一模一样的飞机。如果不使用原型模式,那么在创建分身之前,无疑必须先保存该飞机的当前血量、炮弹等级、防御等级等信息,随后将这些信息设置到新创建的飞机上面,这样才能得到一架一模一样的新飞机。

如果使用原型模式,我们只需要调用负责克隆的方法,便能完成同样的功能。

原型模式的实现关键,是语言本身是否提供了 clone 方法。ECMAScript 5 提供了 Object.create 方法,可以用来克隆对象。代码如下:

```
var Plane = function(){
    this.blood = 100;
    this.attackLevel = 1;
    this.defenseLevel = 1;
};

var plane = new Plane();
plane.blood = 500;
plane.attackLevel = 10;
plane.defenseLevel = 7;

var clonePlane = Object.create( plane );
console.log( clonePlane.blood )          // 输出 500
console.log( clonePlane.attackLevel )    // 输出 10
console.log( clonePlane.defenseLevel )   // 输出 7
```

在不支持 `Object.create` 方法的浏览器中，则可以使用以下代码：

```
Object.create = Object.create || function( obj ){
    var F = function(){};
    F.prototype = obj;

    return new F();
}
```

1.4.2 克隆是创建对象的手段

通过上一节的代码，我们看到了如何通过原型模式来克隆出一个一模一样的对象。但原型模式的真正目的并非在于需要得到一个一模一样的对象，而是提供了一种便捷的方式去创建某个类型的对象，克隆只是创建这个对象的过程和手段。

在用 Java 等静态类型语言编写程序的时候，类型之间的解耦非常重要。依赖倒置原则提醒我们创建对象的时候要避免依赖具体类型，而用 new XXX 创建对象的方式显得很僵硬。工厂方法模式和抽象工厂模式可以帮助我们解决这个问题，但这两个模式会带来许多跟产品类平行的工厂类层次，也会增加很多额外的代码。

原型模式提供了另外一种创建对象的方式，通过克隆对象，我们就不用再关心对象的具体类型名字。这就像一个仙女要送给三岁小女孩生日礼物，虽然小女孩可能还不知道飞机或者船怎么说，但她可以指着商店橱柜里的飞机模型说"我要这个"。

当然在 JavaScript 这种类型模糊的语言中，创建对象非常容易，也不存在类型耦合的问题。从设计模式的角度来讲，原型模式的意义并不算大。但 JavaScript 本身是一门基于原型的面向对象语言，它的对象系统就是使用原型模式来搭建的，在这里称之为原型编程范型也许更合适。

1.4.3 体验 Io 语言

前面说过，原型模式不仅仅是一种设计模式，也是一种编程范型。JavaScript 就是使用原型模式来搭建整个面向对象系统的。在 JavaScript 语言中不存在类的概念，对象也并非从类中创建出来的，所有的 JavaScript 对象都是从某个对象上克隆而来的。

对于习惯了以类为中心语言的人来说，也许一时不容易理解这种基于原型的语言。即使是对于 JavaScript 语言的熟练使用者而言，也可能会有一种"不识庐山真面目，只缘身在此山中"的感觉。事实上，使用原型模式来构造面向对象系统的语言远非仅有 JavaScript 一家。

JavaScript 基于原型的面向对象系统参考了 Self 语言和 Smalltalk 语言，为了搞清 JavaScript 中的原型，我们本该寻根溯源去瞧瞧这两门语言。但由于这两门语言距离现在实在太遥远，我们不妨转而了解一下另外一种轻巧又基于原型的语言——Io 语言。

Io 语言在 2002 年由 Steve Dekorte 发明。可以从 http://iolanguage.com 下载到 Io 语言的解释器，安装好之后打开 Io 解释器，输入经典的"Hello World"程序。解释器打印出了 Hello World 的字符串，这说明我们已经可以使用 Io 语言来编写一些小程序了，如图 1-1 所示。

```
Io 20110905
Io> "Hello World" print
Hello World==> Hello World
Io>
```

图   1-1

作为一门基于原型的语言，Io 中同样没有类的概念，每一个对象都是基于另外一个对象的克隆。

就像吸血鬼的故事里必然有一个吸血鬼祖先一样，既然每个对象都是由其他对象克隆而来的，那么我们猜测 Io 语言本身至少要提供一个根对象，其他对象都发源于这个根对象。这个猜测是正确的，在 Io 中，根对象名为 Object。

这一节我们依然拿动物世界的例子来讲解 Io 语言。在下面的代码中，通过克隆根对象 Object，就可以得到另外一个对象 Animal。虽然 Animal 是以大写开头的，但是记住 Io 中没有类，Animal 跟所有的数据一样都是对象。

```
Animal := Object clone    // 克隆动物对象
```

现在通过克隆根对象 Object 得到了一个新的 Animal 对象，所以 Object 就被称为 Animal 的原型。目前 Animal 对象和它的原型 Object 对象一模一样，还没有任何属于它自己方法和能力。我们假设在 Io 的世界里，所有的动物都会发出叫声，那么现在就给 Animal 对象添加 makeSound 方法吧。代码如下：

```
Animal makeSound := method( "animal makeSound " print );
```

好了，现在所有的动物都能够发出叫声了，那么再来继续创建一个 Dog 对象。显而易见，Animal 对象可以作为 Dog 对象的原型，Dog 对象从 Animal 对象克隆而来：

```
Dog := Animal clone
```

可以确定，Dog 一定懂得怎么吃食物，所以接下来给 Dog 对象添加 eat 方法：

```
Dog eat := method( "dog eat " print );
```

现在已经完成了整个动物世界的构建，通过一次次克隆，Io 的对象世界里不再只有形单影只的根对象 Object，而是多了两个新的对象：Animal 对象和 Dog 对象。其中 Dog 的原型是 Animal，Animal 对象的原型是 Object。最后我们来测试 Animal 对象和 Dog 对象的功能。

先尝试调用 Animal 的 makeSound 方法，可以看到，动物顺利发出了叫声：

```
Animal makeSound      // 输出: animal makeSound
```

然后再调用 Dog 的 eat 方法，同样我们也看到了预期的结果：

```
Dog eat      // 输出: dog eat
```

1.4.4 原型编程范型的一些规则

从上一节的讲解中，我们看到了如何在 Io 语言中从无到有地创建一些对象。跟使用"类"的语言不一样的地方是，Io 语言中最初只有一个根对象 Object，其他所有的对象都克隆自另外一个对象。如果 A 对象是从 B 对象克隆而来的，那么 B 对象就是 A 对象的原型。

在上一小节的例子中，Object 是 Animal 的原型，而 Animal 是 Dog 的原型，它们之间形成了一条原型链。这个原型链是很有用处的，当我们尝试调用 Dog 对象的某个方法时，而它本身却没有这个方法，那么 Dog 对象会把这个请求委托给它的原型 Animal 对象，如果 Animal 对象也没有这个属性，那么请求会顺着原型链继续被委托给 Animal 对象的原型 Object 对象，这样一来便能得到继承的效果，看起来就像 Animal 是 Dog 的"父类"，Object 是 Animal 的"父类"。

这个机制并不复杂，却非常强大，Io 和 JavaScript 一样，基于原型链的委托机制就是原型继承的本质。

我们来进行一些测试。在 Io 的解释器中执行 Dog makeSound 时，Dog 对象并没有 makeSound 方法，于是把请求委托给了它的原型 Animal 对象，而 Animal 对象是有 makeSound 方法的，所以该条语句可以顺利得到输出，如图 1-2 所示。

图　1-2

现在我们明白了原型编程中的一个重要特性，即当对象无法响应某个请求时，会把该请求委托给它自己的原型。

最后整理一下本节的描述，我们可以发现原型编程范型至少包括以下基本规则。

☐ 所有的数据都是对象。
☐ 要得到一个对象，不是通过实例化类，而是找到一个对象作为原型并克隆它。

❑ 对象会记住它的原型。
❑ 如果对象无法响应某个请求，它会把这个请求委托给它自己的原型。

1.4.5　JavaScript 中的原型继承

刚刚我们已经体验过同样是基于原型编程的 Io 语言，也已经了解了在 Io 语言中如何通过原型链来实现对象之间的继承关系。在原型继承方面，JavaScript 的实现原理和 Io 语言非常相似，JavaScript 也同样遵守这些原型编程的基本规则。

❑ 所有的数据都是对象。
❑ 要得到一个对象，不是通过实例化类，而是找到一个对象作为原型并克隆它。
❑ 对象会记住它的原型。
❑ 如果对象无法响应某个请求，它会把这个请求委托给它自己的原型。

下面我们来分别讨论 JavaScript 是如何在这些规则的基础上来构建它的对象系统的。

1. 所有的数据都是对象

JavaScript 在设计的时候，模仿 Java 引入了两套类型机制：基本类型和对象类型。基本类型包括 undefined、number、boolean、string、function、object。从现在看来，这并不是一个好的想法。

按照 JavaScript 设计者的本意，除了 undefined 之外，一切都应是对象。为了实现这一目标，number、boolean、string 这几种基本类型数据也可以通过"包装类"的方式变成对象类型数据来处理。

我们不能说在 JavaScript 中所有的数据都是对象，但可以说绝大部分数据都是对象。那么相信在 JavaScript 中也一定会有一个根对象存在，这些对象追根溯源都来源于这个根对象。

事实上，JavaScript 中的根对象是 Object.prototype 对象。Object.prototype 对象是一个空的对象。我们在 JavaScript 遇到的每个对象，实际上都是从 Object.prototype 对象克隆而来的，Object.prototype 对象就是它们的原型。比如下面的 obj1 对象和 obj2 对象：

```
var obj1 = new Object();
var obj2 = {};
```

可以利用 ECMAScript 5 提供的 Object.getPrototypeOf 来查看这两个对象的原型：

```
console.log( Object.getPrototypeOf( obj1 ) === Object.prototype );    // 输出：true
console.log( Object.getPrototypeOf( obj2 ) === Object.prototype );    // 输出：true
```

2. 要得到一个对象，不是通过实例化类，而是找到一个对象作为原型并克隆它

在 Io 语言中，克隆一个对象的动作非常明显，我们可以在代码中清晰地看到 clone 的过程。比如以下代码：

```
Dog := Animal clone
```

但在 **JavaScript** 语言里，我们并不需要关心克隆的细节，因为这是引擎内部负责实现的。我们所需要做的只是显式地调用 var obj1 = new Object()或者 var obj2 = {}。此时，引擎内部会从 Object.prototype 上面克隆一个对象出来，我们最终得到的就是这个对象。

再来看看如何用 new 运算符从构造器中得到一个对象，下面的代码我们再熟悉不过了：

```
function Person( name ){
    this.name = name;
};

Person.prototype.getName = function(){
    return this.name;
};

var a = new Person( 'sven' )

console.log( a.name );    // 输出: sven
console.log( a.getName() );    // 输出: sven
console.log( Object.getPrototypeOf( a ) === Person.prototype );    // 输出: true
```

在 **JavaScript** 中没有类的概念，这句话我们已经重复过很多次了。但刚才不是明明调用了 new Person()吗？

在这里 Person 并不是类，而是函数构造器，**JavaScript** 的函数既可以作为普通函数被调用，也可以作为构造器被调用。当使用 new 运算符来调用函数时，此时的函数就是一个构造器。 用 new 运算符来创建对象的过程，实际上也只是先克隆 Object.prototype 对象，再进行一些其他额外操作的过程。[①]

在 **Chrome** 和 **Firefox** 等向外暴露了对象__proto__属性的浏览器下，我们可以通过下面这段代码来理解 new 运算的过程：

```
function Person( name ){
    this.name = name;
};

Person.prototype.getName = function(){
    return this.name;
};

var objectFactory = function(){
    var obj = new Object(),    // 从 Object.prototype 上克隆一个空的对象
        Constructor = [].shift.call( arguments );    // 取得外部传入的构造器，此例是 Person
```

[①] **JavaScript** 是通过克隆 Object.prototype 来得到新的对象，但实际上并不是每次都真正地克隆了一个新的对象。从内存方面的考虑出发，**JavaScript** 还做了一些额外的处理，具体细节可以参阅周爱民老师编著的《**JavaScript** 语言精髓与编程实践》。这里不做深入讨论，我们暂且把创建对象的过程看成完完全全的克隆。

```
obj.__proto__ = Constructor.prototype;    // 指向正确的原型
var ret = Constructor.apply( obj, arguments );    // 借用外部传入的构造器给obj设置属性

return typeof ret === 'object' ? ret : obj;    // 确保构造器总是会返回一个对象
};

var a = objectFactory( Person, 'sven' );

console.log( a.name );    // 输出: sven
console.log( a.getName() );    // 输出: sven
console.log( Object.getPrototypeOf( a ) === Person.prototype );    // 输出: true
```

我们看到，分别调用下面两句代码产生了一样的结果：

```
var a = objectFactory( A, 'sven' );
var a = new A( 'sven' );
```

3. 对象会记住它的原型

如果请求可以在一个链条中依次往后传递，那么每个节点都必须知道它的下一个节点。同理，要完成 Io 语言或者 JavaScript 语言中的原型链查找机制，每个对象至少应该先记住它自己的原型。

目前我们一直在讨论"对象的原型"，就 JavaScript 的真正实现来说，其实并不能说对象有原型，而只能说对象的构造器有原型。对于"对象把请求委托给它自己的原型"这句话，更好的说法是对象把请求委托给它的构造器的原型。那么对象如何把请求顺利地转交给它的构造器的原型呢？

JavaScript 给对象提供了一个名为__proto__的隐藏属性，某个对象的__proto__属性默认会指向它的构造器的原型对象，即{Constructor}.prototype。在一些浏览器中，__proto__被公开出来，我们可以在 Chrome 或者 Firefox 上用这段代码来验证：

```
var a = new Object();
console.log ( a.__proto__ === Object.prototype );    // 输出: true
```

实际上，__proto__就是对象跟"对象构造器的原型"联系起来的纽带。正因为对象要通过__proto__属性来记住它的构造器的原型，所以我们用上一节的 objectFactory 函数来模拟用 new 创建对象时，需要手动给 obj 对象设置正确的__proto__指向。

```
obj.__proto__ = Constructor.prototype;
```

通过这句代码，我们让 obj.__proto__ 指向 Person.prototype，而不是原来的 Object.prototype。

4. 如果对象无法响应某个请求，它会把这个请求委托给它的构造器的原型

这条规则即是原型继承的精髓所在。从对 Io 语言的学习中，我们已经了解到，当一个对象无法响应某个请求的时候，它会顺着原型链把请求传递下去，直到遇到一个可以处理该请求的对象为止。

JavaScript 的克隆跟 Io 语言还有点不一样，Io 中每个对象都可以作为原型被克隆，当 Animal 对象克隆自 Object 对象，Dog 对象又克隆自 Animal 对象时，便形成了一条天然的原型链，如图 1-3 所示。

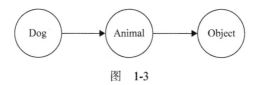

图　1-3

而在 **JavaScript** 中，每个对象都是从 Object.prototype 对象克隆而来的，如果是这样的话，我们只能得到单一的继承关系，即每个对象都继承自 Object.prototype 对象，这样的对象系统显然是非常受限的。

实际上，虽然 **JavaScript** 的对象最初都是由 Object.prototype 对象克隆而来的，但对象构造器的原型并不仅限于 Object.prototype 上，而是可以动态指向其他对象。这样一来，当对象 a 需要借用对象 b 的能力时，可以有选择性地把对象 a 的构造器的原型指向对象 b，从而达到继承的效果。下面的代码是我们最常用的原型继承方式：

```
var obj = { name: 'sven' };

var A = function(){};
A.prototype = obj;

var a = new A();
console.log( a.name );    // 输出: sven
```

我们来看看执行这段代码的时候，引擎做了哪些事情。

❑ 首先，尝试遍历对象 a 中的所有属性，但没有找到 name 这个属性。

❑ 查找 name 属性的这个请求被委托给对象 a 的构造器的原型，它被 a.__proto__ 记录着并且指向 A.prototype，而 A.prototype 被设置为对象 obj。

❑ 在对象 obj 中找到了 name 属性，并返回它的值。

当我们期望得到一个 "类" 继承自另外一个 "类" 的效果时，往往会用下面的代码来模拟实现：

```
var A = function(){};
A.prototype = { name: 'sven' };

var B = function(){};
B.prototype = new A();

var b = new B();
console.log( b.name );    // 输出: sven
```

再看这段代码执行的时候，引擎做了什么事情。

❑ 首先，尝试遍历对象 b 中的所有属性，但没有找到 name 这个属性。

❏ 查找 name 属性的请求被委托给对象 b 的构造器的原型，它被 b.__proto__ 记录着并且指向 B.prototype，而 B.prototype 被设置为一个通过 new A()创建出来的对象。

❏ 在该对象中依然没有找到 name 属性，于是请求被继续委托给这个对象构造器的原型 A.prototype。

❏ 在 A.prototype 中找到了 name 属性，并返回它的值。

和把 B.prototype 直接指向一个字面量对象相比，通过 B.prototype = new A()形成的原型链比之前多了一层。但二者之间没有本质上的区别，都是将对象构造器的原型指向另外一个对象，继承总是发生在对象和对象之间。

最后还要留意一点，原型链并不是无限长的。现在我们尝试访问对象 a 的 address 属性。而对象 b 和它构造器的原型上都没有 address 属性，那么这个请求会被最终传递到哪里呢？

实际上，当请求达到 A.prototype，并且在 A.prototype 中也没有找到 address 属性的时候，请求会被传递给 A.prototype 的构造器原型 Object.prototype，显然 Object.prototype 中也没有 address 属性，但 Object.prototype 的原型是 null，说明这时候原型链的后面已经没有别的节点了。所以该次请求就到此打住，a.address 返回 undefined。

```
a.address        // 输出：undefined
```

1.4.6 原型继承的未来

设计模式在很多时候其实都体现了语言的不足之处。Peter Norvig 曾说，设计模式是对语言不足的补充，如果要使用设计模式，不如去找一门更好的语言。这句话非常正确。不过，作为 Web 前端开发者，相信 JavaScript 在未来很长一段时间内都是唯一的选择。虽然我们没有办法换一门语言，但语言本身也在发展，说不定哪天某个模式在 JavaScript 中就已经是天然的存在，不再需要拐弯抹角来实现。比如 Object.create 就是原型模式的天然实现。使用 Object.create 来完成原型继承看起来更能体现原型模式的精髓。目前大多数主流浏览器都提供了 Object.create 方法。

但美中不足是在当前的 JavaScript 引擎下，通过 Object.create 来创建对象的效率并不高，通常比通过构造函数创建对象要慢。此外还有一些值得注意的地方，比如通过设置构造器的 prototype 来实现原型继承的时候，除了根对象 Object.prototype 本身之外，任何对象都会有一个原型。而通过 Object.create(null)可以创建出没有原型的对象。

另外，ECMAScript 6 带来了新的 Class 语法。这让 JavaScript 看起来像是一门基于类的语言，但其背后仍是通过原型机制来创建对象。通过 Class 创建对象的一段简单示例代码[①]如下所示：

```
class Animal {
  constructor(name) {
    this.name = name;
  }
```

---

① 这段代码来自 http://jurberg.github.io/blog/2014/07/12/javascript-prototype/。

```
    getName() {
      return this.name;
    }
}

class Dog extends Animal {
  constructor(name) {
    super(name);
  }
  speak() {
    return "woof";
  }
}

var dog = new Dog("Scamp");
console.log(dog.getName() + ' says ' + dog.speak());
```

1.4.7　小结

本节讲述了本书的第一个设计模式——原型模式。原型模式是一种设计模式，也是一种编程泛型，它构成了 JavaScript 这门语言的根本。本节首先通过更加简单的 Io 语言来引入原型模式的概念，随后学习了 JavaScript 中的原型模式。原型模式十分重要，和 JavaScript 开发者的关系十分密切。通过原型来实现的面向对象系统虽然简单，但能力同样强大。

第 2 章

this、call 和 apply

在 **JavaScript** 编程中，this 关键字总是让初学者感到迷惑，Function.prototype.call 和 Function.prototype.apply 这两个方法也有着广泛的运用。我们有必要在学习设计模式之前先理解这几个概念。

2.1 this

跟别的语言大相径庭的是，**JavaScript** 的 this 总是指向一个对象，而具体指向哪个对象是在运行时基于函数的执行环境动态绑定的，而非函数被声明时的环境。

2.1.1 this 的指向

除去不常用的 with 和 eval 的情况，具体到实际应用中，this 的指向大致可以分为以下 4 种。

❑ 作为对象的方法调用。

❑ 作为普通函数调用。

❑ 构造器调用。

❑ Function.prototype.call 或 Function.prototype.apply 调用。

下面我们分别进行介绍。

1. 作为对象的方法调用

当函数作为对象的方法被调用时，this 指向该对象：

```
var obj = {
    a: 1,
    getA: function(){
        alert ( this === obj );    // 输出: true
        alert ( this.a );     // 输出: 1
    }
};

obj.getA();
```

2. 作为普通函数调用

当函数不作为对象的属性被调用时，也就是我们常说的普通函数方式，此时的 this 总是指向全局对象。在浏览器的 JavaScript 里，这个全局对象是 window 对象。

```
window.name = 'globalName';

var getName = function(){
    return this.name;
};

console.log( getName() );    // 输出：globalName
```

或者：

```
window.name = 'globalName';

var myObject = {
    name: 'sven',
    getName: function(){
        return this.name;
    }
};

var getName = myObject.getName;
console.log( getName() );     // globalName
```

有时候我们会遇到一些困扰，比如在 div 节点的事件函数内部，有一个局部的 callback 方法，callback 被作为普通函数调用时，callback 内部的 this 指向了 window，但我们往往是想让它指向该 div 节点，见如下代码：

```
<html>
    <body>
        <div id="div1">我是一个 div</div>
    </body>
    <script>

    window.id = 'window';

    document.getElementById( 'div1' ).onclick = function(){
        alert ( this.id );         // 输出：'div1'
        var callback = function(){
            alert ( this.id );          // 输出：'window'
        }
        callback();
    };

    </script>
</html>
```

此时有一种简单的解决方案，可以用一个变量保存 div 节点的引用：

```
document.getElementById( 'div1' ).onclick = function(){
    var that = this;    // 保存 div 的引用
    var callback = function(){
        alert ( that.id );    // 输出: 'div1'
    }
    callback();
};
```

在 ECMAScript 5 的 strict 模式下，这种情况下的 this 已经被规定为不会指向全局对象，而是 undefined：

```
function func(){
    "use strict"
    alert ( this );    // 输出: undefined
}

func();
```

3. 构造器调用

JavaScript 中没有类，但是可以从构造器中创建对象，同时也提供了 new 运算符，使得构造器看起来更像一个类。

除了宿主提供的一些内置函数，大部分 **JavaScript** 函数都可以当作构造器使用。构造器的外表跟普通函数一模一样，它们的区别在于被调用的方式。当用 new 运算符调用函数时，该函数总会返回一个对象，通常情况下，构造器里的 this 就指向返回的这个对象，见如下代码：

```
var MyClass = function(){
    this.name = 'sven';
};

var obj = new MyClass();
alert ( obj.name );    // 输出: sven
```

但用 new 调用构造器时，还要注意一个问题，如果构造器显式地返回了一个 object 类型的对象，那么此次运算结果最终会返回这个对象，而不是我们之前期待的 this：

```
var MyClass = function(){
    this.name = 'sven';
    return {    // 显式地返回一个对象
        name: 'anne'
    }
};

var obj = new MyClass();
alert ( obj.name );    // 输出: anne
```

如果构造器不显式地返回任何数据，或者是返回一个非对象类型的数据，就不会造成上述问题：

```
var MyClass = function(){
    this.name = 'sven'
    return 'anne';      // 返回 string 类型
};

var obj = new MyClass();
alert ( obj.name );      // 输出：sven
```

4. `Function.prototype.call` 或 `Function.prototype.apply` 调用

跟普通的函数调用相比，用 `Function.prototype.call` 或 `Function.prototype.apply` 可以动态地改变传入函数的 `this`：

```
var obj1 = {
    name: 'sven',
    getName: function(){
        return this.name;
    }
};

var obj2 = {
    name: 'anne'
};

console.log( obj1.getName() );      // 输出：sven
console.log( obj1.getName.call( obj2 ) );      // 输出：anne
```

`call` 和 `apply` 方法能很好地体现 JavaScript 的函数式语言特性，在 JavaScript 中，几乎每一次编写函数式语言风格的代码，都离不开 `call` 和 `apply`。在 JavaScript 诸多版本的设计模式中，也用到了 `call` 和 `apply`。在下一节会详细介绍它们。

2.1.2　丢失的 `this`

这是一个经常遇到的问题，我们先看下面的代码：

```
var obj = {
    myName: 'sven',
    getName: function(){
        return this.myName;
    }
};

console.log( obj.getName() );      // 输出：'sven'

var getName2 = obj.getName;
console.log( getName2() );      // 输出：undefined
```

当调用 `obj.getName` 时，`getName` 方法是作为 `obj` 对象的属性被调用的，根据 2.1.1 节提到的规律，此时的 `this` 指向 `obj` 对象，所以 `obj.getName()` 输出 `'sven'`。

当用另外一个变量 getName2 来引用 obj.getName，并且调用 getName2 时，根据 2.1.1 节提到的规律，此时是普通函数调用方式，this 是指向全局 window 的，所以程序的执行结果是 undefined。

再看另一个例子，document.getElementById 这个方法名实在有点过长，我们大概尝试过用一个短的函数来代替它，如同 prototype.js 等一些框架所做过的事情：

```
var getId = function( id ){
    return document.getElementById( id );
};

getId( 'div1' );
```

我们也许思考过为什么不能用下面这种更简单的方式：

```
var getId = document.getElementById;
getId( 'div1' );
```

现在不妨花 1 分钟时间，让这段代码在浏览器中运行一次：

```
<html>
    <body>
        <div id="div1">我是一个 div</div>
    </body>
    <script>

    var getId = document.getElementById;
    getId( 'div1' );

    </script>
</html>
```

在 Chrome、Firefox、IE10 中执行过后就会发现，这段代码抛出了一个异常。这是因为许多引擎的 document.getElementById 方法的内部实现中需要用到 this。这个 this 本来被期望指向 document，当 getElementById 方法作为 document 对象的属性被调用时，方法内部的 this 确实是指向 document 的。

但当用 getId 来引用 document.getElementById 之后，再调用 getId，此时就成了普通函数调用，函数内部的 this 指向了 window，而不是原来的 document。

我们可以尝试利用 apply 把 document 当作 this 传入 getId 函数，帮助"修正"this：

```
document.getElementById = (function( func ){
    return function(){
        return func.apply( document, arguments );
    }
})( document.getElementById );

var getId = document.getElementById;
var div = getId( 'div1' );

alert (div.id);    // 输出：div1
```

2.2　call 和 apply

ECMAScript 3 给 Function 的原型定义了两个方法，它们是 Function.prototype.call 和 Function.prototype.apply。在实际开发中，特别是在一些函数式风格的代码编写中，call 和 apply 方法尤为有用。在 JavaScript 版本的设计模式中，这两个方法的应用也非常广泛，能熟练运用这两个方法，是我们真正成为一名 JavaScript 程序员的重要一步。

2.2.1　call 和 apply 的区别

Function.prototype.call 和 Function.prototype.apply 都是非常常用的方法。它们的作用一模一样，区别仅在于传入参数形式的不同。

apply 接受两个参数，第一个参数指定了函数体内 this 对象的指向，第二个参数为一个带下标的集合，这个集合可以为数组，也可以为类数组，apply 方法把这个集合中的元素作为参数传递给被调用的函数：

```
var func = function( a, b, c ){
    alert ( [ a, b, c ] );    // 输出 [ 1, 2, 3 ]
};

func.apply( null, [ 1, 2, 3 ] );
```

在这段代码中，参数 1、2、3 被放在数组中一起传入 func 函数，它们分别对应 func 参数列表中的 a、b、c。

call 传入的参数数量不固定，跟 apply 相同的是，第一个参数也是代表函数体内的 this 指向，从第二个参数开始往后，每个参数被依次传入函数：

```
var func = function( a, b, c ){
    alert ( [ a, b, c ] );    // 输出 [ 1, 2, 3 ]
};

func.call( null, 1, 2, 3 );
```

当调用一个函数时，JavaScript 的解释器并不会计较形参和实参在数量、类型以及顺序上的区别，JavaScript 的参数在内部就是用一个数组来表示的。从这个意义上说，apply 比 call 的使用率更高，我们不必关心具体有多少参数被传入函数，只要用 apply 一股脑地推过去就可以了。

call 是包装在 apply 上面的一颗语法糖，如果我们明确地知道函数接受多少个参数，而且想一目了然地表达形参和实参的对应关系，那么也可以用 call 来传送参数。

当使用 call 或者 apply 的时候，如果我们传入的第一个参数为 null，函数体内的 this 会指向默认的宿主对象，在浏览器中则是 window：

```
var func = function( a, b, c ){
    alert ( this === window );    // 输出 true
```

```
};

func.apply( null, [ 1, 2, 3 ] );
```

但如果是在严格模式下，函数体内的 this 还是为 null：

```
var func = function( a, b, c ){
    "use strict";
    alert ( this === null );    // 输出 true
}

func.apply( null, [ 1, 2, 3 ] );
```

有时候我们使用 call 或者 apply 的目的不在于指定 this 指向，而是另有用途，比如借用其他对象的方法。那么我们可以传入 null 来代替某个具体的对象：

```
Math.max.apply( null, [ 1, 2, 5, 3, 4 ] )    // 输出: 5
```

2.2.2　call 和 apply 的用途

前面说过，能够熟练使用 call 和 apply，是我们真正成为一名 JavaScript 程序员的重要一步，本节我们将详细介绍 call 和 apply 在实际开发中的用途。

1. 改变 this 指向

call 和 apply 最常见的用途是改变函数内部的 this 指向，我们来看个例子：

```
var obj1 = {
    name: 'sven'
};

var obj2 = {
    name: 'anne'
};

window.name = 'window';

var getName = function(){
    alert ( this.name );
};

getName();    // 输出: window
getName.call( obj1 );    // 输出: sven
getName.call( obj2 );    // 输出: anne
```

当执行 getName.call(obj1)这句代码时，getName 函数体内的 this 就指向 obj1 对象，所以此处的

```
var getName = function(){
    alert ( this.name );
};
```

实际上相当于:

```
var getName = function(){
    alert ( obj1.name );        // 输出: sven
};
```

在实际开发中, 经常会遇到 this 指向被不经意改变的场景, 比如有一个 div 节点, div 节点的 onclick 事件中的 this 本来是指向这个 div 的:

```
document.getElementById( 'div1' ).onclick = function(){
    alert( this.id );        // 输出: div1
};
```

假如该事件函数中有一个内部函数 func, 在事件内部调用 func 函数时, func 函数体内的 this 就指向了 window, 而不是我们预期的 div, 见如下代码:

```
document.getElementById( 'div1' ).onclick = function(){
    alert( this.id );            // 输出: div1
    var func = function(){
        alert ( this.id );        // 输出: undefined
    }
    func();
};
```

这时候我们用 call 来修正 func 函数内的 this, 使其依然指向 div:

```
document.getElementById( 'div1' ).onclick = function(){
    var func = function(){
        alert ( this.id );        // 输出: div1
    }
    func.call( this );
};
```

使用 call 来修正 this 的场景, 我们并非第一次遇到, 在上一小节关于 this 的学习中, 我们就曾经修正过 document.getElementById 函数内部 "丢失" 的 this, 代码如下:

```
document.getElementById = (function( func ){
    return function(){
        return func.apply( document, arguments );
    }
})( document.getElementById );

var getId = document.getElementById;
var div = getId( 'div1' );
alert ( div.id );    // 输出: div1
```

2. Function.prototype.bind

大部分高级浏览器都实现了内置的 Function.prototype.bind, 用来指定函数内部的 this 指向, 即使没有原生的 Function.prototype.bind 实现, 我们来模拟一个也不是难事, 代码如下:

```
Function.prototype.bind = function( context ){
    var self = this;         // 保存原函数
    return function(){        // 返回一个新的函数
        return self.apply( context, arguments );    // 执行新的函数的时候，会把之前传入的 context
                                                    // 当作新函数体内的 this
    }
};

var obj = {
    name: 'sven'
};

var func = function(){
    alert ( this.name );      // 输出：sven
}.bind( obj );

func();
```

我们通过 Function.prototype.bind 来"包装" func 函数，并且传入一个对象 context 当作参数，这个 context 对象就是我们想修正的 this 对象。

在 Function.prototype.bind 的内部实现中，我们先把 func 函数的引用保存起来，然后返回一个新的函数。当我们在将来执行 func 函数时，实际上先执行的是这个刚刚返回的新函数。在新函数内部，self.apply(context, arguments)这句代码才是执行原来的 func 函数，并且指定 context 对象为 func 函数体内的 this。

这是一个简化版的 Function.prototype.bind 实现，通常我们还会把它实现得稍微复杂一点，使得可以往 func 函数中预先填入一些参数：

```
Function.prototype.bind = function(){
    var self = this,    // 保存原函数
        context = [].shift.call( arguments ),    // 需要绑定的 this 上下文
        args = [].slice.call( arguments );    // 剩余的参数转成数组
    return function(){    // 返回一个新的函数
        return self.apply( context, [].concat.call( args, [].slice.call( arguments ) ) );
            // 执行新的函数的时候，会把之前传入的 context 当作新函数体内的 this
            // 并且组合两次分别传入的参数，作为新函数的参数
    }
};

var obj = {
    name: 'sven'
};

var func = function( a, b, c, d ){
    alert ( this.name );        // 输出：sven
    alert ( [ a, b, c, d ] )    // 输出：[ 1, 2, 3, 4 ]
}.bind( obj, 1, 2 );

func( 3, 4 );
```

3. 借用其他对象的方法

我们知道，杜鹃既不会筑巢，也不会孵雏，而是把自己的蛋寄托给云雀等其他鸟类，让它们代为孵化和养育。同样，在 JavaScript 中也存在类似的借用现象。

借用方法的第一种场景是"借用构造函数"，通过这种技术，可以实现一些类似继承的效果：

```
var A = function( name ){
    this.name = name;
};

var B = function(){
    A.apply( this, arguments );
};

B.prototype.getName = function(){
    return this.name;
};

var b = new B( 'sven' );
console.log( b.getName() );  // 输出：'sven'
```

借用方法的第二种运用场景跟我们的关系更加密切。

函数的参数列表 arguments 是一个类数组对象，虽然它也有"下标"，但它并非真正的数组，所以也不能像数组一样，进行排序操作或者往集合里添加一个新的元素。这种情况下，我们常常会借用 Array.prototype 对象上的方法。比如想往 arguments 中添加一个新的元素，通常会借用 Array.prototype.push：

```
(function(){
    Array.prototype.push.call( arguments, 3 );
    console.log ( arguments );    // 输出[1,2,3]
})( 1, 2 );
```

在操作 arguments 的时候，我们经常非常频繁地找 Array.prototype 对象借用方法。

想把 arguments 转成真正的数组的时候，可以借用 Array.prototype.slice 方法；想截去 arguments 列表中的头一个元素时，又可以借用 Array.prototype.shift 方法。那么这种机制的内部实现原理是什么呢？我们不妨翻开 V8 的引擎源码，以 Array.prototype.push 为例，看看 V8 引擎中的具体实现：

```
function ArrayPush() {
    var n = TO_UINT32( this.length );    // 被 push 的对象的 length
    var m = %_ArgumentsLength();      // push 的参数个数
    for (var i = 0; i < m; i++) {
        this[ i + n ] = %_Arguments( i );   // 复制元素      (1)
    }
    this.length = n + m;      // 修正 length 属性的值    (2)
    return this.length;
};
```

通过这段代码可以看到，Array.prototype.push 实际上是一个属性复制的过程，把参数按照下标依次添加到被 **push** 的对象上面，顺便修改了这个对象的 length 属性。至于被修改的对象是谁，到底是数组还是类数组对象，这一点并不重要。

由此可以推断，我们可以把"任意"对象传入 Array.prototype.push：

```
var a = {};
Array.prototype.push.call( a, 'first' );

alert ( a.length );    // 输出: 1
alert ( a[ 0 ] );    // first
```

这段代码在绝大部分浏览器里都能顺利执行，但由于引擎的内部实现存在差异，如果在低版本的 **IE** 浏览器中执行，必须显式地给对象 a 设置 length 属性：

```
var a = {
    length: 0
};
```

前面我们之所以把"任意"两字加了双引号，是因为可以借用 Array.prototype.push 方法的对象还要满足以下两个条件，从 ArrayPush 函数的(1)处和(2)处也可以猜到，这个对象至少还要满足：

❑ 对象本身要可以存取属性；

❑ 对象的 length 属性可读写。

对于第一个条件，对象本身存取属性并没有问题，但如果借用 Array.prototype.push 方法的不是一个 object 类型的数据，而是一个 number 类型的数据呢？我们无法在 number 身上存取其他数据，那么从下面的测试代码可以发现，一个 number 类型的数据不可能借用到 Array.prototype.push 方法：

```
var a = 1;
Array.prototype.push.call( a, 'first' );
alert ( a.length );    // 输出: undefined
alert ( a[ 0 ] );    // 输出: undefined
```

对于第二个条件，函数的 length 属性就是一个只读的属性，表示形参的个数，我们尝试把一个函数当作 this 传入 Array.prototype.push：

```
var func = function(){};
Array.prototype.push.call( func, 'first' );

alert ( func.length );
// 报错: cannot assign to read only property 'length' of function(){}
```

第 3 章

闭包和高阶函数

虽然 JavaScript 是一门完整的面向对象的编程语言，但这门语言同时也拥有许多函数式语言的特性。

函数式语言的鼻祖是 LISP，JavaScript 在设计之初参考了 LISP 两大方言之一的 Scheme，引入了 Lambda 表达式、闭包、高阶函数等特性。使用这些特性，我们经常可以用一些灵活而巧妙的方式来编写 JavaScript 代码。

本章主要挑选了闭包和高阶函数进行讲解。在 JavaScript 版本的设计模式中，许多模式都可以用闭包和高阶函数来实现。

3.1　闭包

对于 JavaScript 程序员来说，闭包（closure）是一个难懂又必须征服的概念。闭包的形成与变量的作用域以及变量的生存周期密切相关。下面我们先简单了解这两个知识点。

3.1.1　变量的作用域

变量的作用域，就是指变量的有效范围。我们最常谈到的是在函数中声明的变量作用域。

当在函数中声明一个变量的时候，如果该变量前面没有带上关键字 var，这个变量就会成为全局变量，这当然是一种容易造成命名冲突的做法。

另外一种情况是用 var 关键字在函数中声明变量，这时候的变量即是局部变量，只有在该函数内部才能访问到这个变量，在函数外面是访问不到的。代码如下：

```
var func = function(){
    var a = 1;
    alert ( a );      // 输出: 1
};
```

```
func();
alert ( a );      // 输出: Uncaught ReferenceError: a is not defined
```

在 JavaScript 中，函数可以用来创造函数作用域。此时的函数像一层半透明的玻璃，在函数里面可以看到外面的变量，而在函数外面则无法看到函数里面的变量。这是因为当在函数中搜索一个变量的时候，如果该函数内并没有声明这个变量，那么此次搜索的过程会随着代码执行环境创建的作用域链往外层逐层搜索，一直搜索到全局对象为止。变量的搜索是从内到外而非从外到内的。

下面这段包含了嵌套函数的代码，也许能帮助我们加深对变量搜索过程的理解：

```
var a = 1;

var func1 = function(){
    var b = 2;
    var func2 = function(){
        var c = 3;
        alert ( b );    // 输出: 2
        alert ( a );    // 输出: 1
    }
    func2();
    alert ( c );    // 输出: Uncaught ReferenceError: c is not defined
};

func1();
```

3.1.2　变量的生存周期

除了变量的作用域之外，另外一个跟闭包有关的概念是变量的生存周期。

对于全局变量来说，全局变量的生存周期当然是永久的，除非我们主动销毁这个全局变量。

而对于在函数内用 var 关键字声明的局部变量来说，当退出函数时，这些局部变量即失去了它们的价值，它们都会随着函数调用的结束而被销毁：

```
var func = function(){
    var a = 1;      // 退出函数后局部变量a将被销毁
    alert ( a );
};

func();
```

现在来看看下面这段代码：

```
var func = function(){
    var a = 1;
    return function(){
        a++;
        alert ( a );
```

```
        }
    };

    var f = func();

    f();    // 输出：2
    f();    // 输出：3
    f();    // 输出：4
    f();    // 输出：5
```

跟我们之前的推论相反，当退出函数后，局部变量 a 并没有消失，而是似乎一直在某个地方存活着。这是因为当执行 var f = func();时，f 返回了一个匿名函数的引用，它可以访问到 func() 被调用时产生的环境，而局部变量 a 一直处在这个环境里。既然局部变量所在的环境还能被外界访问，这个局部变量就有了不被销毁的理由。在这里产生了一个闭包结构，局部变量的生命看起来被延续了。

利用闭包我们可以完成许多奇妙的工作，下面介绍一个闭包的经典应用。假设页面上有 5 个 div 节点，我们通过循环来给每个 div 绑定 onclick 事件，按照索引顺序，点击第 1 个 div 时弹出 0，点击第 2 个 div 时弹出 1，以此类推。代码如下：

```
<html>
    <body>
        <div>1</div>
        <div>2</div>
        <div>3</div>
        <div>4</div>
        <div>5</div>
    <script>

        var nodes = document.getElementsByTagName( 'div' );

        for ( var i = 0, len = nodes.length; i < len; i++ ){
            nodes[ i ].onclick = function(){
                alert ( i );
            }
        };

    </script>
    </body>
</html>
```

测试这段代码就会发现，无论点击哪个 div，最后弹出的结果都是 5。这是因为 div 节点的 onclick 事件是被异步触发的，当事件被触发的时候，for 循环早已结束，此时变量 i 的值已经是 5，所以在 div 的 onclick 事件函数中顺着作用域链从内到外查找变量 i 时，查找到的值总是 5。

解决方法是在闭包的帮助下，把每次循环的 i 值都封闭起来。当在事件函数中顺着作用域链中从内到外查找变量 i 时，会先找到被封闭在闭包环境中的 i，如果有 5 个 div，这里的 i 就分别是 0,1,2,3,4：

```
for ( var i = 0, len = nodes.length; i < len; i++ ){
    (function( i ){
        nodes[ i ].onclick = function(){
            console.log(i);
        }
    })( i )
};
```

根据同样的道理，我们还可以编写如下一段代码：

```
var Type = {};

for ( var i = 0, type; type = [ 'String', 'Array', 'Number' ][ i++ ]; ){
    (function( type ){
        Type[ 'is' + type ] = function( obj ){
            return Object.prototype.toString.call( obj ) === '[object '+ type +']';
        }
    })( type )
};

Type.isArray( [] );     // 输出: true
Type.isString( "str" );    // 输出: true
```

3.1.3   闭包的更多作用

这一小节我们将通过几个例子，进一步讲解闭包的作用。因为篇幅所限，这里仅例举少量示例。在实际开发中，闭包的运用非常广泛。

1. 封装变量

闭包可以帮助把一些不需要暴露在全局的变量封装成"私有变量"。假设有一个计算乘积的简单函数：

```
var mult = function(){
    var a = 1;
    for ( var i = 0, l = arguments.length; i < l; i++ ){
        a = a * arguments[i];
    }
    return a;
};
```

mult 函数接受一些 number 类型的参数，并返回这些参数的乘积。现在我们觉得对于那些相同的参数来说，每次都进行计算是一种浪费，我们可以加入缓存机制来提高这个函数的性能：

```
var cache = {};

var mult = function(){
    var args = Array.prototype.join.call( arguments, ',' );
    if ( cache[ args ] ){
        return cache[ args ];
    }
```

```
    var a = 1;
    for ( var i = 0, l = arguments.length; i < l; i++ ){
        a = a * arguments[i];
    }

    return cache[ args ] = a;
};

alert ( mult( 1,2,3 ) );      // 输出: 6
alert ( mult( 1,2,3 ) );      // 输出: 6
```

我们看到 cache 这个变量仅仅在 mult 函数中被使用，与其让 cache 变量跟 mult 函数一起平行地暴露在全局作用域下，不如把它封闭在 mult 函数内部，这样可以减少页面中的全局变量，以避免这个变量在其他地方被不小心修改而引发错误。代码如下：

```
var mult = (function(){
    var cache = {};
    return function(){
        var args = Array.prototype.join.call( arguments, ',' );
        if ( args in cache ){
            return cache[ args ];
        }
        var a = 1;
        for ( var i = 0, l = arguments.length; i < l; i++ ){
            a = a * arguments[i];
        }
        return cache[ args ] = a;
    }
})();
```

提炼函数是代码重构中的一种常见技巧。如果在一个大函数中有一些代码块能够独立出来，我们常常把这些代码块封装在独立的小函数里面。独立出来的小函数有助于代码复用，如果这些小函数有一个良好的命名，它们本身也起到了注释的作用。如果这些小函数不需要在程序的其他地方使用，最好是把它们用闭包封闭起来。代码如下：

```
var mult = (function(){
    var cache = {};
    var calculate = function(){   // 封闭 calculate 函数
        var a = 1;
        for ( var i = 0, l = arguments.length; i < l; i++ ){
            a = a * arguments[i];
        }
        return a;
    };

    return function(){
        var args = Array.prototype.join.call( arguments, ',' );
        if ( args in cache ){
            return cache[ args ];
        }
```

```
            return cache[ args ] = calculate.apply( null, arguments );
        }
})();
```

2. 延续局部变量的寿命

img 对象经常用于进行数据上报，如下所示：

```
var report = function( src ){
    var img = new Image();
    img.src = src;
};

report( 'http://xxx.com/getUserInfo' );
```

但是通过查询后台的记录我们得知，因为一些低版本浏览器的实现存在 bug，在这些浏览器下使用 report 函数进行数据上报会丢失 30%左右的数据，也就是说，report 函数并不是每一次都成功发起了 HTTP 请求。丢失数据的原因是 img 是 report 函数中的局部变量，当 report 函数的调用结束后，img 局部变量随即被销毁，而此时或许还没来得及发出 HTTP 请求，所以此次请求就会丢失掉。

现在我们把 img 变量用闭包封闭起来，便能解决请求丢失的问题：

```
 var report = (function(){
    var imgs = [];
    return function( src ){
        var img = new Image();
        imgs.push( img );
        img.src = src;
    }
})();
```

3.1.4 闭包和面向对象设计

过程与数据的结合是形容面向对象中的"对象"时经常使用的表达。对象以方法的形式包含了过程，而闭包则是在过程中以环境的形式包含了数据。通常用面向对象思想能实现的功能，用闭包也能实现。反之亦然。在 JavaScript 语言的祖先 Scheme 语言中，甚至都没有提供面向对象的原生设计，但可以使用闭包来实现一个完整的面向对象系统。

下面来看看这段跟闭包相关的代码：

```
var extent = function(){
    var value = 0;
    return {
        call: function(){
            value++;
            console.log( value );
        }
```

```
        }
    };

    var extent = extent();

    extent.call();      // 输出: 1
    extent.call();      // 输出: 2
    extent.call();      // 输出: 3
```

如果换成面向对象的写法，就是：

```
    var extent = {
        value: 0,
        call: function(){
            this.value++;
            console.log( this.value );
        }
    };

    extent.call();      // 输出: 1
    extent.call();      // 输出: 2
    extent.call();      // 输出: 3
```

或者：

```
    var Extent = function(){
        this.value = 0;
    };

    Extent.prototype.call = function(){
        this.value++;
        console.log( this.value );
    };

    var extent = new Extent();

    extent.call();
    extent.call();
    extent.call();
```

3.1.5　用闭包实现命令模式

在 JavaScript 版本的各种设计模式实现中，闭包的运用非常广泛，在后续的学习过程中，我们将体会到这一点。

在完成闭包实现的命令模式之前，我们先用面向对象的方式来编写一段命令模式的代码。虽然还没有进入设计模式的学习，但这个作为演示作用的命令模式结构非常简单，不会对我们的理解造成困难，代码如下：

```
<html>
    <body>
```

```
                <button id="execute">点击我执行命令</button>
                <button id="undo">点击我执行命令</button>
            <script>

        var Tv = {
            open: function(){
                console.log( '打开电视机' );
            },
            close: function(){
                console.log( '关闭电视机' );
            }
        };

        var OpenTvCommand = function( receiver ){
            this.receiver = receiver;
        };

        OpenTvCommand.prototype.execute = function(){
            this.receiver.open();     // 执行命令,打开电视机
        };

        OpenTvCommand.prototype.undo = function(){
            this.receiver.close();     // 撤销命令,关闭电视机
        };

        var setCommand = function( command ){
            document.getElementById( 'execute' ).onclick = function(){
                command.execute();     // 输出:打开电视机
            }
            document.getElementById( 'undo' ).onclick = function(){
                command.undo();     // 输出:关闭电视机
            }
        };

        setCommand( new OpenTvCommand( Tv ) );

            </script>
            </body>
        </html>
```

命令模式的意图是把请求封装为对象,从而分离请求的发起者和请求的接收者(执行者)之间的耦合关系。在命令被执行之前,可以预先往命令对象中植入命令的接收者。

但在 JavaScript 中,函数作为一等对象,本身就可以四处传递,用函数对象而不是普通对象来封装请求显得更加简单和自然。如果需要往函数对象中预先植入命令的接收者,那么闭包可以完成这个工作。在面向对象版本的命令模式中,预先植入的命令接收者被当成对象的属性保存起来;而在闭包版本的命令模式中,命令接收者会被封闭在闭包形成的环境中,代码如下:

```
        var Tv = {
            open: function(){
                console.log( '打开电视机' );
            },
```

```
    close: function(){
        console.log( '关闭电视机' );
    }
};

var createCommand = function( receiver ){

    var execute = function(){
        return receiver.open();    // 执行命令,打开电视机
    }

    var undo = function(){
        return receiver.close();    // 执行命令,关闭电视机
    }

    return {
        execute: execute,
        undo: undo
    }

};

var setCommand = function( command ){
    document.getElementById( 'execute' ).onclick = function(){
        command.execute();    // 输出:打开电视机
    }
    document.getElementById( 'undo' ).onclick = function(){
        command.undo();    // 输出:关闭电视机
    }
};

setCommand( createCommand( Tv ) );
```

3.1.6 闭包与内存管理

闭包是一个非常强大的特性,但人们对其也有诸多误解。一种耸人听闻的说法是闭包会造成内存泄露,所以要尽量减少闭包的使用。

局部变量本来应该在函数退出的时候被解除引用,但如果局部变量被封闭在闭包形成的环境中,那么这个局部变量就能一直生存下去。从这个意义上看,闭包的确会使一些数据无法被及时销毁。使用闭包的一部分原因是我们选择主动把一些变量封闭在闭包中,因为可能在以后还需要使用这些变量,把这些变量放在闭包中和放在全局作用域,对内存方面的影响是一致的,这里并不能说成是内存泄露。如果在将来需要回收这些变量,我们可以手动把这些变量设为 null。

跟闭包和内存泄露有关系的地方是,使用闭包的同时比较容易形成循环引用,如果闭包的作用域链中保存着一些 DOM 节点,这时候就有可能造成内存泄露。但这本身并非闭包的问题,也并非 JavaScript 的问题。在 IE 浏览器中,由于 BOM 和 DOM 中的对象是使用 C++以 COM 对象的方式实现的,而 COM 对象的垃圾收集机制采用的是引用计数策略。在基于引用计数策略的垃

圾回收机制中，如果两个对象之间形成了循环引用，那么这两个对象都无法被回收，但循环引用造成的内存泄露在本质上也不是闭包造成的。

同样，如果要解决循环引用带来的内存泄露问题，我们只需要把循环引用中的变量设为 null 即可。将变量设置为 null 意味着切断变量与它此前引用的值之间的连接。当垃圾收集器下次运行时，就会删除这些值并回收它们占用的内存。

3.2   高阶函数

高阶函数是指至少满足下列条件之一的函数。

❏ 函数可以作为参数被传递；
❏ 函数可以作为返回值输出。

JavaScript 语言中的函数显然满足高阶函数的条件，在实际开发中，无论是将函数当作参数传递，还是让函数的执行结果返回另外一个函数，这两种情形都有很多应用场景，下面就列举一些高阶函数的应用场景。

3.2.1   函数作为参数传递

把函数当作参数传递，这代表我们可以抽离出一部分容易变化的业务逻辑，把这部分业务逻辑放在函数参数中，这样一来可以分离业务代码中变化与不变的部分。其中一个重要应用场景就是常见的回调函数。

1. 回调函数

在 ajax 异步请求的应用中，回调函数的使用非常频繁。当我们想在 ajax 请求返回之后做一些事情，但又并不知道请求返回的确切时间时，最常见的方案就是把 callback 函数当作参数传入发起 ajax 请求的方法中，待请求完成之后执行 callback 函数：

```
var getUserInfo = function( userId, callback ){
    $.ajax( 'http://xxx.com/getUserInfo?' + userId, function( data ){
        if ( typeof callback === 'function' ){
            callback( data );
        }
    });
}

getUserInfo( 13157, function( data ){
    alert ( data.userName );
});
```

回调函数的应用不仅只在异步请求中，当一个函数不适合执行一些请求时，我们也可以把这些请求封装成一个函数，并把它作为参数传递给另外一个函数，"委托"给另外一个函数来执行。

比如，我们想在页面中创建 100 个 div 节点，然后把这些 div 节点都设置为隐藏。下面是一种编写代码的方式：

```
var appendDiv = function(){
    for ( var i = 0; i < 100; i++ ){
        var div = document.createElement( 'div' );
        div.innerHTML = i;
        document.body.appendChild( div );
        div.style.display = 'none';
    }
};

appendDiv();
```

把 div.style.display = 'none'的逻辑硬编码在 appendDiv 里显然是不合理的，appendDiv 未免有点个性化，成为了一个难以复用的函数，并不是每个人创建了节点之后就希望它们立刻被隐藏。

于是我们把 div.style.display = 'none'这行代码抽出来，用回调函数的形式传入 appendDiv 方法：

```
 var appendDiv = function( callback ){
    for ( var i = 0; i < 100; i++ ){
        var div = document.createElement( 'div' );
        div.innerHTML = i;
        document.body.appendChild( div );
        if ( typeof callback === 'function' ){
            callback( div );
        }
    }
};

appendDiv(function( node ){
    node.style.display = 'none';
});
```

可以看到，隐藏节点的请求实际上是由客户发起的，但是客户并不知道节点什么时候会创建好，于是把隐藏节点的逻辑放在回调函数中，"委托"给 appendDiv 方法。appendDiv 方法当然知道节点什么时候创建好，所以在节点创建好的时候，appendDiv 会执行之前客户传入的回调函数。

2. Array.prototype.sort

Array.prototype.sort 接受一个函数当作参数，这个函数里面封装了数组元素的排序规则。从 Array.prototype.sort 的使用可以看到，我们的目的是对数组进行排序，这是不变的部分；而使用什么规则去排序，则是可变的部分。把可变的部分封装在函数参数里，动态传入 Array.prototype.sort，使 Array.prototype.sort 方法成为了一个非常灵活的方法，代码如下：

```
//从小到大排列

[ 1, 4, 3 ].sort( function( a, b ){
    return a - b;
```

```
});
```

```
// 输出: [ 1, 3, 4 ]
```

```
//从大到小排列
[ 1, 4, 3 ].sort( function( a, b ){
    return b - a;
});
```

```
// 输出: [ 4, 3, 1 ]
```

3.2.2   函数作为返回值输出

相比把函数当作参数传递，函数当作返回值输出的应用场景也许更多，也更能体现函数式编程的巧妙。让函数继续返回一个可执行的函数，意味着运算过程是可延续的。

1. 判断数据的类型

我们来看看这个例子，判断一个数据是否是数组，在以往的实现中，可以基于鸭子类型的概念来判断，比如判断这个数据有没有 length 属性，有没有 sort 方法或者 slice 方法等。但更好的方式是用 Object.prototype.toString 来计算。Object.prototype.toString.call(obj)返回一个字符串，比如 Object.prototype.toString.call([1,2,3]) 总是返回"[object Array]"，而 Object.prototype.toString.call("str")总是返回"[object String]"。所以我们可以编写一系列的 isType 函数。代码如下：

```
var isString = function( obj ){
    return Object.prototype.toString.call( obj ) === '[object String]';
};

var isArray = function( obj ){
    return Object.prototype.toString.call( obj ) === '[object Array]';
};

var isNumber = function( obj ){
    return Object.prototype.toString.call( obj ) === '[object Number]';
};
```

我们发现，这些函数的大部分实现都是相同的，不同的只是 Object.prototype.toString. call(obj)返回的字符串。为了避免多余的代码，我们尝试把这些字符串作为参数提前植入 isType 函数。代码如下：

```
var isType = function( type ){
    return function( obj ){
        return Object.prototype.toString.call( obj ) === '[object '+ type +']';
    }
};
```

```
var isString = isType( 'String' );
var isArray = isType( 'Array' );
var isNumber = isType( 'Number' );

console.log( isArray( [ 1, 2, 3 ] ) );      // 输出：true
```

我们还可以用循环语句，来批量注册这些 isType 函数：

```
var Type = {};

for ( var i = 0, type; type = [ 'String', 'Array', 'Number' ][ i++ ]; ){
    (function( type ){
        Type[ 'is' + type ] = function( obj ){
            return Object.prototype.toString.call( obj ) === '[object '+ type +']';
        }
    })( type )
};

Type.isArray( [] );      // 输出：true
Type.isString( "str" );      // 输出：true
```

2. getSingle

下面是一个单例模式的例子，在第三部分设计模式的学习中，我们将进行更深入的讲解，这里暂且只了解其代码实现：

```
var getSingle = function ( fn ) {
    var ret;
    return function () {
        return ret || ( ret = fn.apply( this, arguments ) );
    };
};
```

这个高阶函数的例子，既把函数当作参数传递，又让函数执行后返回了另外一个函数。我们可以看看 getSingle 函数的效果：

```
var getScript = getSingle(function(){
    return document.createElement( 'script' );
});

var script1 = getScript();
var script2 = getScript();

alert ( script1 === script2 );      // 输出：true
```

3.2.3　高阶函数实现 AOP

AOP（面向切面编程）的主要作用是把一些跟核心业务逻辑模块无关的功能抽离出来，这些跟业务逻辑无关的功能通常包括日志统计、安全控制、异常处理等。把这些功能抽离出来之后，再通过"动态织入"的方式掺入业务逻辑模块中。这样做的好处首先是可以保持业务逻辑模块的纯净和高内聚性，其次是可以很方便地复用日志统计等功能模块。

在 Java 语言中，可以通过反射和动态代理机制来实现 AOP 技术。而在 JavaScript 这种动态语言中，AOP 的实现更加简单，这是 JavaScript 与生俱来的能力。

通常，在 JavaScript 中实现 AOP，都是指把一个函数"动态织入"到另外一个函数之中，具体的实现技术有很多，本节我们通过扩展 Function.prototype 来做到这一点。代码如下：

```javascript
Function.prototype.before = function( beforefn ){
    var __self = this;      // 保存原函数的引用
    return function(){       // 返回包含了原函数和新函数的"代理"函数
        beforefn.apply( this, arguments );      // 执行新函数，修正 this
        return __self.apply( this, arguments );     // 执行原函数
    }
};

Function.prototype.after = function( afterfn ){
    var __self = this;
    return function(){
        var ret = __self.apply( this, arguments );
        afterfn.apply( this, arguments );
        return ret;
    }
};

var func = function(){
    console.log( 2 );
};

func = func.before(function(){
    console.log( 1 );
}).after(function(){
    console.log( 3 );
});

func();
```

我们把负责打印数字 1 和打印数字 3 的两个函数通过 AOP 的方式动态植入 func 函数。通过执行上面的代码，我们看到控制台顺利地返回了执行结果 1、2、3。

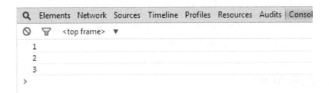

图　3-1

这种使用 AOP 的方式来给函数添加职责，也是 JavaScript 语言中一种非常特别和巧妙的装饰者模式实现。这种装饰者模式在实际开发中非常有用，我们将在第 15 章进行详细的讲解。有兴

趣的读者可以提前翻阅第 15 章进行了解。

3.2.4 高阶函数的其他应用

前面我们已经学习过高阶函数，本节我们再挑选一些常见的高阶函数应用进行介绍。

1. currying

首先我们讨论的是函数柯里化（**function currying**）。currying 的概念最早由俄国数学家 Moses Schönfinkel 发明，而后由著名的数理逻辑学家 Haskell Curry 将其丰富和发展，currying 由此得名。

currying 又称部分求值。一个 currying 的函数首先会接受一些参数，接受了这些参数之后，该函数并不会立即求值，而是继续返回另外一个函数，刚才传入的参数在函数形成的闭包中被保存起来。待到函数被真正需要求值的时候，之前传入的所有参数都会被一次性用于求值。

从字面上理解 currying 并不太容易，我们来看下面的例子。

假设我们要编写一个计算每月开销的函数。在每天结束之前，我们都要记录今天花掉了多少钱。代码如下：

```
var monthlyCost = 0;

var cost = function( money ){
    monthlyCost += money;
};

cost( 100 );    // 第 1 天开销
cost( 200 );    // 第 2 天开销
cost( 300 );    // 第 3 天开销
//cost( 700 );    // 第 30 天开销

alert ( monthlyCost );    // 输出：600
```

通过这段代码可以看到，每天结束后我们都会记录并计算到今天为止花掉的钱。但我们其实并不太关心每天花掉了多少钱，而只想知道到月底的时候会花掉多少钱。也就是说，实际上只需要在月底计算一次。

如果在每个月的前 29 天，我们都只是保存好当天的开销，直到第 30 天才进行求值计算，这样就达到了我们的要求。虽然下面的 cost 函数还不是一个 currying 函数的完整实现，但有助于我们了解其思想：

```
var cost = (function(){
    var args = [];

    return function(){
        if ( arguments.length === 0 ){
            var money = 0;
            for ( var i = 0, l = args.length; i < l; i++ ){
                money += args[ i ];
```

```
            }
            return money;
        }else{
            [].push.apply( args, arguments );
        }
    }

})();

cost( 100 );    // 未真正求值
cost( 200 );    // 未真正求值
cost( 300 );    // 未真正求值

console.log( cost() );        // 求值并输出：600
```

接下来我们编写一个通用的 function currying(){}，function currying(){}接受一个参数，即将要被 currying 的函数。在这个例子里，这个函数的作用遍历本月每天的开销并求出它们的总和。代码如下：

```
var currying = function( fn ){
    var args = [];

    return function(){
        if ( arguments.length === 0 ){
            return fn.apply( this, args );
        }else{
            [].push.apply( args, arguments );
            return arguments.callee;
        }
    }

};

var cost = (function(){
    var money = 0;

    return function(){
        for ( var i = 0, l = arguments.length; i < l; i++ ){
            money += arguments[ i ];
        }
        return money;
    }

})();

var cost = currying( cost );     // 转化成 currying 函数

cost( 100 );    // 未真正求值
cost( 200 );    // 未真正求值
cost( 300 );    // 未真正求值

alert ( cost() );     // 求值并输出：600
```

至此，我们完成了一个 currying 函数的编写。当调用 cost()时，如果明确地带上了一些参数，表示此时并不进行真正的求值计算，而是把这些参数保存起来，此时让 cost 函数返回另外一个函数。只有当我们以不带参数的形式执行 cost()时，才利用前面保存的所有参数，真正开始进行求值计算。

2. uncurrying

在 JavaScript 中，当我们调用对象的某个方法时，其实不用去关心该对象原本是否被设计为拥有这个方法，这是动态类型语言的特点，也是常说的鸭子类型思想。

同理，一个对象也未必只能使用它自身的方法，那么有什么办法可以让对象去借用一个原本不属于它的方法呢？

答案对于我们来说很简单，call 和 apply 都可以完成这个需求：

```javascript
var obj1 = {
    name: 'sven'
};

var obj2 = {
    getName: function(){
        return this.name;
    }
};

console.log( obj2.getName.call( obj1 ) );     // 输出: sven
```

我们常常让类数组对象去借用 Array.prototype 的方法，这是 call 和 apply 最常见的应用场景之一：

```javascript
(function(){
    Array.prototype.push.call( arguments, 4 );    // arguments 借用 Array.prototype.push 方法
    console.log( arguments );       // 输出: [1, 2, 3, 4]
})( 1, 2, 3 );
```

在我们的预期中，Array.prototype 上的方法原本只能用来操作 array 对象。但用 call 和 apply 可以把任意对象当作 this 传入某个方法，这样一来，方法中用到 this 的地方就不再局限于原来规定的对象，而是加以泛化并得到更广的适用性。

Array.prototype 上的方法可以操作任何对象的原理可参阅 2.2 节。

那么有没有办法把泛化 this 的过程提取出来呢？本小节讲述的 uncurrying 就是用来解决这个问题的。uncurrying 的话题来自 JavaScript 之父 Brendan Eich 在 2011 年发表的一篇 Twitter。以下代码是 uncurrying 的实现方式之一：

```javascript
Function.prototype.uncurrying = function () {
    var self = this;
    return function() {
        var obj = Array.prototype.shift.call( arguments );
```

```
            return self.apply( obj, arguments );
        };
    };
```

在讲解这段代码的实现原理之前，我们先来瞧瞧它有什么作用。

在类数组对象 arguments 借用 Array.prototype 的方法之前，先把 Array.prototype.push.call 这句代码转换为一个通用的 push 函数：

```
var push = Array.prototype.push.uncurrying();

(function(){
    push( arguments, 4 );
    console.log( arguments );      // 输出: [1, 2, 3, 4]
})( 1, 2, 3 );
```

通过 uncurrying 的方式，Array.prototype.push.call 变成了一个通用的 push 函数。这样一来，push 函数的作用就跟 Array.prototype.push 一样了，同样不仅仅局限于只能操作 array 对象。而对于使用者而言，调用 push 函数的方式也显得更加简洁和意图明了。

我们还可以一次性地把 Array.prototype 上的方法 "复制" 到 array 对象上，同样这些方法可操作的对象也不仅仅只是 array 对象：

```
for ( var i = 0, fn, ary = [ 'push', 'shift', 'forEach' ]; fn = ary[ i++ ]; ){
    Array[ fn ] = Array.prototype[ fn ].uncurrying();
};

var obj = {
    "length": 3,
    "0": 1,
    "1": 2,
    "2": 3
};

Array.push( obj, 4 );      // 向对象中添加一个元素
console.log( obj.length );      // 输出: 4

var first = Array.shift( obj );      // 截取第一个元素
console.log( first );      // 输出: 1
console.log( obj );      // 输出: {0: 2, 1: 3, 2: 4, length: 3}

Array.forEach( obj, function( i, n ){
    console.log( n );      // 分别输出: 0, 1, 2
});
```

甚至 Function.prototype.call 和 Function.prototype.apply 本身也可以被 uncurrying，不过这没有实用价值，只是使得对函数的调用看起来更像 JavaScript 语言的前身 Scheme：

```
var call = Function.prototype.call.uncurrying();
var fn = function( name ){
    console.log( name );
```

```
};
call( fn, window, 'sven' );      // 输出: sven

var apply = Function.prototype.apply.uncurrying();
var fn = function( name ){
    console.log( this.name );      // 输出: "sven"
    console.log( arguments );      // 输出: [1, 2, 3]
};
apply( fn, { name: 'sven' }, [ 1, 2, 3 ] );
```

目前我们已经给出了 Function.prototype.uncurrying 的一种实现。现在来分析调用
Array.prototype.push.uncurrying()这句代码时发生了什么事情:

```
Function.prototype.uncurrying = function () {
    var self = this;      // self 此时是 Array.prototype.push
    return function() {
        var obj = Array.prototype.shift.call( arguments );
        // obj 是{
        //    "length": 1,
        //    "0": 1
        // }
        // arguments 对象的第一个元素被截去, 剩下[2]
        return self.apply( obj, arguments );
        // 相当于 Array.prototype.push.apply( obj, 2 )
    };
};

var push = Array.prototype.push.uncurrying();
var obj = {
    "length": 1,
    "0": 1
};

push( obj, 2 );
console.log( obj );      // 输出: {0: 1, 1: 2, length: 2}
```

除了刚刚提供的代码实现, 下面的代码是 uncurrying 的另外一种实现方式:

```
Function.prototype.uncurrying = function(){
    var self = this;
    return function(){
        return Function.prototype.call.apply( self, arguments );
    }
};
```

3. 函数节流

JavaScript 中的函数大多数情况下都是由用户主动调用触发的, 除非是函数本身的实现不合
理, 否则我们一般不会遇到跟性能相关的问题。但在一些少数情况下, 函数的触发不是由用户直
接控制的。在这些场景下, 函数有可能被非常频繁地调用, 而造成大的性能问题。下面将列举一
些这样的场景。

(1) 函数被频繁调用的场景

- □ window.onresize 事件。我们给 window 对象绑定了 resize 事件，当浏览器窗口大小被拖动而改变的时候，这个事件触发的频率非常之高。如果我们在 window.onresize 事件函数里有一些跟 DOM 节点相关的操作，而跟 DOM 节点相关的操作往往是非常消耗性能的，这时候浏览器可能就会吃不消而造成卡顿现象。

- □ mousemove 事件。同样，如果我们给一个 div 节点绑定了拖曳事件（主要是 mousemove），当 div 节点被拖动的时候，也会频繁地触发该拖曳事件函数。

- □ 上传进度。微云的上传功能使用了公司提供的一个浏览器插件。该浏览器插件在真正开始上传文件之前，会对文件进行扫描并随时通知 JavaScript 函数，以便在页面中显示当前的扫描进度。但该插件通知的频率非常之高，大约一秒钟 10 次，很显然我们在页面中不需要如此频繁地去提示用户。

(2) 函数节流的原理

我们整理上面提到的三个场景，发现它们面临的共同问题是函数被触发的频率太高。

比如我们在 window.onresize 事件中要打印当前的浏览器窗口大小，在我们通过拖曳来改变窗口大小的时候，打印窗口大小的工作 1 秒钟进行了 10 次。而我们实际上只需要 2 次或者 3 次。这就需要我们按时间段来忽略掉一些事件请求，比如确保在 500ms 内只打印一次。很显然，我们可以借助 setTimeout 来完成这件事情。

(3) 函数节流的代码实现

关于函数节流的代码实现有许多种，下面的 throttle 函数的原理是，将即将被执行的函数用 setTimeout 延迟一段时间执行。如果该次延迟执行还没有完成，则忽略接下来调用该函数的请求。throttle 函数接受 2 个参数，第一个参数为需要被延迟执行的函数，第二个参数为延迟执行的时间。具体实现代码如下：

```
var throttle = function ( fn, interval ) {

    var __self = fn,      // 保存需要被延迟执行的函数引用
        timer,      // 定时器
        firstTime = true;    // 是否是第一次调用

    return function () {
        var args = arguments,
            __me = this;

        if ( firstTime ) {    // 如果是第一次调用，不需延迟执行
            __self.apply(__me, args);
            return firstTime = false;
        }

        if ( timer ) {    // 如果定时器还在，说明前一次延迟执行还没有完成
            return false;
```

```
    }

    timer = setTimeout(function () {   // 延迟一段时间执行
        clearTimeout(timer);
        timer = null;
        __self.apply(__me, args);

    }, interval || 500 );

    };

};

window.onresize = throttle(function(){
    console.log( 1 );
}, 500 );
```

4. 分时函数

在前面关于函数节流的讨论中，我们提供了一种限制函数被频繁调用的解决方案。下面我们将遇到另外一个问题，某些函数确实是用户主动调用的，但因为一些客观的原因，这些函数会严重地影响页面性能。

一个例子是创建 WebQQ 的 QQ 好友列表。列表中通常会有成百上千个好友，如果一个好友用一个节点来表示，当我们在页面中渲染这个列表的时候，可能要一次性往页面中创建成百上千个节点。

在短时间内往页面中大量添加 DOM 节点显然也会让浏览器吃不消，我们看到的结果往往就是浏览器的卡顿甚至假死。代码如下：

```
var ary = [];

for ( var i = 1; i <= 1000; i++ ){
    ary.push( i );      // 假设 ary 装载了 1000 个好友的数据
};

var renderFriendList = function( data ){
    for ( var i = 0, l = data.length; i < l; i++ ){
        var div = document.createElement( 'div' );
        div.innerHTML = i;
        document.body.appendChild( div );
    }
};

renderFriendList( ary );
```

这个问题的解决方案之一是下面的 timeChunk 函数，timeChunk 函数让创建节点的工作分批进行，比如把 1 秒钟创建 1000 个节点，改为每隔 200 毫秒创建 8 个节点。

timeChunk 函数接受 3 个参数，第 1 个参数是创建节点时需要用到的数据，第 2 个参数是封装了创建节点逻辑的函数，第 3 个参数表示每一批创建的节点数量。代码如下：

```javascript
var timeChunk = function( ary, fn, count ){

    var obj,
        t;

    var len = ary.length;

    var start = function(){
        for ( var i = 0; i < Math.min( count || 1, ary.length ); i++ ){
            var obj = ary.shift();
            fn( obj );
        }
    };

    return function(){
        t = setInterval(function(){
            if ( ary.length === 0 ){   // 如果全部节点都已经被创建好
                return clearInterval( t );
            }
            start();
        }, 200 );     // 分批执行的时间间隔，也可以用参数的形式传入

    };

};
```

最后我们进行一些小测试，假设我们有 1000 个好友的数据，我们利用 timeChunk 函数，每一批只往页面中创建 8 个节点：

```javascript
var ary = [];

for ( var i = 1; i <= 1000; i++ ){
    ary.push( i );
};

var renderFriendList = timeChunk( ary, function( n ){
    var div = document.createElement( 'div' );
    div.innerHTML = n;
    document.body.appendChild( div );
}, 8 );

renderFriendList();
```

5. 惰性加载函数

在 Web 开发中，因为浏览器之间的实现差异，一些嗅探工作总是不可避免。比如我们需要一个在各个浏览器中能够通用的事件绑定函数 addEvent，常见的写法如下：

```javascript
var addEvent = function( elem, type, handler ){
    if ( window.addEventListener ){
        return elem.addEventListener( type, handler, false );
```

```
        }
        if ( window.attachEvent ){
            return elem.attachEvent( 'on' + type, handler );
        }
    };
```

　　这个函数的缺点是，当它每次被调用的时候都会执行里面的 if 条件分支，虽然执行这些 if 分支的开销不算大，但也许有一些方法可以让程序避免这些重复的执行过程。

　　第二种方案是这样，我们把嗅探浏览器的操作提前到代码加载的时候，在代码加载的时候就立刻进行一次判断，以便让 addEvent 返回一个包裹了正确逻辑的函数。代码如下：

```
var addEvent = (function(){
    if ( window.addEventListener ){
        return function( elem, type, handler ){
            elem.addEventListener( type, handler, false );
        }
    }
    if ( window.attachEvent ){
        return function( elem, type, handler ){
            elem.attachEvent( 'on' + type, handler );
        }
    }
})();
```

　　目前的 addEvent 函数依然有个缺点，也许我们从头到尾都没有使用过 addEvent 函数，这样看来，前一次的浏览器嗅探就是完全多余的操作，而且这也会稍稍延长页面 ready 的时间。

　　第三种方案即是我们将要讨论的惰性载入函数方案。此时 addEvent 依然被声明为一个普通函数，在函数里依然有一些分支判断。但是在第一次进入条件分支之后，在函数内部会重写这个函数，重写之后的函数就是我们期望的 addEvent 函数，在下一次进入 addEvent 函数的时候，addEvent 函数里不再存在条件分支语句：

```
<html>
    <body>
        <div id="div1">点我绑定事件</div>
        <script>

        var addEvent = function( elem, type, handler ){
            if ( window.addEventListener ){
                addEvent = function( elem, type, handler ){
                    elem.addEventListener( type, handler, false );
                }
            }else if ( window.attachEvent ){
                addEvent = function( elem, type, handler ){
                    elem.attachEvent( 'on' + type, handler );
                }
            }

            addEvent( elem, type, handler );
        };
```

```
        var div = document.getElementById( 'div1' );

        addEvent( div, 'click', function(){
            alert (1);
        });

        addEvent( div, 'click', function(){
            alert (2);
        });

    </script>
    </body>
</html>
```

3.3   小结

在进入设计模式的学习之前，本章挑选了闭包和高阶函数来进行讲解。这是因为在 JavaScript 开发中，闭包和高阶函数的应用极多。就设计模式而言，因为 JavaScript 这门语言的自身特点，许多设计模式在 JavaScript 之中的实现跟在一些传统面向对象语言中的实现相差很大。在 JavaScript 中，很多设计模式都是通过闭包和高阶函数实现的。这并不奇怪，相对于模式的实现过程，我们更关注的是模式可以帮助我们完成什么。

第二部分
设计模式

现在，我们终于步入了设计模式学习的殿堂。

在将函数作为一等对象的语言中，有许多需要利用对象多态性的设计模式，比如命令模式、策略模式等，这些模式的结构与传统面向对象语言的结构大相径庭，实际上已经融入到了语言之中，我们可能经常使用它们，只是不知道它们的名字而已。

第二部分并没有全部涵盖 GoF 所提出的 23 种设计模式，而是选择了在 JavaScript 开发中更常见的 14 种设计模式。

第 4 章

单例模式

单例模式的定义是：保证一个类仅有一个实例，并提供一个访问它的全局访问点。

单例模式是一种常用的模式，有一些对象我们往往只需要一个，比如线程池、全局缓存、浏览器中的 window 对象等。在 JavaScript 开发中，单例模式的用途同样非常广泛。试想一下，当我们单击登录按钮的时候，页面中会出现一个登录浮窗，而这个登录浮窗是唯一的，无论单击多少次登录按钮，这个浮窗都只会被创建一次，那么这个登录浮窗就适合用单例模式来创建。

4.1　实现单例模式

要实现一个标准的单例模式并不复杂，无非是用一个变量来标志当前是否已经为某个类创建过对象，如果是，则在下一次获取该类的实例时，直接返回之前创建的对象。代码如下：

```
var Singleton = function( name ){
    this.name = name;
}

Singleton.instance = null;
Singleton.prototype.getName = function(){
    alert ( this.name );
}

Singleton.getInstance = function( name ){
    if ( !this.instance ){
        this.instance = new Singleton( name );
    }
    return this.instance
}

var a = Singleton.getInstance( 'sven1' );
var b = Singleton.getInstance( 'sven2' );

alert ( a === b );    // true
```

或者:

```javascript
var Singleton = function( name ){
    this.name = name;
};

Singleton.prototype.getName = function(){
    alert ( this.name );
};

Singleton.getInstance = (function(){
    var instance = null;
    return function( name ){
        if ( !instance ){
            instance = new Singleton( name );
        }
        return instance;
    }
})();
```

我们通过 Singleton.getInstance 来获取 Singleton 类的唯一对象, 这种方式相对简单, 但有一个问题, 就是增加了这个类的 "不透明性", Singleton 类的使用者必须知道这是一个单例类, 跟以往通过 new XXX 的方式来获取对象不同, 这里偏要使用 Singleton.getInstance 来获取对象。

接下来顺便进行一些小测试, 来证明这个单例类是可以信赖的:

```javascript
var a = Singleton.getInstance( 'sven1' );
var b = Singleton.getInstance( 'sven2' );

alert ( a === b );     // true
```

虽然现在已经完成了一个单例模式的编写, 但这段单例模式代码的意义并不大。从下一节开始, 我们将一步步编写出更好的单例模式。

4.2　透明的单例模式

我们现在的目标是实现一个 "透明" 的单例类, 用户从这个类中创建对象的时候, 可以像使用其他任何普通类一样。在下面的例子中, 我们将使用 CreateDiv 单例类, 它的作用是负责在页面中创建唯一的 div 节点, 代码如下:

```javascript
var CreateDiv = (function(){

    var instance;

    var CreateDiv = function( html ){
        if ( instance ){
            return instance;
        }
        this.html = html;
        this.init();
```

```
        return instance = this;
    };

    CreateDiv.prototype.init = function(){
        var div = document.createElement( 'div' );
        div.innerHTML = this.html;
        document.body.appendChild( div );
    };

    return CreateDiv;

})();

var a = new CreateDiv( 'sven1' );
var b = new CreateDiv( 'sven2' );

alert ( a === b );      // true
```

虽然现在完成了一个透明的单例类的编写，但它同样有一些缺点。

为了把 instance 封装起来，我们使用了自执行的匿名函数和闭包，并且让这个匿名函数返回真正的 Singleton 构造方法，这增加了一些程序的复杂度，阅读起来也不是很舒服。

观察现在的 Singleton 构造函数：

```
var CreateDiv = function( html ){
    if ( instance ){
        return instance;
    }
    this.html = html;
    this.init();
    return instance = this;
};
```

在这段代码中，CreateDiv 的构造函数实际上负责了两件事情。第一是创建对象和执行初始化 init 方法，第二是保证只有一个对象。虽然我们目前还没有接触过"单一职责原则"的概念，但可以明确的是，这是一种不好的做法，至少这个构造函数看起来很奇怪。

假设我们某天需要利用这个类，在页面中创建千千万万的 div，即要让这个类从单例类变成一个普通的可产生多个实例的类，那我们必须得改写 CreateDiv 构造函数，把控制创建唯一对象的那一段去掉，这种修改会给我们带来不必要的烦恼。

4.3 用代理实现单例模式

现在我们通过引入代理类的方式，来解决上面提到的问题。

我们依然使用 4.2 节中的代码，首先在 CreateDiv 构造函数中，把负责管理单例的代码移除出去，使它成为一个普通的创建 div 的类：

```
var CreateDiv = function( html ){
    this.html = html;
```

```
    this.init();
};

CreateDiv.prototype.init = function(){
    var div = document.createElement( 'div' );
    div.innerHTML = this.html;
    document.body.appendChild( div );
};
```

接下来引入代理类 proxySingletonCreateDiv：

```
var ProxySingletonCreateDiv = (function(){

    var instance;
    return function( html ){
        if ( !instance ){
            instance = new CreateDiv( html );
        }

        return instance;
    }

})();

var a = new ProxySingletonCreateDiv( 'sven1' );
var b = new ProxySingletonCreateDiv( 'sven2' );

alert ( a === b );
```

通过引入代理类的方式，我们同样完成了一个单例模式的编写，跟之前不同的是，现在我们把负责管理单例的逻辑移到了代理类 proxySingletonCreateDiv 中。这样一来，CreateDiv 就变成了一个普通的类，它跟 proxySingletonCreateDiv 组合起来可以达到单例模式的效果。

本例是缓存代理的应用之一，在第 6 章中，我们将继续了解代理带来的好处。

4.4　JavaScript 中的单例模式

前面提到的几种单例模式的实现，更多的是接近传统面向对象语言中的实现，单例对象从"类"中创建而来。在以类为中心的语言中，这是很自然的做法。比如在 Java 中，如果需要某个对象，就必须先定义一个类，对象总是从类中创建而来的。

但 JavaScript 其实是一门无类（class-free）语言，也正因为如此，生搬单例模式的概念并无意义。在 JavaScript 中创建对象的方法非常简单，既然我们只需要一个"唯一"的对象，为什么要为它先创建一个"类"呢？这无异于穿棉衣洗澡，传统的单例模式实现在 JavaScript 中并不适用。

单例模式的核心是确保只有一个实例，并提供全局访问。

全局变量不是单例模式，但在 JavaScript 开发中，我们经常会把全局变量当成单例来使用。例如：

```
var a = {};
```

当用这种方式创建对象 a 时，对象 a 确实是独一无二的。如果 a 变量被声明在全局作用域下，则我们可以在代码中的任何位置使用这个变量，全局变量提供给全局访问是理所当然的。这样就满足了单例模式的两个条件。

但是全局变量存在很多问题，它很容易造成命名空间污染。在大中型项目中，如果不加以限制和管理，程序中可能存在很多这样的变量。JavaScript 中的变量也很容易被不小心覆盖，相信每个 JavaScript 程序员都曾经历过变量冲突的痛苦，就像上面的对象 var a = {};，随时有可能被别人覆盖。

Douglas Crockford 多次把全局变量称为 JavaScript 中最糟糕的特性。在对 JavaScript 的创造者 Brendan Eich 的访谈中， Brendan Eich 本人也承认全局变量是设计上的失误，是在没有足够的时间思考一些东西的情况下导致的结果。

作为普通的开发者，我们有必要尽量减少全局变量的使用，即使需要，也要把它的污染降到最低。以下几种方式可以相对降低全局变量带来的命名污染。

1. 使用命名空间

适当地使用命名空间，并不会杜绝全局变量，但可以减少全局变量的数量。

最简单的方法依然是用对象字面量的方式：

```
var namespace1 = {
    a: function(){
        alert (1);
    },
    b: function(){
        alert (2);
    }
};
```

把 a 和 b 都定义为 namespace1 的属性，这样可以减少变量和全局作用域打交道的机会。另外我们还可以动态地创建命名空间，代码如下（引自 *Object-Oriented JavaScrtipt* 一书）：

```
var MyApp = {};

MyApp.namespace = function( name ){
    var parts = name.split( '.' );
    var current = MyApp;
    for ( var i in parts ){
        if ( !current[ parts[ i ] ] ){
            current[ parts[ i ] ] = {};
        }
        current = current[ parts[ i ] ];
```

```
    }
};

MyApp.namespace( 'event' );
MyApp.namespace( 'dom.style' );

console.dir( MyApp );

// 上述代码等价于:

 var MyApp = {
    event: {},
    dom: {
        style: {}
    }
 };
```

2. 使用闭包封装私有变量

这种方法把一些变量封装在闭包的内部，只暴露一些接口跟外界通信:

```
var user = (function(){
    var __name = 'sven',
        __age = 29;

    return {
        getUserInfo: function(){
            return __name + '-' + __age;
        }
    }

})();
```

我们用下划线来约定私有变量__name 和__age，它们被封装在闭包产生的作用域中，外部是访问不到这两个变量的，这就避免了对全局的命令污染。

4.5 惰性单例

前面我们了解了单例模式的一些实现办法，本节我们来了解惰性单例。

惰性单例指的是在需要的时候才创建对象实例。惰性单例是单例模式的重点，这种技术在实际开发中非常有用，有用的程度可能超出了我们的想象，实际上在本章开头就使用过这种技术，instance 实例对象总是在我们调用 Singleton.getInstance 的时候才被创建，而不是在页面加载好的时候就创建，代码如下:

```
Singleton.getInstance = (function(){
    var instance = null;
    return function( name ){
        if ( !instance ){
            instance = new Singleton( name );
```

```
        }
        return instance;
    }
})();
```

不过这是基于"类"的单例模式，前面说过，基于"类"的单例模式在 JavaScript 中并不适用，下面我们将以 WebQQ 的登录浮窗为例，介绍与全局变量结合实现惰性的单例。

假设我们是 WebQQ 的开发人员（网址是 web.qq.com），当点击左边导航里 QQ 头像时，会弹出一个登录浮窗（如图 4-1 所示），很明显这个浮窗在页面里总是唯一的，不可能出现同时存在两个登录窗口的情况。

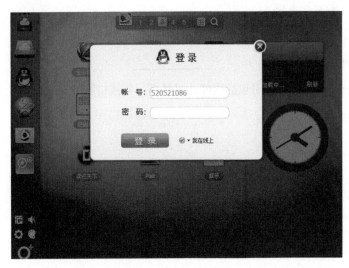

图　4-1

第一种解决方案是在页面加载完成的时候便创建好这个 div 浮窗，这个浮窗一开始肯定是隐藏状态的，当用户点击登录按钮的时候，它才开始显示：

```
<html>
    <body>
        <button id="loginBtn">登录</button>
    </body>

<script>
    var loginLayer = (function(){
        var div = document.createElement( 'div' );
        div.innerHTML = '我是登录浮窗';
        div.style.display = 'none';
        document.body.appendChild( div );
        return div;
    })();

    document.getElementById( 'loginBtn' ).onclick = function(){
```

```
        loginLayer.style.display = 'block';
    };
</script>
</html>
```

这种方式有一个问题，也许我们进入 WebQQ 只是玩玩游戏或者看看天气，根本不需要进行
登录操作，因为登录浮窗总是一开始就被创建好，那么很有可能将白白浪费一些 DOM 节点。

现在改写一下代码，使用户点击登录按钮的时候才开始创建该浮窗：

```
<html>
    <body>
        <button id="loginBtn">登录</button>
    </body>

<script>
    var createLoginLayer = function(){
        var div = document.createElement( 'div' );
        div.innerHTML = '我是登录浮窗';
        div.style.display = 'none';
        document.body.appendChild( div );
        return div;
    };

    document.getElementById( 'loginBtn' ).onclick = function(){
        var loginLayer = createLoginLayer();
        loginLayer.style.display = 'block';
    };
</script>
</html>
```

虽然现在达到了惰性的目的，但失去了单例的效果。当我们每次点击登录按钮的时候，都会
创建一个新的登录浮窗 div。虽然我们可以在点击浮窗上的关闭按钮时（此处未实现）把这个浮
窗从页面中删除掉，但这样频繁地创建和删除节点明显是不合理的，也是不必要的。

也许读者已经想到了，我们可以用一个变量来判断是否已经创建过登录浮窗，这也是本节第
一段代码中的做法：

```
var createLoginLayer = (function(){
    var div;
    return function(){
        if ( !div ){
            div = document.createElement( 'div' );
            div.innerHTML = '我是登录浮窗';
            div.style.display = 'none';
            document.body.appendChild( div );
        }

        return div;
    }
})();
```

```
document.getElementById( 'loginBtn' ).onclick = function(){
    var loginLayer = createLoginLayer();
    loginLayer.style.display = 'block';
};
```

4.6　通用的惰性单例

上一节我们完成了一个可用的惰性单例，但是我们发现它还有如下一些问题。

- 这段代码仍然是违反单一职责原则的，创建对象和管理单例的逻辑都放在 createLoginLayer 对象内部。
- 如果我们下次需要创建页面中唯一的 iframe，或者 script 标签，用来跨域请求数据，就必须得如法炮制，把 createLoginLayer 函数几乎照抄一遍：

```
var createIframe= (function(){
    var iframe;
    return function(){
        if ( !iframe){
            iframe= document.createElement( 'iframe' );
            iframe.style.display = 'none';
            document.body.appendChild( iframe);
        }
        return iframe;
    }
})();
```

我们需要把不变的部分隔离出来，先不考虑创建一个 div 和创建一个 iframe 有多少差异，管理单例的逻辑其实是完全可以抽象出来的，这个逻辑始终是一样的：用一个变量来标志是否创建过对象，如果是，则在下次直接返回这个已经创建好的对象：

```
var obj;
if ( !obj ){
    obj = xxx;
}
```

现在我们就把如何管理单例的逻辑从原来的代码中抽离出来，这些逻辑被封装在 getSingle 函数内部，创建对象的方法 fn 被当成参数动态传入 getSingle 函数：

```
var getSingle = function( fn ){
    var result;
    return function(){
        return result || ( result = fn .apply(this, arguments ) );
    }
};
```

接下来将用于创建登录浮窗的方法用参数 fn 的形式传入 getSingle，我们不仅可以传入 createLoginLayer，还能传入 createScript、createIframe、createXhr 等。之后再让 getSingle 返回一个新的函数，并且用一个变量 result 来保存 fn 的计算结果。result 变量因为身在闭包中，它永远不会被销毁。在将来的请求中，如果 result 已经被赋值，那么它将返回这个值。代码如下：

```
var createLoginLayer = function(){
    var div = document.createElement( 'div' );
    div.innerHTML = '我是登录浮窗';
    div.style.display = 'none';
    document.body.appendChild( div );
    return div;
};

var createSingleLoginLayer = getSingle( createLoginLayer );

document.getElementById( 'loginBtn' ).onclick = function(){
    var loginLayer = createSingleLoginLayer();
    loginLayer.style.display = 'block';
};
```

下面我们再试试创建唯一的 iframe 用于动态加载第三方页面：

```
var createSingleIframe = getSingle( function(){
    var iframe = document.createElement ( 'iframe' );
    document.body.appendChild( iframe );
    return iframe;
});

document.getElementById( 'loginBtn' ).onclick = function(){
    var loginLayer = createSingleIframe();
    loginLayer.src = 'http://baidu.com';
};
```

在这个例子中，我们把创建实例对象的职责和管理单例的职责分别放置在两个方法里，这两个方法可以独立变化而互不影响，当它们连接在一起的时候，就完成了创建唯一实例对象的功能，看起来是一件挺奇妙的事情。

这种单例模式的用途远不止创建对象，比如我们通常渲染完页面中的一个列表之后，接下来要给这个列表绑定 click 事件，如果是通过 ajax 动态往列表里追加数据，在使用事件代理的前提下，click 事件实际上只需要在第一次渲染列表的时候被绑定一次，但是我们不想去判断当前是否是第一次渲染列表，如果借助于 **jQuery**，我们通常选择给节点绑定 one 事件：

```
var bindEvent = function(){
    $( 'div' ).one( 'click', function(){
        alert ( 'click' );
    });
};

var render = function(){
    console.log( '开始渲染列表' );
    bindEvent();
};

render();
```

```
render();
render();
```

如果利用 getSingle 函数，也能达到一样的效果。代码如下：

```
var bindEvent = getSingle(function(){
    document.getElementById( 'div1' ).addEventListener = function(){
        alert ( 'click' );
    }
    return true;
});

var render = function(){
    console.log( '开始渲染列表' );
    bindEvent();
};

render();
render();
render();
```

可以看到，render 函数和 bindEvent 函数都分别执行了 3 次，但 div 实际上只被绑定了一个事件。

4.7　小结

单例模式是我们学习的第一个模式，我们先学习了传统的单例模式实现，也了解到因为语言的差异性，有更适合的方法在 JavaScript 中创建单例。这一章还提到了代理模式和单一职责原则，后面的章节会对它们进行更详细的讲解。

在 getSinge 函数中，实际上也提到了闭包和高阶函数的概念。单例模式是一种简单但非常实用的模式，特别是惰性单例技术，在合适的时候才创建对象，并且只创建唯一的一个。更奇妙的是，创建对象和管理单例的职责被分布在两个不同的方法中，这两个方法组合起来才具有单例模式的威力。

第 5 章

策略模式

俗话说，条条大路通罗马。在美剧《越狱》中，主角 Michael Scofield 就设计了两条越狱的道路。这两条道路都可以到达靠近监狱外墙的医务室。

同样，在现实中，很多时候也有多种途径到达同一个目的地。比如我们要去某个地方旅游，可以根据具体的实际情况来选择出行的线路。

- □ 如果没有时间但是不在乎钱，可以选择坐飞机。
- □ 如果没有钱，可以选择坐大巴或者火车。
- □ 如果再穷一点，可以选择骑自行车。

在程序设计中，我们也常常遇到类似的情况，要实现某一个功能有多种方案可以选择。比如一个压缩文件的程序，既可以选择 zip 算法，也可以选择 gzip 算法。

这些算法灵活多样，而且可以随意互相替换。这种解决方案就是本章将要介绍的策略模式。

策略模式的定义是：定义一系列的算法，把它们一个个封装起来，并且使它们可以相互替换。

5.1　使用策略模式计算奖金

策略模式有着广泛的应用。本节我们就以年终奖的计算为例进行介绍。

很多公司的年终奖是根据员工的工资基数和年底绩效情况来发放的。例如，绩效为 S 的人年终奖有 4 倍工资，绩效为 A 的人年终奖有 3 倍工资，而绩效为 B 的人年终奖是 2 倍工资。假设财务部要求我们提供一段代码，来方便他们计算员工的年终奖。

1. 最初的代码实现

我们可以编写一个名为 calculateBonus 的函数来计算每个人的奖金数额。很显然，calculateBonus 函数要正确工作，就需要接收两个参数：员工的工资数额和他的绩效考核等级。代码如下：

```
var calculateBonus = function( performanceLevel, salary ){

    if ( performanceLevel === 'S' ){
        return salary * 4;
    }

    if ( performanceLevel === 'A' ){
        return salary * 3;
    }

    if ( performanceLevel === 'B' ){
        return salary * 2;
    }

};

calculateBonus( 'B', 20000 );      // 输出：40000
calculateBonus( 'S', 6000 );       // 输出：24000
```

可以发现，这段代码十分简单，但是存在着显而易见的缺点。

❑ calculateBonus 函数比较庞大，包含了很多 if-else 语句，这些语句需要覆盖所有的逻辑分支。

❑ calculateBonus 函数缺乏弹性，如果增加了一种新的绩效等级 C，或者想把绩效 S 的奖金系数改为 5，那我们必须深入 calculateBonus 函数的内部实现，这是违反开放–封闭原则的。

❑ 算法的复用性差，如果在程序的其他地方需要重用这些计算奖金的算法呢？我们的选择只有复制和粘贴。

因此，我们需要重构这段代码。

2. 使用组合函数重构代码

一般最容易想到的办法就是使用组合函数来重构代码，我们把各种算法封装到一个个的小函数里面，这些小函数有着良好的命名，可以一目了然地知道它对应着哪种算法，它们也可以被复用在程序的其他地方。代码如下：

```javascript
var performanceS = function( salary ){
    return salary * 4;
};

var performanceA = function( salary ){
    return salary * 3;
};

var performanceB = function( salary ){
    return salary * 2;
};

var calculateBonus = function( performanceLevel, salary ){

    if ( performanceLevel === 'S' ){
        return performanceS( salary );
    }

    if ( performanceLevel === 'A' ){
        return performanceA( salary );
    }

    if ( performanceLevel === 'B' ){
        return performanceB( salary );
    }

};

calculateBonus( 'A', 10000 );    // 输出：30000
```

目前，我们的程序得到了一定的改善，但这种改善非常有限，我们依然没有解决最重要的问题：calculateBonus 函数有可能越来越庞大，而且在系统变化的时候缺乏弹性。

3. 使用策略模式重构代码

经过思考，我们想到了更好的办法——使用策略模式来重构代码。策略模式指的是定义一系列的算法，把它们一个个封装起来。将不变的部分和变化的部分隔开是每个设计模式的主题，策略模式也不例外，策略模式的目的就是将算法的使用与算法的实现分离开来。

在这个例子里，算法的使用方式是不变的，都是根据某个算法取得计算后的奖金数额。而算法的实现是各异和变化的，每种绩效对应着不同的计算规则。

一个基于策略模式的程序至少由两部分组成。第一个部分是一组策略类，策略类封装了具体的算法，并负责具体的计算过程。第二个部分是环境类 Context，Context 接受客户的请求，随后把请求委托给某一个策略类。要做到这点，说明 Context 中要维持对某个策略对象的引用。

现在用策略模式来重构上面的代码。第一个版本是模仿传统面向对象语言中的实现。我们先把每种绩效的计算规则都封装在对应的策略类里面：

```
var performanceS = function(){};

performanceS.prototype.calculate = function( salary ){
    return salary * 4;
};

var performanceA = function(){};

performanceA.prototype.calculate = function( salary ){
    return salary * 3;
};

var performanceB = function(){};

performanceB.prototype.calculate = function( salary ){
    return salary * 2;
};
```

接下来定义奖金类 Bonus：

```
var Bonus = function(){
    this.salary = null;      // 原始工资
    this.strategy = null;    // 绩效等级对应的策略对象
};

Bonus.prototype.setSalary = function( salary ){
    this.salary = salary;    // 设置员工的原始工资
};

Bonus.prototype.setStrategy = function( strategy ){
    this.strategy = strategy;    // 设置员工绩效等级对应的策略对象
};

Bonus.prototype.getBonus = function(){      // 取得奖金数额
    if (!this.strategy){
        throw new Error('未设置 strategy 属性');
    }
    return this.strategy.calculate( this.salary );    // 把计算奖金的操作委托给对应的策略对象
};
```

在完成最终的代码之前，我们再来回顾一下策略模式的思想：

　　　　定义一系列的算法，把它们一个个封装起来，并且使它们可以相互替换①。

　　这句话如果说得更详细一点，就是：定义一系列的算法，把它们各自封装成策略类，算法被封装在策略类内部的方法里。在客户对 Context 发起请求的时候，Context 总是把请求委托给这些策略对象中间的某一个进行计算。

　　现在我们来完成这个例子中剩下的代码。先创建一个 bonus 对象，并且给 bonus 对象设置一

---

① "并且使它们可以相互替换"，这句话在很大程度上是相对于静态类型语言而言的。因为静态类型语言中有类型检查机制，所以各个策略类需要实现同样的接口。当它们的真正类型被隐藏在接口后面时，它们才能被相互替换。而在 JavaScript 这种 "类型模糊" 的语言中没有这种困扰，任何对象都可以被替换使用。因此，JavaScript 中的 "可以相互替换使用" 表现为它们具有相同的目标和意图。

些原始的数据，比如员工的原始工资数额。接下来把某个计算奖金的策略对象也传入 bonus 对象内部保存起来。当调用 bonus.getBonus()来计算奖金的时候，bonus 对象本身并没有能力进行计算，而是把请求委托给了之前保存好的策略对象：

```
var bonus = new Bonus();

bonus.setSalary( 10000 );
bonus.setStrategy( new performanceS() );   // 设置策略对象

console.log( bonus.getBonus() );     // 输出：40000

bonus.setStrategy( new performanceA() );   // 设置策略对象
console.log( bonus.getBonus() );     // 输出：30000
```

刚刚我们用策略模式重构了这段计算年终奖的代码，可以看到通过策略模式重构之后，代码变得更加清晰，各个类的职责更加鲜明。但这段代码是基于传统面向对象语言的模仿，下一节我们将了解用 JavaScript 实现的策略模式。

5.2　JavaScript 版本的策略模式

在 5.1 节中，我们让 strategy 对象从各个策略类中创建而来，这是模拟一些传统面向对象语言的实现。实际上在 JavaScript 语言中，函数也是对象，所以更简单和直接的做法是把 strategy 直接定义为函数：

```
var strategies = {
    "S": function( salary ){
        return salary * 4;
    },
    "A": function( salary ){
        return salary * 3;
    },
    "B": function( salary ){
        return salary * 2;
    }
};
```

同样，Context 也没有必要必须用 Bonus 类来表示，我们依然用 calculateBonus 函数充当 Context 来接受用户的请求。经过改造，代码的结构变得更加简洁：

```
var strategies = {
    "S": function( salary ){
        return salary * 4;
    },
    "A": function( salary ){
        return salary * 3;
    },
    "B": function( salary ){
        return salary * 2;
```

```
    }
};

var calculateBonus = function( level, salary ){
    return strategies[ level ]( salary );
};

console.log( calculateBonus( 'S', 20000 ) );     // 输出：80000
console.log( calculateBonus( 'A', 10000 ) );     // 输出：30000
```

在接下来的缓动动画和表单验证的例子中，我们用到的都是这种函数形式的策略对象。

5.3　多态在策略模式中的体现

通过使用策略模式重构代码，我们消除了原程序中大片的条件分支语句。所有跟计算奖金有关的逻辑不再放在 Context 中，而是分布在各个策略对象中。Context 并没有计算奖金的能力，而是把这个职责委托给了某个策略对象。每个策略对象负责的算法已被各自封装在对象内部。当我们对这些策略对象发出"计算奖金"的请求时，它们会返回各自不同的计算结果，这正是对象多态性的体现，也是"它们可以相互替换"的目的。替换 Context 中当前保存的策略对象，便能执行不同的算法来得到我们想要的结果。

5.4　使用策略模式实现缓动动画

如果让一些不太了解前端开发的程序员来投票，选出他们眼中 JavaScript 语言在 Web 开发中的两大用途，我想结果很有可能是这样的：

❑ 编写一些让 div 飞来飞去的动画
❑ 验证表单

虽然这只是一句玩笑话，但从中可以看到动画在 Web 前端开发中的地位。一些别出心裁的动画效果可以让网站增色不少。

有一段时间网页游戏非常流行，HTML5 版本的游戏可以达到不逊于 Flash 游戏的效果。我曾经编写过 HTML5 版本的街头霸王游戏，让游戏的主角跳跃或是移动，实际上只是让这个 div 按照一定的缓动算法进行运动而已。

如果我们明白了怎样让一个小球运动起来，那么离编写一个完整的游戏就不遥远了，剩下的只是一些把逻辑组织起来的体力活。本节并不会从头到尾地编写一个完整的游戏，我们首先要做的是让一个小球按照不同的算法进行运动。

5.4.1　实现动画效果的原理

用 JavaScript 实现动画效果的原理跟动画片的制作一样，动画片是把一些差距不大的原画以较快的帧数播放，来达到视觉上的动画效果。在 JavaScript 中，可以通过连续改变元素的某个 CSS 属性，比如 `left`、`top`、`background-position` 来实现动画效果。图 5-1 就是通过改变节点的 `background-position`，让人物动起来的。

图　5-1

5.4.2　思路和一些准备工作

我们目标是编写一个动画类和一些缓动算法，让小球以各种各样的缓动效果在页面中运动。

现在来分析实现这个程序的思路。在运动开始之前，需要提前记录一些有用的信息，至少包括以下信息：

- □ 动画开始时，小球所在的原始位置；
- □ 小球移动的目标位置；
- □ 动画开始时的准确时间点；
- □ 小球运动持续的时间。

随后，我们会用 setInterval 创建一个定时器，定时器每隔 19ms 循环一次。在定时器的每一帧里，我们会把动画已消耗的时间、小球原始位置、小球目标位置和动画持续的总时间等信息传入缓动算法。该算法会通过这几个参数，计算出小球当前应该所在的位置。最后再更新该 div 对应的 CSS 属性，小球就能够顺利地运动起来了。

5.4.3　让小球运动起来

在实现完整的功能之前，我们先了解一些常见的缓动算法，这些算法最初来自 Flash，但可以非常方便地移植到其他语言中。

这些算法都接受 4 个参数，这 4 个参数的含义分别是动画已消耗的时间、小球原始位置、小球目标位置、动画持续的总时间，返回的值则是动画元素应该处在的当前位置。代码如下：

```
var tween = {
linear: function( t, b, c, d ){
    return c*t/d + b;
},
easeIn: function( t, b, c, d ){
    return c * ( t /= d ) * t + b;
},
```

```
strongEaseIn: function(t, b, c, d){
    return c * ( t /= d ) * t * t * t * t + b;
},
strongEaseOut: function(t, b, c, d){
    return c * ( ( t = t / d - 1) * t * t * t * t + 1 ) + b;
},
sineaseIn: function( t, b, c, d ){
    return c * ( t /= d) * t * t + b;
},
sineaseOut: function(t,b,c,d){
    return c * ( ( t = t / d - 1) * t * t + 1 ) + b;
}
};
```

现在我们开始编写完整的代码，下面代码的思想来自 jQuery 库，由于本节的目标是演示策略模式，而非编写一个完整的动画库，因此我们省去了动画的队列控制等更多完整功能。

现在进入代码实现阶段，首先在页面中放置一个 div：

```
<body>
    <div style="position:absolute;background:blue" id="div">我是 div</div>
</body>
```

接下来定义 Animate 类，Animate 的构造函数接受一个参数：即将运动起来的 dom 节点。Animate 类的代码如下：

```
var Animate = function( dom ){
    this.dom = dom;                    // 进行运动的 dom 节点
    this.startTime = 0;                // 动画开始时间
    this.startPos = 0;                 // 动画开始时，dom 节点的位置，即 dom 的初始位置
    this.endPos = 0;                   // 动画结束时，dom 节点的位置，即 dom 的目标位置
    this.propertyName = null;          // dom 节点需要被改变的 css 属性名
    this.easing = null;                // 缓动算法
    this.duration = null;              // 动画持续时间
};
```

接下来 Animate.prototype.start 方法负责启动这个动画，在动画被启动的瞬间，要记录一些信息，供缓动算法在以后计算小球当前位置的时候使用。在记录完这些信息之后，此方法还要负责启动定时器。代码如下：

```
Animate.prototype.start = function( propertyName, endPos, duration, easing ){
    this.startTime = +new Date;         // 动画启动时间
    this.startPos = this.dom.getBoundingClientRect()[ propertyName ];  // dom 节点初始位置
    this.propertyName = propertyName;   // dom 节点需要被改变的 CSS 属性名
    this.endPos = endPos;               // dom 节点目标位置
    this.duration = duration;           // 动画持续时间
    this.easing = tween[ easing ];      // 缓动算法

    var self = this;
    var timeId = setInterval(function(){        // 启动定时器，开始执行动画
        if ( self.step() === false ){           // 如果动画已结束，则清除定时器
            clearInterval( timeId );
```

```
        }
    }, 19 );
};
```

`Animate.prototype.start` 方法接受以下 4 个参数。

- ❑ propertyName：要改变的 CSS 属性名，比如'left'、'top'，分别表示左右移动和上下移动。
- ❑ endPos： 小球运动的目标位置。
- ❑ duration： 动画持续时间。
- ❑ easing： 缓动算法。

再接下来是 Animate.prototype.step 方法，该方法代表小球运动的每一帧要做的事情。在此处，这个方法负责计算小球的当前位置和调用更新 CSS 属性值的方法 Animate.prototype.update。代码如下：

```
Animate.prototype.step = function(){
    var t = +new Date;          // 取得当前时间
    if ( t >= this.startTime + this.duration ){        // (1)
        this.update( this.endPos );   // 更新小球的 CSS 属性值
        return false;
    }
    var pos = this.easing( t - this.startTime, this.startPos,
        this.endPos - this.startPos, this.duration );
    // pos 为小球当前位置
    this.update( pos );      // 更新小球的 CSS 属性值
};
```

在这段代码中，(1)处的意思是，如果当前时间大于动画开始时间加上动画持续时间之和，说明动画已经结束，此时要修正小球的位置。因为在这一帧开始之后，小球的位置已经接近了目标位置，但很可能不完全等于目标位置。此时我们要主动修正小球的当前位置为最终的目标位置。此外让 Animate.prototype.step 方法返回 false，可以通知 Animate.prototype.start 方法清除定时器。

最后是负责更新小球 CSS 属性值的 Animate.prototype.update 方法：

```
Animate.prototype.update = function( pos ){
    this.dom.style[ this.propertyName ] = pos + 'px';
};
```

如果不嫌麻烦，我们可以进行一些小小的测试：

```
var div = document.getElementById( 'div' );
var animate = new Animate( div );

animate.start( 'left', 500, 1000, 'strongEaseOut' );
// animate.start( 'top', 1500, 500, 'strongEaseIn' );
```

通过这段代码，可以看到小球按照我们的期望以各种各样的缓动算法在页面中运动。

本节我们学会了怎样编写一个动画类,利用这个动画类和一些缓动算法就可以让小球运动起来。我们使用策略模式把算法传入动画类中,来达到各种不同的缓动效果,这些算法都可以轻易地被替换为另外一个算法,这是策略模式的经典运用之一。策略模式的实现并不复杂,关键是如何从策略模式的实现背后,找到封装变化、委托和多态性这些思想的价值。

5.5　更广义的"算法"

策略模式指的是定义一系列的算法,并且把它们封装起来。本章我们介绍的计算奖金和缓动动画的例子都封装了一些算法。

从定义上看,策略模式就是用来封装算法的。但如果把策略模式仅仅用来封装算法,未免有一点大材小用。在实际开发中,我们通常会把算法的含义扩散开来,使策略模式也可以用来封装一系列的"业务规则"。只要这些业务规则指向的目标一致,并且可以被替换使用,我们就可以用策略模式来封装它们。

GoF 在《设计模式》一书中提到了一个利用策略模式来校验用户是否输入了合法数据的例子,但 GoF 未给出具体的实现。刚好在 Web 开发中,表单校验是一个非常常见的话题。下面我们就看一个使用策略模式来完成表单校验的例子。

5.6　表单校验

在一个 Web 项目中,注册、登录、修改用户信息等功能的实现都离不开提交表单。

在将用户输入的数据交给后台之前,常常要做一些客户端力所能及的校验工作,比如注册的时候需要校验是否填写了用户名,密码的长度是否符合规定,等等。这样可以避免因为提交不合法数据而带来的不必要网络开销。

假设我们正在编写一个注册的页面,在点击注册按钮之前,有如下几条校验逻辑。

❑ 用户名不能为空。
❑ 密码长度不能少于 6 位。
❑ 手机号码必须符合格式。

5.6.1　表单校验的第一个版本

现在编写表单校验的第一个版本,可以提前透露的是,目前我们还没有引入策略模式。代码如下:

```html
<html>
    <body>
        <form action="http:// xxx.com/register" id="registerForm" method="post">
            请输入用户名: <input type="text" name="userName"/ >
            请输入密码: <input type="text" name="password"/ >
```

```
        请输入手机号码: <input type="text" name="phoneNumber"/ >
        <button>提交</button>
    </form>
<script>
    var registerForm = document.getElementById( 'registerForm' );

    registerForm.onsubmit = function(){
        if ( registerForm.userName.value === '' ){
            alert ( '用户名不能为空' );
            return false;
        }

        if ( registerForm.password.value.length < 6 ){
            alert ( '密码长度不能少于6位' );
            return false;
        }
        if ( !/(^1[3|5|8][0-9]{9}$)/.test( registerForm.phoneNumber.value ) ){
            alert ( '手机号码格式不正确' );
            return false;
        }
    }
</script>
</body>
</html>
```

这是一种很常见的代码编写方式,它的缺点跟计算奖金的最初版本一模一样。

- ❑ registerForm.onsubmit 函数比较庞大,包含了很多 if-else 语句,这些语句需要覆盖所有的校验规则。
- ❑ registerForm.onsubmit 函数缺乏弹性,如果增加了一种新的校验规则,或者想把密码的长度校验从6改成8,我们都必须深入 registerForm.onsubmit 函数的内部实现,这是违反开放-封闭原则的。
- ❑ 算法的复用性差,如果在程序中增加了另外一个表单,这个表单也需要进行一些类似的校验,那我们很可能将这些校验逻辑复制得漫天遍野。

5.6.2　用策略模式重构表单校验

下面我们将用策略模式来重构表单校验的代码,很显然第一步我们要把这些校验逻辑都封装成策略对象:

```
var strategies = {
    isNonEmpty: function( value, errorMsg ){    // 不为空
        if ( value === '' ){
            return errorMsg ;
        }
    },
    minLength: function( value, length, errorMsg ){    // 限制最小长度
        if ( value.length < length ){
            return errorMsg;
```

```
            }
        },
        isMobile: function( value, errorMsg ){     // 手机号码格式
            if ( !/(^1[3|5|8][0-9]{9}$)/.test( value ) ){
                return errorMsg;
            }
        }
    };
```

接下来我们准备实现 Validator 类。Validator 类在这里作为 **Context**，负责接收用户的请求并委托给 strategy 对象。在给出 Validator 类的代码之前，有必要提前了解用户是如何向 Validator 类发送请求的，这有助于我们知道如何去编写 Validator 类的代码。代码如下：

```
var validataFunc = function(){
    var validator = new Validator();      // 创建一个 validator 对象

    /***************添加一些校验规则****************/
    validator.add( registerForm.userName, 'isNonEmpty', '用户名不能为空' );
    validator.add( registerForm.password, 'minLength:6', '密码长度不能少于6位' );
    validator.add( registerForm.phoneNumber, 'isMobile', '手机号码格式不正确' );

    var errorMsg = validator.start();    // 获得校验结果
    return errorMsg;  // 返回校验结果
}

var registerForm = document.getElementById( 'registerForm' );
registerForm.onsubmit = function(){
    var errorMsg = validataFunc();    // 如果 errorMsg 有确切的返回值，说明未通过校验
    if ( errorMsg ){
        alert ( errorMsg );
        return false;     // 阻止表单提交
    }
};
```

从这段代码中可以看到，我们先创建了一个 validator 对象，然后通过 validator.add 方法，往 validator 对象中添加一些校验规则。validator.add 方法接受 3 个参数，以下面这句代码说明：

```
validator.add( registerForm.password, 'minLength:6', '密码长度不能少于6位' );
```

❑ registerForm.password 为参与校验的 input 输入框。

❑ 'minLength:6'是一个以冒号隔开的字符串。冒号前面的 minLength 代表客户挑选的 strategy 对象，冒号后面的数字 6 表示在校验过程中所必需的一些参数。'minLength:6'的意思就是校验 registerForm.password 这个文本输入框的 value 最小长度为 6。如果这个字符串中不包含冒号，说明校验过程中不需要额外的参数信息，比如'isNonEmpty'。

❑ 第 3 个参数是当校验未通过时返回的错误信息。

当我们往 validator 对象里添加完一系列的校验规则之后，会调用 validator.start()方法来启动校验。如果 validator.start()返回了一个确切的 errorMsg 字符串当作返回值，说明该次校验没有通过，此时需让 registerForm.onsubmit 方法返回 false 来阻止表单的提交。

最后是 Validator 类的实现：

```
var Validator = function(){
    this.cache = [];          // 保存校验规则
};

Validator.prototype.add = function( dom, rule, errorMsg ){
    var ary = rule.split( ':' );    // 把 strategy 和参数分开
    this.cache.push(function(){  // 把校验的步骤用空函数包装起来，并且放入 cache
        var strategy = ary.shift();        // 用户挑选的 strategy
        ary.unshift( dom.value );      // 把 input 的 value 添加进参数列表
        ary.push( errorMsg );       // 把 errorMsg 添加进参数列表
        return strategies[ strategy ].apply( dom, ary );
    });
};

Validator.prototype.start = function(){
    for ( var i = 0, validatorFunc; validatorFunc = this.cache[ i++ ]; ){
        var msg = validatorFunc();      // 开始校验，并取得校验后的返回信息
        if ( msg ){      // 如果有确切的返回值，说明校验没有通过
            return msg;
        }
    }
};
```

使用策略模式重构代码之后，我们仅仅通过“配置”的方式就可以完成一个表单的校验，这些校验规则也可以复用在程序的任何地方，还能作为插件的形式，方便地被移植到其他项目中。

在修改某个校验规则的时候，只需要编写或者改写少量的代码。比如我们想将用户名输入框的校验规则改成用户名不能少于 10 个字符。可以看到，这时候的修改是毫不费力的。代码如下：

```
validator.add( registerForm.userName, 'isNonEmpty', '用户名不能为空' );

// 改成:
validator.add( registerForm.userName, 'minLength:10', '用户名长度不能小于10位' );
```

5.6.3　给某个文本输入框添加多种校验规则

为了让读者把注意力放在策略模式的使用上，目前我们的表单校验实现留有一点小遗憾：一个文本输入框只能对应一种校验规则，比如，用户名输入框只能校验输入是否为空：

```
validator.add( registerForm.userName, 'isNonEmpty', '用户名不能为空' );
```

如果我们既想校验它是否为空，又想校验它输入文本的长度不小于 10 呢？我们期望以这样的形式进行校验：

```
validator.add( registerForm.userName, [{
        strategy: 'isNonEmpty',
        errorMsg: '用户名不能为空'
```

```
    }, {
        strategy: 'minLength:10',
        errorMsg: '用户名长度不能小于 10 位'
    }] );
```

下面提供的代码可用于一个文本输入框对应多种校验规则：

```html
<html>
    <body>
        <form action="http:// xxx.com/register" id="registerForm" method="post">
            请输入用户名：<input type="text" name="userName"/ >
            请输入密码：<input type="text" name="password"/ >
            请输入手机号码：<input type="text" name="phoneNumber"/ >
            <button>提交</button>
        </form>
    <script>

        /**********************策略对象*************************/

        var strategies = {
            isNonEmpty: function( value, errorMsg ){
                if ( value === '' ){
                    return errorMsg;
                }
            },
            minLength: function( value, length, errorMsg ){
                if ( value.length < length ){
                    return errorMsg;
                }
            },
            isMobile: function( value, errorMsg ){
                if ( !/(^1[3|5|8][0-9]{9}$)/.test( value ) ){
                    return errorMsg;
                }
            }
        };

        /*********************Validator 类*************************/

        var Validator = function(){
            this.cache = [];
        };

        Validator.prototype.add = function( dom, rules ){

            var self = this;

            for ( var i = 0, rule; rule = rules[ i++ ]; ){
                (function( rule ){
                    var strategyAry = rule.strategy.split( ':' );
                    var errorMsg = rule.errorMsg;

                    self.cache.push(function(){
                        var strategy = strategyAry.shift();
```

```
                    strategyAry.unshift( dom.value );
                    strategyAry.push( errorMsg );
                    return strategies[ strategy ].apply( dom, strategyAry );
                });
            })( rule )
        }

    };

    Validator.prototype.start = function(){
        for ( var i = 0, validatorFunc; validatorFunc = this.cache[ i++ ]; ){
            var errorMsg = validatorFunc();
            if ( errorMsg ){
                return errorMsg;
            }
        }
    };
```

/*********************客户调用代码*************************/

```
    var registerForm = document.getElementById( 'registerForm' );

    var validataFunc = function(){
        var validator = new Validator();

        validator.add( registerForm.userName, [{
            strategy: 'isNonEmpty',
            errorMsg: '用户名不能为空'
        }, {
            strategy: 'minLength:10',
            errorMsg: '用户名长度不能小于10位'
        }]);

        validator.add( registerForm.password, [{
            strategy: 'minLength:6',
            errorMsg: '密码长度不能小于6位'
        }]);

        validator.add( registerForm.phoneNumber, [{
            strategy: 'isMobile',
            errorMsg: '手机号码格式不正确'
        }]);

        var errorMsg = validator.start();
        return errorMsg;
    }

    registerForm.onsubmit = function(){
        var errorMsg = validataFunc();

        if ( errorMsg ){
            alert ( errorMsg );
            return false;
        }
```

```
        };


    </script>
    </body>
</html>
```

5.7   策略模式的优缺点

策略模式是一种常用且有效的设计模式，本章提供了计算奖金、缓动动画、表单校验这三个例子来加深大家对策略模式的理解。从这三个例子中，我们可以总结出策略模式的一些优点。

□ 策略模式利用组合、委托和多态等技术和思想，可以有效地避免多重条件选择语句。
□ 策略模式提供了对开放-封闭原则的完美支持，将算法封装在独立的 strategy 中，使得它们易于切换，易于理解，易于扩展。
□ 策略模式中的算法也可以复用在系统的其他地方，从而避免许多重复的复制粘贴工作。
□ 在策略模式中利用组合和委托来让 Context 拥有执行算法的能力，这也是继承的一种更轻便的替代方案。

当然，策略模式也有一些缺点，但这些缺点并不严重。

首先，使用策略模式会在程序中增加许多策略类或者策略对象，但实际上这比把它们负责的逻辑堆砌在 Context 中要好。

其次，要使用策略模式，必须了解所有的 strategy，必须了解各个 strategy 之间的不同点，这样才能选择一个合适的 strategy。比如，我们要选择一种合适的旅游出行路线，必须先了解选择飞机、火车、自行车等方案的细节。此时 strategy 要向客户暴露它的所有实现，这是违反最少知识原则的。

5.8   一等函数对象与策略模式

本章提供的几个策略模式示例，既有模拟传统面向对象语言的版本，也有针对 JavaScript 语言的特有实现。在以类为中心的传统面向对象语言中，不同的算法或者行为被封装在各个策略类中，Context 将请求委托给这些策略对象，这些策略对象会根据请求返回不同的执行结果，这样便能表现出对象的多态性。

Peter Norvig 在他的演讲中曾说过："在函数作为一等对象的语言中，策略模式是隐形的。strategy 就是值为函数的变量。"在 JavaScript 中，除了使用类来封装算法和行为之外，使用函数当然也是一种选择。这些"算法"可以被封装到函数中并且四处传递，也就是我们常说的"高阶函数"。实际上在 JavaScript 这种将函数作为一等对象的语言里，策略模式已经融入到了语言本身当中，我们经常用高阶函数来封装不同的行为，并且把它传递到另一个函数中。当我们对这些函数发出"调用"的消息时，不同的函数会返回不同的执行结果。在 JavaScript 中，"函数对象的多态性"来得更加简单。

在前面的学习中，为了清楚地表示这是一个策略模式，我们特意使用了 strategies 这个名字。如果去掉 strategies，我们还能认出这是一个策略模式的实现吗？代码如下：

```
var S = function( salary ){
    return salary * 4;
};

var A = function( salary ){
    return salary * 3;
};

var B = function( salary ){
    return salary * 2;
};

var calculateBonus = function( func, salary ){
    return func( salary );
};

calculateBonus( S, 10000 );    // 输出：40000
```

5.9　小结

本章我们既提供了接近传统面向对象语言的策略模式实现，也提供了更适合 JavaScript 语言的策略模式版本。在 JavaScript 语言的策略模式中，策略类往往被函数所代替，这时策略模式就成为一种"隐形"的模式。尽管这样，从头到尾地了解策略模式，不仅可以让我们对该模式有更加透彻的了解，也可以使我们明白使用函数的好处。

第 6 章

代理模式

代理模式是为一个对象提供一个代用品或占位符，以便控制对它的访问。

代理模式是一种非常有意义的模式，在生活中可以找到很多代理模式的场景。比如，明星都有经纪人作为代理。如果想请明星来办一场商业演出，只能联系他的经纪人。经纪人会把商业演出的细节和报酬都谈好之后，再把合同交给明星签。

代理模式的关键是，当客户不方便直接访问一个对象或者不满足需要的时候，提供一个替身对象来控制对这个对象的访问，客户实际上访问的是替身对象。替身对象对请求做出一些处理之后，再把请求转交给本体对象。如图 6-1 和图 6-2 所示。

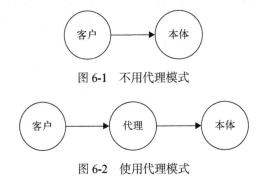

图 6-1　不用代理模式

图 6-2　使用代理模式

下面我们通过几个例子来详细说明。

6.1　第一个例子——小明追 MM 的故事

下面我们从一个小例子开始熟悉代理模式的结构。

在四月一个晴朗的早晨，小明遇见了他的百分百女孩，我们暂且称呼小明的女神为 A。两天之后，小明决定给 A 送一束花来表白。刚好小明打听到 A 和他有一个共同的朋友 B，于是内向的小明决定让 B 来代替自己完成送花这件事情。

虽然小明的故事必然以悲剧收场，因为追 MM 更好的方式是送一辆宝马。不管怎样，我们还是先用代码来描述一下小明追女神的过程，先看看不用代理模式的情况：

```
var Flower = function(){};

var xiaoming = {
    sendFlower: function( target ){
        var flower = new Flower();
        target.receiveFlower( flower );
    }
};

var A = {
    receiveFlower: function( flower ){
        console.log( '收到花 ' + flower );
    }
};

xiaoming.sendFlower( A );
```

接下来，我们引入代理 B，即小明通过 B 来给 A 送花：

```
var Flower = function(){};

var xiaoming = {
    sendFlower: function( target){
    var flower = new Flower();
        target.receiveFlower( flower );
    }
};

var B = {
    receiveFlower: function( flower ){
        A.receiveFlower( flower );
```

```
        }
    };

    var A = {
        receiveFlower: function( flower ){
            console.log( '收到花 ' + flower );
        }
    };

    xiaoming.sendFlower( B );
```

很显然，执行结果跟第一段代码一致，至此我们就完成了一个最简单的代理模式的编写。

也许读者会疑惑，小明自己去送花和代理 B 帮小明送花，二者看起来并没有本质的区别，引入一个代理对象看起来只是把事情搞复杂了而已。

的确，此处的代理模式毫无用处，它所做的只是把请求简单地转交给本体。但不管怎样，我们开始引入了代理，这是一个不错的起点。

现在我们改变故事的背景设定，假设当 A 在心情好的时候收到花，小明表白成功的几率有60%，而当 A 在心情差的时候收到花，小明表白的成功率无限趋近于 0。

小明跟 A 刚刚认识两天，还无法辨别 A 什么时候心情好。如果不合时宜地把花送给 A，花被直接扔掉的可能性很大，这束花可是小明吃了 7 天泡面换来的。

但是 A 的朋友 B 却很了解 A，所以小明只管把花交给 B，B 会监听 A 的心情变化，然后选择 A 心情好的时候把花转交给 A，代码如下：

```
    var Flower = function(){};

    var xiaoming = {
        sendFlower: function( target){
            var flower = new Flower();
            target.receiveFlower( flower );
        }
    };

    var B = {
        receiveFlower: function( flower ){
            A.listenGoodMood(function(){      // 监听 A 的好心情
                A.receiveFlower( flower );
            });
        }
    };

    var A = {
        receiveFlower: function( flower ){
            console.log( '收到花 ' + flower );
        },
        listenGoodMood: function( fn ){
            setTimeout(function(){      // 假设 10 秒之后 A 的心情变好
```

```
            fn();
        }, 10000 );
    }
};

xiaoming.sendFlower( B );
```

6.2　保护代理和虚拟代理

虽然这只是个虚拟的例子，但我们可以从中找到两种代理模式的身影。代理 B 可以帮助 A 过滤掉一些请求，比如送花的人中年龄太大的或者没有宝马的，这种请求就可以直接在代理 B 处被拒绝掉。这种代理叫作保护代理。A 和 B 一个充当白脸，一个充当黑脸。白脸 A 继续保持良好的女神形象，不希望直接拒绝任何人，于是找了黑脸 B 来控制对 A 的访问。

另外，假设现实中的花价格不菲，导致在程序世界里，new Flower 也是一个代价昂贵的操作，那么我们可以把 new Flower 的操作交给代理 B 去执行，代理 B 会选择在 A 心情好时再执行 new Flower，这是代理模式的另一种形式，叫作虚拟代理。虚拟代理把一些开销很大的对象，延迟到真正需要它的时候才去创建。代码如下：

```
var B = {
    receiveFlower: function( flower ){
        A.listenGoodMood(function(){      // 监听 A 的好心情
            var flower = new Flower();     // 延迟创建 flower 对象
            A.receiveFlower( flower );
        });
    }
};
```

保护代理用于控制不同权限的对象对目标对象的访问，但在 JavaScript 并不容易实现保护代理，因为我们无法判断谁访问了某个对象。而虚拟代理是最常用的一种代理模式，本章主要讨论的也是虚拟代理。

当然上面只是一个虚拟的例子，我们无需在此投入过多近精力，接下来我们看另外一个真实的示例。

6.3　虚拟代理实现图片预加载

在 Web 开发中，图片预加载是一种常用的技术，如果直接给某个 img 标签节点设置 src 属性，由于图片过大或者网络不佳，图片的位置往往有段时间会是一片空白。常见的做法是先用一张 loading 图片占位，然后用异步的方式加载图片，等图片加载好了再把它填充到 img 节点里，这种场景就很适合使用虚拟代理。

下面我们来实现这个虚拟代理，首先创建一个普通的本体对象，这个对象负责往页面中创建一个 img 标签，并且提供一个对外的 setSrc 接口，外界调用这个接口，便可以给该 img 标签设置

src 属性：

```
var myImage = (function(){
    var imgNode = document.createElement( 'img' );
    document.body.appendChild( imgNode );

    return {
        setSrc: function( src ){
            imgNode.src = src;
        }
    }
})();
```

myImage.setSrc('http:// imgcache.qq.com/music/photo/k/000GGDys0yAONk.jpg');

我们把网速调至 5KB/s，然后通过 MyImage.setSrc 给该 img 节点设置 src，可以看到，在图片被加载好之前，页面中有一段长长的空白时间。

现在开始引入代理对象 proxyImage，通过这个代理对象，在图片被真正加载好之前，页面中将出现一张占位的菊花图 loading.gif，来提示用户图片正在加载。代码如下：

```
var myImage = (function(){
    var imgNode = document.createElement( 'img' );
    document.body.appendChild( imgNode );

    return {
        setSrc: function( src ){
            imgNode.src = src;
        }
    }
})();

var proxyImage = (function(){
    var img = new Image;
    img.onload = function(){
        myImage.setSrc( this.src );
    }
    return {
        setSrc: function( src ){
            myImage.setSrc( 'file:// /C:/Users/svenzeng/Desktop/loading.gif' );
            img.src = src;
        }
    }
})();
```

proxyImage.setSrc('http:// imgcache.qq.com/music/photo/k/000GGDys0yAONk.jpg');

现在我们通过 proxyImage 间接地访问 MyImage。proxyImage 控制了客户对 MyImage 的访问，并且在此过程中加入一些额外的操作，比如在真正的图片加载好之前，先把 img 节点的 src 设置为一张本地的 loading 图片。

6.4 代理的意义

也许读者会有疑问，不过是实现一个小小的图片预加载功能，即使不需要引入任何模式也能办到，那么引入代理模式的好处究竟在哪里呢？下面我们先抛开代理，编写一个更常见的图片预加载函数。

不用代理的预加载图片函数实现如下：

```
var MyImage = (function(){
    var imgNode = document.createElement( 'img' );
    document.body.appendChild( imgNode );
    var img = new Image;

    img.onload = function(){
        imgNode.src = img.src;
    };

    return {
        setSrc: function( src ){
            imgNode.src = 'file:// /C:/Users/svenzeng/Desktop/loading.gif';
            img.src = src;
        }
    }
})();

MyImage.setSrc( 'http:// imgcache.qq.com/music/photo/k/000GGDysOyAONk.jpg' );
```

为了说明代理的意义，下面我们引入一个面向对象设计的原则——单一职责原则。

单一职责原则指的是，就一个类（通常也包括对象和函数等）而言，应该仅有一个引起它变化的原因。如果一个对象承担了多项职责，就意味着这个对象将变得巨大，引起它变化的原因可能会有多个。面向对象设计鼓励将行为分布到细粒度的对象之中，如果一个对象承担的职责过多，等于把这些职责耦合到了一起，这种耦合会导致脆弱和低内聚的设计。当变化发生时，设计可能会遭到意外的破坏。

职责被定义为"引起变化的原因"。上段代码中的 MyImage 对象除了负责给 img 节点设置 src 外，还要负责预加载图片。我们在处理其中一个职责时，有可能因为其强耦合性影响另外一个职责的实现。

另外，在面向对象的程序设计中，大多数情况下，若违反其他任何原则，同时将违反开放-封闭原则。如果我们只是从网络上获取一些体积很小的图片，或者 5 年后的网速快到根本不再需要预加载，我们可能希望把预加载图片的这段代码从 MyImage 对象里删掉。这时候就不得不改动 MyImage 对象了。

实际上，我们需要的只是给 img 节点设置 src，预加载图片只是一个锦上添花的功能。如果能把这个操作放在另一个对象里面，自然是一个非常好的方法。于是代理的作用在这里就体现出来了，代理负责预加载图片，预加载的操作完成之后，把请求重新交给本体 MyImage。

纵观整个程序，我们并没有改变或者增加 `MyImage` 的接口，但是通过代理对象，实际上给系统添加了新的行为。这是符合开放−封闭原则的。给 `img` 节点设置 `src` 和图片预加载这两个功能，被隔离在两个对象里，它们可以各自变化而不影响对方。何况就算有一天我们不再需要预加载，那么只需要改成请求本体而不是请求代理对象即可。

6.5　代理和本体接口的一致性

上一节说到，如果有一天我们不再需要预加载，那么就不再需要代理对象，可以选择直接请求本体。其中关键是代理对象和本体都对外提供了 `setSrc` 方法，在客户看来，代理对象和本体是一致的，　代理接手请求的过程对于用户来说是透明的，用户并不清楚代理和本体的区别，这样做有两个好处。

❑ 用户可以放心地请求代理，他只关心是否能得到想要的结果。

❑ 在任何使用本体的地方都可以替换成使用代理。

在 Java 等语言中，代理和本体都需要显式地实现同一个接口，一方面接口保证了它们会拥有同样的方法，另一方面，面向接口编程迎合依赖倒置原则，通过接口进行向上转型，从而避开编译器的类型检查，代理和本体将来可以被替换使用。

在 JavaScript 这种动态类型语言中，我们有时通过鸭子类型来检测代理和本体是否都实现了 `setSrc` 方法，另外大多数时候甚至干脆不做检测，全部依赖程序员的自觉性，这对于程序的健壮性是有影响的。不过对于一门快速开发的脚本语言，这些影响还是在可以接受的范围内，而且我们也习惯了没有接口的世界。

另外值得一提的是，如果代理对象和本体对象都为一个函数（函数也是对象），函数必然都能被执行，则可以认为它们也具有一致的“接口”，代码如下：

```
var myImage = (function(){
    var imgNode = document.createElement( 'img' );
    document.body.appendChild( imgNode );

    return function( src ){
        imgNode.src = src;
    }
})();

var proxyImage = (function(){
    var img = new Image;

    img.onload = function(){
        myImage( this.src );
    }

    return function( src ){
        myImage( 'file:// /C:/Users/svenzeng/Desktop/loading.gif' );
        img.src = src;
```

```
    }
})();
```

```
proxyImage( 'http:// imgcache.qq.com/music// N/k/000GGDys0yAONk.jpg' );
```

6.6 虚拟代理合并 HTTP 请求

先想象这样一个场景：每周我们都要写一份工作周报，周报要交给总监批阅。总监手下管理着 150 个员工，如果我们每个人直接把周报发给总监，那总监可能要把一整周的时间都花在查看邮件上面。

现在我们把周报发给各自的组长，组长作为代理，把组内成员的周报合并提炼成一份后一次性地发给总监。这样一来，总监的邮箱便清净多了。

这个例子在程序世界里很容易引起共鸣，在 Web 开发中，也许最大的开销就是网络请求。假设我们在做一个文件同步的功能，当我们选中一个 checkbox 的时候，它对应的文件就会被同步到另外一台备用服务器上面，如图 6-3 所示。

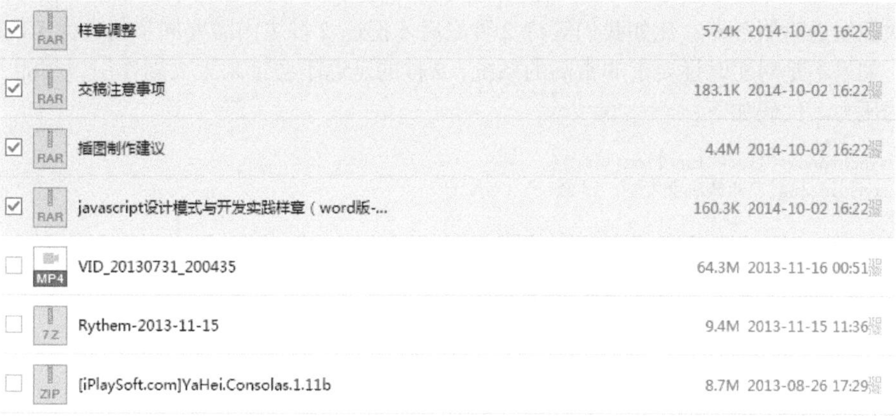

图　6-3

我们先在页面中放置好这些 checkbox 节点：

```
<body>
    <input type="checkbox" id="1"></input>1
    <input type="checkbox" id="2"></input>2
    <input type="checkbox" id="3"></input>3
    <input type="checkbox" id="4"></input>4
    <input type="checkbox" id="5"></input>5
    <input type="checkbox" id="6"></input>6
    <input type="checkbox" id="7"></input>7
    <input type="checkbox" id="8"></input>8
    <input type="checkbox" id="9"></input>9
</body>
```

接下来，给这些 checkbox 绑定点击事件，并且在点击的同时往另一台服务器同步文件：

```
var synchronousFile = function( id ){
    console.log( '开始同步文件, id 为: ' + id );
};

var checkbox = document.getElementsByTagName( 'input' );

for ( var i = 0, c; c = checkbox[ i++ ]; ){
    c.onclick = function(){
        if ( this.checked === true ){
            synchronousFile( this.id );
        }
    }
};
```

当我们选中 3 个 checkbox 的时候，依次往服务器发送了 3 次同步文件的请求。而点击一个 checkbox 并不是很复杂的操作，作为 APM250+的资深 Dota 玩家，我有把握一秒钟之内点中 4 个 checkbox。可以预见，如此频繁的网络请求将会带来相当大的开销。

解决方案是，我们可以通过一个代理函数 proxySynchronousFile 来收集一段时间之内的请求，最后一次性发送给服务器。比如我们等待 2 秒之后才把这 2 秒之内需要同步的文件 ID 打包发给服务器，如果不是对实时性要求非常高的系统，2 秒的延迟不会带来太大副作用，却能大大减轻服务器的压力。代码如下：

```
var synchronousFile = function( id ){
    console.log( '开始同步文件, id 为: ' + id );
};

var proxySynchronousFile = (function(){
    var cache = [],      // 保存一段时间内需要同步的 ID
        timer;     // 定时器

    return function( id ){
        cache.push( id );
        if ( timer ){    // 保证不会覆盖已经启动的定时器
            return;
        }

        timer = setTimeout(function(){
            synchronousFile( cache.join( ',' ) );    // 2 秒后向本体发送需要同步的 ID 集合
            clearTimeout( timer );    // 清空定时器
            timer = null;
            cache.length = 0; // 清空 ID 集合
        }, 2000 );
    }
})();

var checkbox = document.getElementsByTagName( 'input' );

for ( var i = 0, c; c = checkbox[ i++ ]; ){
```

```
    c.onclick = function(){
        if ( this.checked === true ){
            proxySynchronousFile( this.id );
        }
    }
};
```

6.7 虚拟代理在惰性加载中的应用

我曾经写过一个 mini 控制台的开源项目 miniConsole.js，这个控制台可以帮助开发者在 IE 浏览器以及移动端浏览器上进行一些简单的调试工作。调用方式很简单：

```
miniConsole.log(1);
```

这句话会在页面中创建一个 div，并且把 log 显示在 div 里面，如图 6-4 所示。

图　6-4

miniConsole.js 的代码量大概有 1000 行左右，也许我们并不想一开始就加载这么大的 JS 文件，因为也许并不是每个用户都需要打印 log。我们希望在有必要的时候才开始加载它，比如当用户按下 F2 来主动唤出控制台的时候。

在 miniConsole.js 加载之前，为了能够让用户正常地使用里面的 API，通常我们的解决方案是用一个占位的 miniConsole 代理对象来给用户提前使用，这个代理对象提供给用户的接口，跟实际的 miniConsole 是一样的。

用户使用这个代理对象来打印 log 的时候，并不会真正在控制台内打印日志，更不会在页面中创建任何 DOM 节点。即使我们想这样做也无能为力，因为真正的 miniConsole.js 还没有被加载。

于是，我们可以把打印 log 的请求都包裹在一个函数里面，这个包装了请求的函数就相当于其他语言中命令模式中的 Command 对象。随后这些函数将全部被放到缓存队列中，这些逻辑都是在 miniConsole 代理对象中完成实现的。等用户按下 F2 唤出控制台的时候，才开始加载真正的 **miniConsole.js** 的代码，加载完成之后将遍历 miniConsole 代理对象中的缓存函数队列，同时依次执行它们。

当然，请求的到底是什么对用户来说是不透明的，用户并不清楚它请求的是代理对象，所以他可以在任何时候放心地使用 miniConsole 对象。

未加载真正的 **miniConsole.js** 之前的代码如下：

```
var cache = [];

var miniConsole = {
    log: function(){
        var args = arguments;
        cache.push( function(){
            return miniConsole.log.apply( miniConsole, args );
        });
    }
};

miniConsole.log(1);
```

当用户按下 **F2** 时，开始加载真正的 **miniConsole.js**，代码如下：

```
var handler = function( ev ){
    if ( ev.keyCode === 113 ){
        var script = document.createElement( 'script' );
        script.onload = function(){
            for ( var i = 0, fn; fn = cache[ i++ ]; ){
                fn();
            }
        };
        script.src = 'miniConsole.js';
        document.getElementsByTagName( 'head' )[0].appendChild( script );
    }
};

document.body.addEventListener( 'keydown', handler, false );

// miniConsole.js 代码:

miniConsole = {
    log: function(){
        // 真正代码略
        console.log( Array.prototype.join.call( arguments ) );
    }
};
```

虽然我们没有给出 **miniConsole.js** 的真正代码，但这不影响我们理解其中的逻辑。当然这里还要注意一个问题，就是我们要保证在 F2 被重复按下的时候，**miniConsole.js** 只被加载一次。另外我们整理一下 miniConsole 代理对象的代码，使它成为一个标准的虚拟代理对象，代码如下：

```
var miniConsole = (function(){
    var cache = [];
    var handler = function( ev ){
        if ( ev.keyCode === 113 ){
            var script = document.createElement( 'script' );
            script.onload = function(){
                for ( var i = 0, fn; fn = cache[ i++ ]; ){
                    fn();
                }
            };
            script.src = 'miniConsole.js';
            document.getElementsByTagName( 'head' )[0].appendChild( script );
            document.body.removeEventListener( 'keydown', handler );// 只加载一次 miniConsole.js
        }
    };

    document.body.addEventListener( 'keydown', handler, false );

    return {
        log: function(){
            var args = arguments;
            cache.push( function(){
                return miniConsole.log.apply( miniConsole, args );
            });
        }
    }
})();

miniConsole.log( 11 );       // 开始打印 log

// miniConsole.js 代码

miniConsole = {
    log: function(){
        // 真正代码略
        console.log( Array.prototype.join.call( arguments ) );
    }
};
```

6.8　缓存代理

缓存代理可以为一些开销大的运算结果提供暂时的存储，在下次运算时，如果传递进来的参数跟之前一致，则可以直接返回前面存储的运算结果。

6.8.1　缓存代理的例子——计算乘积

为了节省示例代码，以及让读者把注意力集中在代理模式上面，这里编写一个简单的求乘积的程序，请读者自行把它脑补为复杂的计算。

先创建一个用于求乘积的函数：

```
var mult = function(){
    console.log( '开始计算乘积' );
    var a = 1;
    for ( var i = 0, l = arguments.length; i < l; i++ ){
        a = a * arguments[i];
    }
    return a;
};

mult( 2, 3 );    // 输出: 6
mult( 2, 3, 4 );    // 输出: 24
```

现在加入缓存代理函数：

```
var proxyMult = (function(){
    var cache = {};
    return function(){
        var args = Array.prototype.join.call( arguments, ',' );
        if ( args in cache ){
            return cache[ args ];
        }
        return cache[ args ] = mult.apply( this, arguments );
    }
})();

 proxyMult( 1, 2, 3, 4 );    // 输出: 24
 proxyMult( 1, 2, 3, 4 );    // 输出: 24
```

当我们第二次调用 proxyMult(1, 2, 3, 4)的时候，本体 mult 函数并没有被计算，proxyMult 直接返回了之前缓存好的计算结果。

通过增加缓存代理的方式，mult 函数可以继续专注于自身的职责——计算乘积，缓存的功能是由代理对象实现的。

6.8.2　缓存代理用于 ajax 异步请求数据

我们在常常在项目中遇到分页的需求，同一页的数据理论上只需要去后台拉取一次，这些已经拉取到的数据在某个地方被缓存之后，下次再请求同一页的时候，便可以直接使用之前的数据。

显然这里也可以引入缓存代理，实现方式跟计算乘积的例子差不多，唯一不同的是，请求数据是个异步的操作，我们无法直接把计算结果放到代理对象的缓存中，而是要通过回调的方式。具体代码不再赘述，读者可以自行实现。

6.9　用高阶函数动态创建代理

通过传入高阶函数这种更加灵活的方式，可以为各种计算方法创建缓存代理。现在这些计算方法被当作参数传入一个专门用于创建缓存代理的工厂中，这样一来，我们就可以为乘法、加法、减法等创建缓存代理，代码如下：

```
/*************** 计算乘积 ****************/
var mult = function(){
    var a = 1;
    for ( var i = 0, l = arguments.length; i < l; i++ ){
        a = a * arguments[i];
    }
    return a;
};

/*************** 计算加和 ****************/
var plus = function(){
    var a = 0;
    for ( var i = 0, l = arguments.length; i < l; i++ ){
        a = a + arguments[i];
    }
    return a;
};

/*************** 创建缓存代理的工厂 ****************/
var createProxyFactory = function( fn ){
    var cache = {};
    return function(){
        var args = Array.prototype.join.call( arguments, ',' );
        if ( args in cache ){
            return cache[ args ];
        }
        return  cache[ args ] = fn.apply( this, arguments );
    }
};

var proxyMult = createProxyFactory( mult ),
proxyPlus = createProxyFactory( plus );

alert ( proxyMult( 1, 2, 3, 4 ) );    // 输出: 24
alert ( proxyMult( 1, 2, 3, 4 ) );    // 输出: 24
alert ( proxyPlus( 1, 2, 3, 4 ) );    // 输出: 10
alert ( proxyPlus( 1, 2, 3, 4 ) );    // 输出: 10
```

6.10 其他代理模式

代理模式的变体种类非常多，限于篇幅及其在 JavaScript 中的适用性，本章只简约介绍一下这些代理，就不一一详细展开说明了。

- □ 防火墙代理：控制网络资源的访问，保护主机不让"坏人"接近。
- □ 远程代理：为一个对象在不同的地址空间提供局部代表，在 Java 中，远程代理可以是另一个虚拟机中的对象。

❑ 保护代理：用于对象应该有不同访问权限的情况。

❑ 智能引用代理：取代了简单的指针，它在访问对象时执行一些附加操作，比如计算一个
对象被引用的次数。

❑ 写时复制代理：通常用于复制一个庞大对象的情况。写时复制代理延迟了复制的过程，
当对象被真正修改时，才对它进行复制操作。写时复制代理是虚拟代理的一种变体，DLL
（操作系统中的动态链接库）是其典型运用场景。

6.11　小结

代理模式包括许多小分类，在 JavaScript 开发中最常用的是虚拟代理和缓存代理。虽然代理
模式非常有用，但我们在编写业务代码的时候，往往不需要去预先猜测是否需要使用代理模式。
当真正发现不方便直接访问某个对象的时候，再编写代理也不迟。

第 7 章

迭代器模式

迭代器模式是指提供一种方法顺序访问一个聚合对象中的各个元素，而又不需要暴露该对象的内部表示。迭代器模式可以把迭代的过程从业务逻辑中分离出来，在使用迭代器模式之后，即使不关心对象的内部构造，也可以按顺序访问其中的每个元素。

目前，恐怕只有在一些"古董级"的语言中才会为实现一个迭代器模式而烦恼，现在流行的大部分语言如 Java、Ruby 等都已经有了内置的迭代器实现，许多浏览器也支持 JavaScript 的 `Array.prototype.forEach`。

7.1 jQuery 中的迭代器

迭代器模式无非就是循环访问聚合对象中的各个元素。比如 jQuery 中的`$.each`函数，其中回调函数中的参数 i 为当前索引，n 为当前元素，代码如下：

```
$.each( [1, 2, 3], function( i, n ){
    console.log( '当前下标为： '+ i  );
    console.log( '当前值为:' + n );
});
```

7.2   实现自己的迭代器

现在我们来自己实现一个 each 函数，each 函数接受 2 个参数，第一个为被循环的数组，第二个为循环中的每一步后将被触发的回调函数：

```
var each = function( ary, callback ){
    for ( var i = 0, l = ary.length; i < l; i++ ){
        callback.call( ary[i], i, ary[ i ] );   // 把下标和元素当作参数传给 callback 函数
    }
};

each( [ 1, 2, 3 ], function( i, n ){
    alert ( [ i, n ] );
});
```

7.3   内部迭代器和外部迭代器

迭代器可以分为内部迭代器和外部迭代器，它们有各自的适用场景。这一节我们将分别讨论这两种迭代器。

1. 内部迭代器

我们刚刚编写的 each 函数属于内部迭代器，each 函数的内部已经定义好了迭代规则，它完全接手整个迭代过程，外部只需要一次初始调用。

内部迭代器在调用的时候非常方便，外界不用关心迭代器内部的实现，跟迭代器的交互也仅仅是一次初始调用，但这也刚好是内部迭代器的缺点。由于内部迭代器的迭代规则已经被提前规定，上面的 each 函数就无法同时迭代 2 个数组了。

比如现在有个需求，要判断 2 个数组里元素的值是否完全相等， 如果不改写 each 函数本身的代码，我们能够入手的地方似乎只剩下 each 的回调函数了，代码如下：

```
var compare = function( ary1, ary2 ){
    if ( ary1.length !== ary2.length ){
        throw new Error ( 'ary1 和 ary2 不相等' );
    }
    each( ary1, function( i, n ){
        if ( n !== ary2[ i ] ){
            throw new Error ( 'ary1 和 ary2 不相等' );
        }
    });
    alert ( 'ary1 和 ary2 相等' );
};

compare( [ 1, 2, 3 ], [ 1, 2, 4 ] );   // throw new Error ( 'ary1 和 ary2 不相等' );
```

说实话，这个 compare 函数一点都算不上好看，我们目前能够顺利完成需求，还要感谢在 **JavaScript** 里可以把函数当作参数传递的特性，但在其他语言中未必就能如此幸运。

在一些没有闭包的语言中，内部迭代器本身的实现也相当复杂。比如 C 语言中的内部迭代器是用函数指针来实现的，循环处理所需要的数据都要以参数的形式明确地从外面传递进去。

2. 外部迭代器

外部迭代器必须显式地请求迭代下一个元素。

外部迭代器增加了一些调用的复杂度，但相对也增强了迭代器的灵活性，我们可以手工控制迭代的过程或者顺序。

下面这个外部迭代器的实现来自《松本行弘的程序世界》第 4 章，原例用 Ruby 写成，这里我们翻译成 JavaScript：

```
var Iterator = function( obj ){
    var current = 0;

    var next = function(){
        current += 1;
    };

    var isDone = function(){
        return current >= obj.length;
    };

    var getCurrItem = function(){
        return obj[ current ];
    };

    return {
        next: next,
        isDone: isDone,
        getCurrItem: getCurrItem
        length: obj.length
    }
};
```

再看看如何改写 compare 函数：

```
var compare = function( iterator1, iterator2 ){
    if(iterator1.length !== iterator2.length){
        alert('iterator1 和 iterator2 不相等');
    }
    while( !iterator1.isDone() && !iterator2.isDone() ){
        if ( iterator1.getCurrItem() !== iterator2.getCurrItem() ){
            throw new Error ( 'iterator1 和 iterator2 不相等' );
        }
        iterator1.next();
        iterator2.next();
    }

    alert ( 'iterator1 和 iterator2 相等' );
}
```

```
var iterator1 = Iterator( [ 1, 2, 3 ] );
var iterator2 = Iterator( [ 1, 2, 3 ] );

compare( iterator1, iterator2 );  // 输出：iterator1 和 iterator2 相等
```

外部迭代器虽然调用方式相对复杂，但它的适用面更广，也能满足更多变的需求。内部迭代器和外部迭代器在实际生产中没有优劣之分，究竟使用哪个要根据需求场景而定。

7.4   迭代类数组对象和字面量对象

迭代器模式不仅可以迭代数组，还可以迭代一些类数组的对象。比如 arguments、{"0":'a',"1":'b'}等。通过上面的代码可以观察到，无论是内部迭代器还是外部迭代器，只要被迭代的聚合对象拥有 length 属性而且可以用下标访问，那它就可以被迭代。

在 JavaScript 中，for in 语句可以用来迭代普通字面量对象的属性。jQuery 中提供了`$.each`函数来封装各种迭代行为：

```
$.each = function( obj, callback ) {
    var value,
        i = 0,
        length = obj.length,
        isArray = isArraylike( obj );

    if ( isArray ) {    // 迭代类数组
        for ( ; i < length; i++ ) {
            value = callback.call( obj[ i ], i, obj[ i ] );

            if ( value === false ) {
                break;
            }
        }
    } else {
        for ( i in obj ) {    // 迭代 object 对象
            value = callback.call( obj[ i ], i, obj[ i ] );
            if ( value === false ) {
                break;
            }
        }
    }
    return obj;
};
```

7.5   倒序迭代器

由于 GoF 中对迭代器模式的定义非常松散，所以我们可以有多种多样的迭代器实现。总的来说，迭代器模式提供了循环访问一个聚合对象中每个元素的方法，但它没有规定我们以顺序、倒序还是中序来循环遍历聚合对象。

下面我们分分钟实现一个倒序访问的迭代器：

```
var reverseEach = function( ary, callback ){
    for ( var l = ary.length - 1; l >= 0; l-- ){
        callback( l, ary[ l ] );
    }
};

reverseEach( [ 0, 1, 2 ], function( i, n ){
    console.log( n );    // 分别输出: 2, 1 ,0
});
```

7.6　中止迭代器

迭代器可以像普通 for 循环中的 break 一样，提供一种跳出循环的方法。在 7.4 节 jQuery 的 each 函数里有这样一句：

```
if ( value === false ) {
    break;
}
```

这句代码的意思是，约定如果回调函数的执行结果返回 false，则提前终止循环。下面我们把之前的 each 函数改写一下：

```
var each = function( ary, callback ){
    for ( var i = 0, l = ary.length; i < l; i++ ){
        if ( callback( i, ary[ i ] ) === false ){    // callback 的执行结果返回 false，提前终止迭代
            break;
        }
    }
};

each( [ 1, 2, 3, 4, 5 ], function( i, n ){
    if ( n > 3 ){         // n 大于 3 的时候终止循环
        return false;
    }
    console.log( n );     // 分别输出: 1, 2, 3
});
```

7.7　迭代器模式的应用举例

2013 年的一天，当我在重构某个项目中文件上传模块的代码时，发现了下面这段代码，它的目的是根据不同的浏览器获取相应的上传组件对象：

```
var getUploadObj = function(){
    try{
        return new ActiveXObject("TXFTNActiveX.FTNUpload");    // IE 上传控件
    }catch(e){
```

```
    if ( supportFlash() ){        // supportFlash 函数未提供
        var str = '<object  type="application/x-shockwave-flash"></object>';
        return $( str ).appendTo( $('body') );
    }else{
        var str = '<input name="file" type="file"/>';   // 表单上传
        return $( str ).appendTo( $('body') );
    }
    }
};
```

在不同的浏览器环境下，选择的上传方式是不一样的。因为使用浏览器的上传控件进行上传速度快，可以暂停和续传，所以我们首先会优先使用控件上传。如果浏览器没有安装上传控件，则使用 Flash 上传， 如果连 Flash 也没安装，那就只好使用浏览器原生的表单上传了。

看看上面的代码，为了得到一个 upload 对象，这个 getUploadObj 函数里面充斥了 try, catch 以及 if 条件分支。缺点是显而易见的。第一是很难阅读，第二是严重违反开闭原则。 在开发和调试过程中，我们需要来回切换不同的上传方式，每次改动都相当痛苦。后来我们还增加支持了一些另外的上传方式，比如，HTML5 上传，这时候唯一的办法是继续往 getUploadObj 函数里增加条件分支。

现在来梳理一下问题，目前一共有 3 种可能的上传方式，我们不知道目前正在使用的浏览器支持哪几种。就好比我们有一个钥匙串，其中共有 3 把钥匙，我们想打开一扇门但是不知道该使用哪把钥匙，于是从第一把钥匙开始，迭代钥匙串进行尝试，直到找到了正确的钥匙为止。

同样，我们把每种获取 upload 对象的方法都封装在各自的函数里，然后使用一个迭代器，迭代获取这些 upload 对象，直到获取到一个可用的为止：

```
var getActiveUploadObj = function(){
    try{
        return new ActiveXObject( "TXFTNActiveX.FTNUpload" );     // IE 上传控件
    }catch(e){
        return false;
    }
};

var getFlashUploadObj = function(){
    if ( supportFlash() ){      // supportFlash 函数未提供
        var str = '<object type="application/x-shockwave-flash"></object>';
        return $( str ).appendTo( $('body') );
    }
    return false;
};

var getFormUpladObj = function(){
    var str = '<input name="file" type="file" class="ui-file"/>';  // 表单上传
    return $( str ).appendTo( $('body') );
};
```

在 getActiveUploadObj、getFlashUploadObj、getFormUpladObj 这 3 个函数中都有同一个约定：

如果该函数里面的 upload 对象是可用的，则让函数返回该对象，反之返回 false，提示迭代器继续往后面进行迭代。

所以我们的迭代器只需进行下面这几步工作。

❑ 提供一个可以被迭代的方法，使得 getActiveUploadObj，getFlashUploadObj 以及 getFlashUploadObj 依照优先级被循环迭代。

❑ 如果正在被迭代的函数返回一个对象，则表示找到了正确的 upload 对象，反之如果该函数返回 false，则让迭代器继续工作。

迭代器代码如下：

```
var iteratorUploadObj = function(){
    for ( var i = 0, fn; fn = arguments[ i++ ]; ){
        var uploadObj = fn();
        if ( uploadObj !== false ){
            return uploadObj;
        }
    }
};

var uploadObj = iteratorUploadObj( getActiveUploadObj, getFlashUploadObj, getFormUpladObj );
```

重构代码之后，我们可以看到，获取不同上传对象的方法被隔离在各自的函数里互不干扰，try、catch 和 if 分支不再纠缠在一起，使得我们可以很方便地的维护和扩展代码。比如，后来我们又给上传项目增加了 Webkit 控件上传和 HTML5 上传，我们要做的仅仅是下面一些工作。

❑ 增加分别获取 Webkit 控件上传对象和 HTML5 上传对象的函数：

```
var getWebkitUploadObj = function(){
    // 具体代码略
};

var getHtml5UploadObj = function(){
    // 具体代码略
};
```

❑ 依照优先级把它们添加进迭代器：

```
var uploadObj = iteratorUploadObj( getActiveUploadObj, getWebkitUploadObj,
    getFlashUploadObj, getHtml5UploadObj, getFormUpladObj );
```

7.8 小结

迭代器模式是一种相对简单的模式，简单到很多时候我们都不认为它是一种设计模式。目前的绝大部分语言都内置了迭代器。

第 8 章

发布-订阅模式

发布-订阅模式又叫观察者模式，它定义对象间的一种一对多的依赖关系，当一个对象的状态发生改变时，所有依赖于它的对象都将得到通知。在 JavaScript 开发中，我们一般用事件模型来替代传统的发布-订阅模式。

8.1 现实中的发布-订阅模式

不论是在程序世界里还是现实生活中，发布-订阅模式的应用都非常之广泛。我们先看一个现实中的例子。

小明最近看上了一套房子，到了售楼处之后才被告知，该楼盘的房子早已售罄。好在售楼MM 告诉小明，不久后还有一些尾盘推出，开发商正在办理相关手续，手续办好后便可以购买。但到底是什么时候，目前还没有人能够知道。

于是小明记下了售楼处的电话，以后每天都会打电话过去询问是不是已经到了购买时间。除了小明，还有小红、小强、小龙也会每天向售楼处咨询这个问题。一个星期过后，售楼 MM 决定辞职，因为厌倦了每天回答 1000 个相同内容的电话。

当然现实中没有这么笨的销售公司，实际上故事是这样的：小明离开之前，把电话号码留在了售楼处。售楼 MM 答应他，新楼盘一推出就马上发信息通知小明。小红、小强和小龙也是一样，他们的电话号码都被记在售楼处的花名册上，新楼盘推出的时候，售楼 MM 会翻开花名册，遍历上面的电话号码，依次发送一条短信来通知他们。

8.2 发布-订阅模式的作用

在刚刚的例子中，发送短信通知就是一个典型的发布-订阅模式，小明、小红等购买者都是订阅者，他们订阅了房子开售的消息。售楼处作为发布者，会在合适的时候遍历花名册上的电话号码，依次给购房者发布消息。

可以发现，在这个例子中使用发布–订阅模式有着显而易见的优点。

❑ 购房者不用再天天给售楼处打电话咨询开售时间，在合适的时间点，售楼处作为发布者会通知这些消息订阅者。

❑ 购房者和售楼处之间不再强耦合在一起，当有新的购房者出现时，他只需把手机号码留在售楼处，售楼处不关心购房者的任何情况，不管购房者是男是女还是一只猴子。 而售楼处的任何变动也不会影响购买者，比如售楼 MM 离职，售楼处从一楼搬到二楼，这些改变都跟购房者无关，只要售楼处记得发短信这件事情。

第一点说明发布–订阅模式可以广泛应用于异步编程中，这是一种替代传递回调函数的方案。比如，我们可以订阅 ajax 请求的 error、succ 等事件。或者如果想在动画的每一帧完成之后做一些事情，那我们可以订阅一个事件，然后在动画的每一帧完成之后发布这个事件。在异步编程中使用发布–订阅模式，我们就无需过多关注对象在异步运行期间的内部状态，而只需要订阅感兴趣的事件发生点。

第二点说明发布–订阅模式可以取代对象之间硬编码的通知机制，一个对象不用再显式地调用另外一个对象的某个接口。发布–订阅模式让两个对象松耦合地联系在一起，虽然不太清楚彼此的细节，但这不影响它们之间相互通信。当有新的订阅者出现时，发布者的代码不需要任何修改；同样发布者需要改变时，也不会影响到之前的订阅者。只要之前约定的事件名没有变化，就可以自由地改变它们。

8.3 DOM 事件

实际上，只要我们曾经在 DOM 节点上面绑定过事件函数，那我们就曾经使用过发布–订阅模式，来看看下面这两句简单的代码发生了什么事情：

```
document.body.addEventListener( 'click', function(){
    alert(2);
}, false );

document.body.click();    // 模拟用户点击
```

在这里需要监控用户点击 document.body 的动作，但是我们没办法预知用户将在什么时候点击。所以我们订阅 document.body 上的 click 事件，当 body 节点被点击时，body 节点便会向订阅者发布这个消息。这很像购房的例子，购房者不知道房子什么时候开售，于是他在订阅消息后等待售楼处发布消息。

当然我们还可以随意增加或者删除订阅者，增加任何订阅者都不会影响发布者代码的编写：

```
document.body.addEventListener( 'click', function(){
    alert(2);
}, false );

document.body.addEventListener( 'click', function(){
```

```
    alert(3);
}, false );

document.body.addEventListener( 'click', function(){
    alert(4);
}, false );

document.body.click();      // 模拟用户点击
```

注意，手动触发事件更好的做法是 IE 下用 fireEvent，标准浏览器下用 dispatchEvent 实现。

8.4   自定义事件

除了 DOM 事件，我们还会经常实现一些自定义的事件，这种依靠自定义事件完成的发布-订阅模式可以用于任何 JavaScript 代码中。

现在看看如何一步步实现发布-订阅模式。

❑ 首先要指定好谁充当发布者（比如售楼处）；
❑ 然后给发布者添加一个缓存列表，用于存放回调函数以便通知订阅者（售楼处的花名册）；
❑ 最后发布消息的时候，发布者会遍历这个缓存列表，依次触发里面存放的订阅者回调函数（遍历花名册，挨个发短信）。

另外，我们还可以往回调函数里填入一些参数，订阅者可以接收这些参数。这是很有必要的，比如售楼处可以在发给订阅者的短信里加上房子的单价、面积、容积率等信息，订阅者接收到这些信息之后可以进行各自的处理：

```
var salesOffices = {};      // 定义售楼处

salesOffices.clientList = [];      // 缓存列表，存放订阅者的回调函数

salesOffices.listen = function( fn ){        // 增加订阅者
    this.clientList.push( fn );      // 订阅的消息添加进缓存列表
};

salesOffices.trigger = function(){      // 发布消息
    for( var i = 0, fn; fn = this.clientList[ i++ ]; ){
        fn.apply( this, arguments );      // (2) // arguments 是发布消息时带上的参数
    }
};
```

下面我们来进行一些简单的测试：

```
salesOffices.listen( function( price, squareMeter ){      // 小明订阅消息
    console.log( '价格= ' + price );
    console.log( 'squareMeter= ' + squareMeter );
});

salesOffices.listen( function( price, squareMeter ){      // 小红订阅消息
    console.log( '价格= ' + price );
```

```
        console.log( 'squareMeter= ' + squareMeter );
    });

    salesOffices.trigger( 2000000, 88 );     // 输出：200 万，88 平方米
    salesOffices.trigger( 3000000, 110 );     // 输出：300 万，110 平方米
```

至此，我们已经实现了一个最简单的发布-订阅模式，但这里还存在一些问题。我们看到订阅者接收到了发布者发布的每个消息，虽然小明只想买 88 平方米的房子，但是发布者把 110 平方米的信息也推送给了小明，这对小明来说是不必要的困扰。所以我们有必要增加一个标示 key，让订阅者只订阅自己感兴趣的消息。改写后的代码如下：

```
    var salesOffices = {};     // 定义售楼处

    salesOffices.clientList = {};     // 缓存列表，存放订阅者的回调函数

    salesOffices.listen = function( key, fn ){
        if ( !this.clientList[ key ] ){     // 如果还没有订阅过此类消息，给该类消息创建一个缓存列表
            this.clientList[ key ] = [];
        }
        this.clientList[ key ].push( fn );     // 订阅的消息添加进消息缓存列表
    };

    salesOffices.trigger = function(){     // 发布消息
        var key = Array.prototype.shift.call( arguments ),     // 取出消息类型
            fns = this.clientList[ key ];     // 取出该消息对应的回调函数集合

        if ( !fns || fns.length === 0 ){     // 如果没有订阅该消息，则返回
            return false;
        }

        for( var i = 0, fn; fn = fns[ i++ ]; ){
            fn.apply( this, arguments );     // (2) // arguments 是发布消息时附送的参数
        }
    };

    salesOffices.listen( 'squareMeter88', function( price ){     // 小明订阅 88 平方米房子的消息
        console.log( '价格= ' + price );     // 输出：2000000
    });

    salesOffices.listen( 'squareMeter110', function( price ){     // 小红订阅 110 平方米房子的消息
        console.log( '价格= ' + price );     // 输出：3000000
    });

    salesOffices.trigger( 'squareMeter88', 2000000 );     // 发布 88 平方米房子的价格
    salesOffices.trigger( 'squareMeter110', 3000000 );     // 发布 110 平方米房子的价格
```

很明显，现在订阅者可以只订阅自己感兴趣的事件了。

8.5 发布-订阅模式的通用实现

现在我们已经看到了如何让售楼处拥有接受订阅和发布事件的功能。假设现在小明又去另一

个售楼处买房子，那么这段代码是否必须在另一个售楼处对象上重写一次呢，有没有办法可以让所有对象都拥有发布—订阅功能呢？

答案显然是有的，JavaScript 作为一门解释执行的语言，给对象动态添加职责是理所当然的事情。

所以我们把发布—订阅的功能提取出来，放在一个单独的对象内：

```javascript
var event = {
    clientList: {},
    listen: function( key, fn ){
        if ( !this.clientList[ key ] ){
            this.clientList[ key ] = [];
        }
        this.clientList[ key ].push( fn );     // 订阅的消息添加进缓存列表
    },
    trigger: function(){
        var key = Array.prototype.shift.call( arguments ),     // (1);
            fns = this.clientList[ key ];

        if ( !fns || fns.length === 0 ){     // 如果没有绑定对应的消息
            return false;
        }

        for( var i = 0, fn; fn = fns[ i++ ]; ){
            fn.apply( this, arguments );     // (2) // arguments 是 trigger 时带上的参数
        }
    }
};
```

再定义一个 installEvent 函数，这个函数可以给所有的对象都动态安装发布—订阅功能：

```javascript
var installEvent = function( obj ){
    for ( var i in event ){
        obj[ i ] = event[ i ];
    }
};
```

再来测试一番，我们给售楼处对象 salesOffices 动态增加发布—订阅功能：

```javascript
var salesOffices = {};
installEvent( salesOffices );

salesOffices.listen( 'squareMeter88', function( price ){     // 小明订阅消息
    console.log( '价格= ' + price );
});

salesOffices.listen( 'squareMeter100', function( price ){     // 小红订阅消息
    console.log( '价格= ' + price );
});

salesOffices.trigger( 'squareMeter88', 2000000 );     // 输出: 2000000
salesOffices.trigger( 'squareMeter100', 3000000 );     // 输出: 3000000
```

8.6 取消订阅的事件

有时候，我们也许需要取消订阅事件的功能。比如小明突然不想买房子了，为了避免继续接收到售楼处推送过来的短信，小明需要取消之前订阅的事件。现在我们给 event 对象增加 remove 方法：

```
event.remove = function( key, fn ){
    var fns = this.clientList[ key ];

    if ( !fns ){    // 如果 key 对应的消息没有被人订阅，则直接返回
        return false;
    }
    if ( !fn ){    // 如果没有传入具体的回调函数，表示需要取消 key 对应消息的所有订阅
        fns && ( fns.length = 0 );
    }else{
        for ( var l = fns.length - 1; l >=0; l-- ){    // 反向遍历订阅的回调函数列表
            var _fn = fns[ l ];
            if ( _fn === fn ){
                fns.splice( l, 1 );    // 删除订阅者的回调函数
            }
        }
    }
};

var salesOffices = {};
var installEvent = function( obj ){
    for ( var i in event ){
        obj[ i ] = event[ i ];
    }
}

installEvent( salesOffices );

salesOffices.listen( 'squareMeter88', fn1 = function( price ){    // 小明订阅消息
    console.log( '价格= ' + price );
});

salesOffices.listen( 'squareMeter88', fn2 = function( price ){    // 小红订阅消息
    console.log( '价格= ' + price );
});

salesOffices.remove( 'squareMeter88', fn1 );    // 删除小明的订阅
salesOffices.trigger( 'squareMeter88', 2000000 );    // 输出：2000000
```

8.7 真实的例子——网站登录

通过售楼处的虚拟例子，我们对发布-订阅模式的概念和实现都已经熟悉了，那么现在就趁热打铁，看一个真实的项目。

假如我们正在开发一个商城网站，网站里有 header 头部、nav 导航、消息列表、购物车等模

块。这几个模块的渲染有一个共同的前提条件，就是必须先用 ajax 异步请求获取用户的登录信息。这是很正常的，比如用户的名字和头像要显示在 header 模块里，而这两个字段都来自用户登录后返回的信息。

至于 ajax 请求什么时候能成功返回用户信息，这点我们没有办法确定。现在的情节看起来像极了售楼处的例子，小明不知道什么时候开发商的售楼手续能够成功办下来。

但现在还不足以说服我们在此使用发布-订阅模式，因为异步的问题通常也可以用回调函数来解决。更重要的一点是，我们不知道除了 header 头部、nav 导航、消息列表、购物车之外，将来还有哪些模块需要使用这些用户信息。如果它们和用户信息模块产生了强耦合，比如下面这样的形式：

```
login.succ(function(data){
    header.setAvatar( data.avatar);    // 设置 header 模块的头像
    nav.setAvatar( data.avatar );      // 设置导航模块的头像
    message.refresh();                 // 刷新消息列表
    cart.refresh();                    // 刷新购物车列表
});
```

现在登录模块是我们负责编写的，但我们还必须了解 header 模块里设置头像的方法叫 setAvatar、购物车模块里刷新的方法叫 refresh，这种耦合性会使程序变得僵硬，header 模块不能随意再改变 setAvatar 的方法名，它自身的名字也不能被改为 header1、header2。这是针对具体实现编程的典型例子，针对具体实现编程是不被赞同的。

等到有一天，项目中又新增了一个收货地址管理的模块，这个模块本来是另一个同事所写的，而此时你正在马来西亚度假，但是他却不得不给你打电话："Hi，登录之后麻烦刷新一下收货地址列表。"于是你又翻开你 3 个月前写的登录模块，在最后部分加上这行代码：

```
login.succ(function( data ){
    header.setAvatar( data.avatar);
    nav.setAvatar( data.avatar );
    message.refresh();
    cart.refresh();
    address.refresh();              // 增加这行代码
});
```

我们就会越来越疲于应付这些突如其来的业务要求，要么跳槽了事，要么必须来重构这些代码。

用发布-订阅模式重写之后，对用户信息感兴趣的业务模块将自行订阅登录成功的消息事件。当登录成功时，登录模块只需要发布登录成功的消息，而业务方接受到消息之后，就会开始进行各自的业务处理，登录模块并不关心业务方究竟要做什么，也不想去了解它们的内部细节。改善后的代码如下：

```
$.ajax( 'http:// xxx.com?login', function(data){    // 登录成功
    login.trigger( 'loginSucc', data);    // 发布登录成功的消息
});
```

各模块监听登录成功的消息：

```
var header = (function(){        // header 模块
    login.listen( 'loginSucc', function( data){
        header.setAvatar( data.avatar );
    });
    return {
        setAvatar: function( data ){
            console.log( '设置 header 模块的头像' );
        }
    }
})();

var nav = (function(){     // nav 模块
    login.listen( 'loginSucc', function( data ){
        nav.setAvatar( data.avatar );
    });
    return {
        setAvatar: function( avatar ){
            console.log( '设置 nav 模块的头像' );
        }
    }
})();
```

如上所述，我们随时可以把 setAvatar 的方法名改成 setTouxiang。如果有一天在登录完成之后，又增加一个刷新收货地址列表的行为，那么只要在收货地址模块里加上监听消息的方法即可，而这可以让开发该模块的同事自己完成，你作为登录模块的开发者，永远不用再关心这些行为了。代码如下：

```
var address = (function(){     // nav 模块
    login.listen( 'loginSucc', function( obj ){
        address.refresh( obj );
    });
    return {
        refresh: function( avatar ){
            console.log( '刷新收货地址列表' );
        }
    }
})();
```

8.8 全局的发布–订阅对象

回想下刚刚实现的发布-订阅模式，我们给售楼处对象和登录对象都添加了订阅和发布的功能，这里还存在两个小问题。

❑ 我们给每个发布者对象都添加了 listen 和 trigger 方法，以及一个缓存列表 clientList，这其实是一种资源浪费。

❑ 小明跟售楼处对象还是存在一定的耦合性，小明至少要知道售楼处对象的名字是 salesOffices，才能顺利地订阅到事件。见如下代码：

```
salesOffices.listen( 'squareMeter100', function( price ){      // 小明订阅消息
    console.log( '价格= ' + price );
});
```

如果小明还关心 300 平方米的房子，而这套房子的卖家是 salesOffices2，这意味着小明要开始订阅 salesOffices2 对象。见如下代码：

```
salesOffices2.listen( 'squareMeter300', function( price ){      // 小明订阅消息
    console.log( '价格= ' + price );
});
```

其实在现实中，买房子未必要亲自去售楼处，我们只要把订阅的请求交给中介公司，而各大房产公司也只需要通过中介公司来发布房子信息。这样一来，我们不用关心消息是来自哪个房产公司，我们在意的是能否顺利收到消息。当然，为了保证订阅者和发布者能顺利通信，订阅者和发布者都必须知道这个中介公司。

同样在程序中，发布–订阅模式可以用一个全局的 Event 对象来实现，订阅者不需要了解消息来自哪个发布者，发布者也不知道消息会推送给哪些订阅者，Event 作为一个类似“中介者”的角色，把订阅者和发布者联系起来。见如下代码：

```
var Event = (function(){

    var clientList = {},
        listen,
        trigger,
        remove;

    listen = function( key, fn ){
        if ( !clientList[ key ] ){
            clientList[ key ] = [];
        }
        clientList[ key ].push( fn );
    };

    trigger = function(){
        var key = Array.prototype.shift.call( arguments ),
            fns = clientList[ key ];
        if ( !fns || fns.length === 0 ){
            return false;
        }
        for( var i = 0, fn; fn = fns[ i++ ]; ){
            fn.apply( this, arguments );
        }
    };

    remove = function( key, fn ){
        var fns = clientList[ key ];
        if ( !fns ){
            return false;
        }
    }
```

```
        if ( !fn ){
            fns && ( fns.length = 0 );
        }else{
            for ( var l = fns.length - 1; l >=0; l-- ){
                var _fn = fns[ l ];
                if ( _fn === fn ){
                    fns.splice( l, 1 );
                }
            }
        }
    };

    return {
        listen: listen,
        trigger: trigger,
        remove: remove
    }

})();


Event.listen( 'squareMeter88', function( price ){      // 小红订阅消息
    console.log( '价格= ' + price );          // 输出：'价格=2000000'
});

Event.trigger( 'squareMeter88', 2000000 );     // 售楼处发布消息
```

8.9　模块间通信

上一节中实现的发布-订阅模式的实现，是基于一个全局的 Event 对象，我们利用它可以在两个封装良好的模块中进行通信，这两个模块可以完全不知道对方的存在。就如同有了中介公司之后，我们不再需要知道房子开售的消息来自哪个售楼处。

比如现在有两个模块，a 模块里面有一个按钮，每次点击按钮之后，b 模块里的 div 中会显示按钮的总点击次数，我们用全局发布-订阅模式完成下面的代码，使得 a 模块和 b 模块可以在保持封装性的前提下进行通信。

```
<!DOCTYPE html>
<html>

<body>
    <button id="count">点我</button>
    <div id="show"></div>
</body>

<script type="text/JavaScript">
var a = (function(){
    var count = 0;
    var button = document.getElementById( 'count' );
```

```
        button.onclick = function(){
            Event.trigger( 'add', count++ );
        }
    })();

    var b = (function(){
        var div = document.getElementById( 'show' );
        Event.listen( 'add', function( count ){
            div.innerHTML = count;
        });
    })();
    </script>
    </html>
```

但在这里我们要留意另一个问题，模块之间如果用了太多的全局发布–订阅模式来通信，那么模块与模块之间的联系就被隐藏到了背后。我们最终会搞不清楚消息来自哪个模块，或者消息会流向哪些模块，这又会给我们的维护带来一些麻烦，也许某个模块的作用就是暴露一些接口给其他模块调用。

8.10　必须先订阅再发布吗

我们所了解到的发布–订阅模式，都是订阅者必须先订阅一个消息，随后才能接收到发布者发布的消息。如果把顺序反过来，发布者先发布一条消息，而在此之前并没有对象来订阅它，这条消息无疑将消失在宇宙中。

在某些情况下，我们需要先将这条消息保存下来，等到有对象来订阅它的时候，再重新把消息发布给订阅者。就如同 QQ 中的离线消息一样，离线消息被保存在服务器中，接收人下次登录上线之后，可以重新收到这条消息。

这种需求在实际项目中是存在的，比如在之前的商城网站中，获取到用户信息之后才能渲染用户导航模块，而获取用户信息的操作是一个 ajax 异步请求。当 ajax 请求成功返回之后会发布一个事件，在此之前订阅了此事件的用户导航模块可以接收到这些用户信息。

但是这只是理想的状况，因为异步的原因，我们不能保证 ajax 请求返回的时间，有时候它返回得比较快，而此时用户导航模块的代码还没有加载好（还没有订阅相应事件），特别是在用了一些模块化惰性加载的技术后，这是很可能发生的事情。也许我们还需要一个方案，使得我们的发布–订阅对象拥有先发布后订阅的能力。

为了满足这个需求，我们要建立一个存放离线事件的堆栈，当事件发布的时候，如果此时还没有订阅者来订阅这个事件，我们暂时把发布事件的动作包裹在一个函数里，这些包装函数将被存入堆栈中，等到终于有对象来订阅此事件的时候，我们将遍历堆栈并且依次执行这些包装函数，也就是重新发布里面的事件。当然离线事件的生命周期只有一次，就像 QQ 的未读消息只会被重新阅读一次，所以刚才的操作我们只能进行一次。

8.11　全局事件的命名冲突

全局的发布-订阅对象里只有一个 clientList 来存放消息名和回调函数，大家都通过它来订阅和发布各种消息，久而久之，难免会出现事件名冲突的情况，所以我们还可以给 Event 对象提供创建命名空间的功能。

在提供最终的代码之前，我们来感受一下怎么使用这两个新增的功能。

```
/************** 先发布后订阅 ********************/

Event.trigger( 'click', 1 );

Event.listen( 'click', function( a ){
    console.log( a );       // 输出: 1
});

/************** 使用命名空间 ********************/

Event.create( 'namespace1' ).listen( 'click', function( a ){
    console.log( a );     // 输出: 1
});

Event.create( 'namespace1' ).trigger( 'click', 1 );


Event.create( 'namespace2' ).listen( 'click', function( a ){
    console.log( a );     // 输出: 2
});

Event.create( 'namespace2' ).trigger( 'click', 2 );
```

具体实现代码如下：

```
var Event = (function(){

    var global = this,
        Event,
        _default = 'default';

    Event = function(){
        var _listen,
            _trigger,
            _remove,
            _slice = Array.prototype.slice,
            _shift = Array.prototype.shift,
            _unshift = Array.prototype.unshift,
            namespaceCache = {},
            _create,
            find,
            each = function( ary, fn ){
                var ret;
                for ( var i = 0, l = ary.length; i < l; i++ ){
```

```
                    var n = ary[i];
                    ret = fn.call( n, i, n);
            }
         return ret;
   };

   _listen = function( key, fn, cache ){
       if ( !cache[ key ] ){
           cache[ key ] = [];
       }
     cache[key].push( fn );
   };

   _remove = function( key, cache ,fn){
       if ( cache[ key ] ){
           if( fn ){
               for( var i = cache[ key ].length; i >= 0; i-- ){
                   if( cache[ key ][i] === fn ){
                       cache[ key ].splice( i, 1 );
                   }
               }
           }else{
               cache[ key ] = [];
           }
       }
   };

   _trigger = function(){
       var cache = _shift.call(arguments),
           key = _shift.call(arguments),
           args = arguments,
           _self = this,
           ret,
           stack = cache[ key ];

       if ( !stack || !stack.length ){
           return;
       }

       return each( stack, function(){
           return this.apply( _self, args );
       });
   };

   _create = function( namespace ){
       var namespace = namespace || _default;
       var cache = {},
           offlineStack = [],     // 离线事件
           ret = {
               listen: function( key, fn, last ){
                   _listen( key, fn, cache );
                   if ( offlineStack === null ){
                       return;
                   }
                   if ( last === 'last' ){
```

```
                        offlineStack.length && offlineStack.pop()();
                    }else{
                        each( offlineStack, function(){
                        this();
                    });
                }

                offlineStack = null;
            },
            one: function( key, fn, last ){
                _remove( key, cache );
                this.listen( key, fn ,last );
            },
            remove: function( key, fn ){
                _remove( key, cache ,fn);
            },
            trigger: function(){
                var fn,
                    args,
                    _self = this;

                _unshift.call( arguments, cache );
                args = arguments;
                fn = function(){
                    return _trigger.apply( _self, args );
                };

                if ( offlineStack ){
                    return offlineStack.push( fn );
                }
                return fn();
            }
        };

        return namespace ?
            ( namespaceCache[ namespace ] ? namespaceCache[ namespace ] :
                namespaceCache[ namespace ] = ret )
                    : ret;
    };

    return {
        create: _create,
        one: function( key,fn, last ){
            var event = this.create( );
                event.one( key,fn,last );
        },
        remove: function( key,fn ){
         var event = this.create( );
                event.remove( key,fn );
        },
        listen: function( key, fn, last ){
            var event = this.create( );
                event.listen( key, fn, last );
            },
        trigger: function(){
```

```
                    var event = this.create( );
                    event.trigger.apply( this, arguments );
                }
            };
        }();

    return Event;

})();
```

8.12　JavaScript 实现发布–订阅模式的便利性

这里要提出的是，我们一直讨论的发布–订阅模式，跟一些别的语言（比如 Java）中的实现还是有区别的。在 Java 中实现一个自己的发布–订阅模式，通常会把订阅者对象自身当成引用传入发布者对象中，同时订阅者对象还需提供一个名为诸如 update 的方法，供发布者对象在适合的时候调用。而在 JavaScript 中，我们用注册回调函数的形式来代替传统的发布–订阅模式，显得更加优雅和简单。

另外，在 JavaScript 中，我们无需去选择使用推模型还是拉模型。推模型是指在事件发生时，发布者一次性把所有更改的状态和数据都推送给订阅者。拉模型不同的地方是，发布者仅仅通知订阅者事件已经发生了，此外发布者要提供一些公开的接口供订阅者来主动拉取数据。拉模型的好处是可以让订阅者"按需获取"，但同时有可能让发布者变成一个"门户大开"的对象，同时增加了代码量和复杂度。

刚好在 JavaScript 中，arguments 可以很方便地表示参数列表，所以我们一般都会选择推模型，使用 Function.prototype.apply 方法把所有参数都推送给订阅者。

8.13　小结

本章我们学习了发布–订阅模式，也就是常说的观察者模式。发布–订阅模式在实际开发中非常有用。

发布–订阅模式的优点非常明显，一为时间上的解耦，二为对象之间的解耦。它的应用非常广泛，既可以用在异步编程中，也可以帮助我们完成更松耦合的代码编写。发布–订阅模式还可以用来帮助实现一些别的设计模式，比如中介者模式。从架构上来看，无论是 MVC 还是 MVVM，都少不了发布–订阅模式的参与，而且 JavaScript 本身也是一门基于事件驱动的语言。

当然，发布–订阅模式也不是完全没有缺点。创建订阅者本身要消耗一定的时间和内存，而且当你订阅一个消息后，也许此消息最后都未发生，但这个订阅者会始终存在于内存中。另外，发布–订阅模式虽然可以弱化对象之间的联系，但如果过度使用的话，对象和对象之间的必要联系也将被深埋在背后，会导致程序难以跟踪维护和理解。特别是有多个发布者和订阅者嵌套到一起的时候，要跟踪一个 bug 不是件轻松的事情。

第 9 章

命令模式

假设有一个快餐店，而我是该餐厅的点餐服务员，那么我一天的工作应该是这样的：当某位客人点餐或者打来订餐电话后，我会把他的需求都写在清单上，然后交给厨房，客人不用关心是哪些厨师帮他炒菜。我们餐厅还可以满足客人需要的定时服务，比如客人可能当前正在回家的路上，要求 1 个小时后才开始炒他的菜，只要订单还在，厨师就不会忘记。客人也可以很方便地打电话来撤销订单。另外如果有太多的客人点餐，厨房可以按照订单的顺序排队炒菜。

这些记录着订餐信息的清单，便是命令模式中的命令对象。

9.1 命令模式的用途

命令模式是最简单和优雅的模式之一，命令模式中的命令（command）指的是一个执行某些特定事情的指令。

命令模式最常见的应用场景是：有时候需要向某些对象发送请求，但是并不知道请求的接收者是谁，也不知道被请求的操作是什么。此时希望用一种松耦合的方式来设计程序，使得请求发送者和请求接收者能够消除彼此之间的耦合关系。

拿订餐来说，客人需要向厨师发送请求，但是完全不知道这些厨师的名字和联系方式，也不知道厨师炒菜的方式和步骤。命令模式把客人订餐的请求封装成 command 对象，也就是订餐中的订单对象。这个对象可以在程序中被四处传递，就像订单可以从服务员手中传到厨师的手中。这样一来，客人不需要知道厨师的名字，从而解开了请求调用者和请求接收者之间的耦合关系。

另外，相对于过程化的请求调用，command 对象拥有更长的生命周期。对象的生命周期是跟初始请求无关的，因为这个请求已经被封装在了 command 对象的方法中，成为了这个对象的行为。我们可以在程序运行的任意时刻去调用这个方法，就像厨师可以在客人预定 1 个小时之后才帮他炒菜，相当于程序在 1 个小时之后才开始执行 command 对象的方法。

除了这两点之外，命令模式还支持撤销、排队等操作，本章稍后将会详细讲解。

9.2   命令模式的例子——菜单程序

假设我们正在编写一个用户界面程序，该用户界面上至少有数十个 **Button** 按钮。因为项目比较复杂，所以我们决定让某个程序员负责绘制这些按钮，而另外一些程序员则负责编写点击按钮后的具体行为，这些行为都将被封装在对象里。

在大型项目开发中，这是很正常的分工。对于绘制按钮的程序员来说，他完全不知道某个按钮未来将用来做什么，可能用来刷新菜单界面，也可能用来增加一些子菜单，他只知道点击这个按钮会发生某些事情。那么当完成这个按钮的绘制之后，应该如何给它绑定 onclick 事件呢？

回想一下命令模式的应用场景：

> 有时候需要向某些对象发送请求，但是并不知道请求的接收者是谁，也不知道被请求的操作是什么，此时希望用一种松耦合的方式来设计软件，使得请求发送者和请求接收者能够消除彼此之间的耦合关系。

我们很快可以找到在这里运用命令模式的理由：点击了按钮之后，必须向某些负责具体行为的对象发送请求，这些对象就是请求的接收者。但是目前并不知道接收者是什么对象，也不知道接收者究竟会做什么。此时我们需要借助命令对象的帮助，以便解开按钮和负责具体行为对象之间的耦合。

设计模式的主题总是把不变的事物和变化的事物分离开来，命令模式也不例外。按下按钮之后会发生一些事情是不变的，而具体会发生什么事情是可变的。通过 command 对象的帮助，将来我们可以轻易地改变这种关联，因此也可以在将来再次改变按钮的行为。

下面进入代码编写阶段，首先在页面中完成这些按钮的"绘制"：

```
<body>
    <button id="button1">点击按钮 1</button>
```

```
    <button id="button2">点击按钮 2</button>
    <button id="button3">点击按钮 3</button>
</body>

<script>
    var button1 = document.getElementById( 'button1' ),
    var button2 = document.getElementById( 'button2' ),
    var button3 = document.getElementById( 'button3' );
</script>
```

接下来定义 setCommand 函数，setCommand 函数负责往按钮上面安装命令。可以肯定的是，点击按钮会执行某个 command 命令，执行命令的动作被约定为调用 command 对象的 execute()方法。虽然还不知道这些命令究竟代表什么操作，但负责绘制按钮的程序员不关心这些事情，他只需要预留好安装命令的接口，command 对象自然知道如何和正确的对象沟通：

```
var setCommand = function( button, command ){
    button.onclick = function(){
        command.execute();
    }
};
```

最后，负责编写点击按钮之后的具体行为的程序员总算交上了他们的成果，他们完成了刷新菜单界面、增加子菜单和删除子菜单这几个功能，这几个功能被分布在 MenuBar 和 SubMenu 这两个对象中：

```
var MenuBar = {
    refresh: function(){
        console.log( '刷新菜单目录' );
    }
};

var SubMenu = {
    add: function(){
        console.log( '增加子菜单' );
    },
    del: function(){
        console.log( '删除子菜单' );
    }
};
```

在让 button 变得有用起来之前，我们要先把这些行为都封装在命令类中：

```
var RefreshMenuBarCommand = function( receiver ){
    this.receiver = receiver;
};

RefreshMenuBarCommand.prototype.execute = function(){
    this.receiver.refresh();
};

var AddSubMenuCommand = function( receiver ){
    this.receiver = receiver;
};
```

```
AddSubMenuCommand.prototype.execute = function(){
    this.receiver.add();
};

var DelSubMenuCommand = function( receiver ){
    this.receiver = receiver;
};

DelSubMenuCommand.prototype.execute = function(){
    console.log( '删除子菜单' );
};
```

最后就是把命令接收者传入到 command 对象中，并且把 command 对象安装到 button 上面：

```
var refreshMenuBarCommand = new RefreshMenuBarCommand( MenuBar );
var addSubMenuCommand = new AddSubMenuCommand( SubMenu );
var delSubMenuCommand = new DelSubMenuCommand( SubMenu );

setCommand( button1, refreshMenuBarCommand );
setCommand( button2, addSubMenuCommand );
setCommand( button3, delSubMenuCommand );
```

以上只是一个很简单的命令模式示例，但从中可以看到我们是如何把请求发送者和请求接收者解耦开的。

9.3 JavaScript 中的命令模式

也许我们会感到很奇怪，所谓的命令模式，看起来就是给对象的某个方法取了 execute 的名字。引入 command 对象和 receiver 这两个无中生有的角色无非是把简单的事情复杂化了，即使不用什么模式，用下面寥寥几行代码就可以实现相同的功能：

```
var bindClick = function( button, func ){
    button.onclick = func;
};

var MenuBar = {
    refresh: function(){
        console.log( '刷新菜单界面' );
    }
};

var SubMenu = {
    add: function(){
        console.log( '增加子菜单' );
    },
    del: function(){
        console.log( '删除子菜单' );
    }
};

bindClick( button1, MenuBar.refresh );
```

```
bindClick( button2, SubMenu.add );
bindClick( button3, SubMenu.del );
```

这种说法是正确的，9.2 节中的示例代码是模拟传统面向对象语言的命令模式实现。命令模式将过程式的请求调用封装在 command 对象的 execute 方法里，通过封装方法调用，我们可以把运算块包装成形。command 对象可以被四处传递，所以在调用命令的时候，客户（Client）不需要关心事情是如何进行的。

命令模式的由来，其实是回调（callback）函数的一个面向对象的替代品。

JavaScript 作为将函数作为一等对象的语言，跟策略模式一样，命令模式也早已融入到了 JavaScript 语言之中。运算块不一定要封装在 command.execute 方法中，也可以封装在普通函数中。函数作为一等对象，本身就可以被四处传递。即使我们依然需要请求"接收者"，那也未必使用面向对象的方式，闭包可以完成同样的功能。

在面向对象设计中，命令模式的接收者被当成 command 对象的属性保存起来，同时约定执行命令的操作调用 command.execute 方法。在使用闭包的命令模式实现中，接收者被封闭在闭包产生的环境中，执行命令的操作可以更加简单，仅仅执行回调函数即可。无论接收者被保存为对象的属性，还是被封闭在闭包产生的环境中，在将来执行命令的时候，接收者都能被顺利访问。用闭包实现的命令模式如下代码所示：

```
var setCommand = function( button, func ){
    button.onclick = function(){
        func();
    }
};

var MenuBar = {
    refresh: function(){
        console.log( '刷新菜单界面' );
    }
};

var RefreshMenuBarCommand = function( receiver ){
    return function(){
        receiver.refresh();
    }
};

var refreshMenuBarCommand = RefreshMenuBarCommand( MenuBar );

setCommand( button1, refreshMenuBarCommand );
```

当然，如果想更明确地表达当前正在使用命令模式，或者除了执行命令之外，将来有可能还要提供撤销命令等操作。那我们最好还是把执行函数改为调用 execute 方法：

```
var RefreshMenuBarCommand = function( receiver ){
    return {
        execute: function(){
            receiver.refresh();
```

```
        }
    }
};

var setCommand = function( button, command ){
    button.onclick = function(){
        command.execute();
    }
};

var refreshMenuBarCommand = RefreshMenuBarCommand( MenuBar );
setCommand( button1, refreshMenuBarCommand );
```

9.4 撤销命令

命令模式的作用不仅是封装运算块，而且可以很方便地给命令对象增加撤销操作。就像订餐时客人可以通过电话来取消订单一样。下面来看撤销命令的例子。

本节的目标是利用 5.4 节中的 Animate 类来编写一个动画，这个动画的表现是让页面上的小球移动到水平方向的某个位置。现在页面中有一个 input 文本框和一个 button 按钮，文本框中可以输入一些数字，表示小球移动后的水平位置，小球在用户点击按钮后立刻开始移动，代码如下：

```
<body>
    <div id="ball" style="position:absolute;background:#000;width:50px;height:50px"></div>
    输入小球移动后的位置： <input id="pos"/>
    <button id="moveBtn">开始移动</button>
</body>

<script>
    var ball = document.getElementById( 'ball' );
    var pos = document.getElementById( 'pos' );
    var moveBtn = document.getElementById( 'moveBtn' );

    moveBtn.onclick = function(){
        var animate = new Animate( ball );
        animate.start( 'left', pos.value, 1000, 'strongEaseOut' );
    };
</script>
```

如果文本框输入 200，然后点击 moveBtn 按钮，可以看到小球顺利地移动到水平方向 200px 的位置。现在我们需要一个方法让小球还原到开始移动之前的位置。当然也可以在文本框中再次输入-200，并且点击 moveBtn 按钮，这也是一个办法，不过显得很笨拙。页面上最好有一个撤销按钮，点击撤销按钮之后，小球便能回到上一次的位置。

在给页面中增加撤销按钮之前，先把目前的代码改为用命令模式实现：

```
var ball = document.getElementById( 'ball' );
var pos = document.getElementById( 'pos' );
var moveBtn = document.getElementById( 'moveBtn' );
```

```
var MoveCommand = function( receiver, pos ){
    this.receiver = receiver;
    this.pos = pos;
};

MoveCommand.prototype.execute = function(){
    this.receiver.start( 'left', this.pos, 1000, 'strongEaseOut' );
};

var moveCommand;

moveBtn.onclick = function(){
    var animate = new Animate( ball );
    moveCommand = new MoveCommand( animate, pos.value );
    moveCommand.execute();
};
```

接下来增加撤销按钮：

```
<body>
    <div id="ball" style="position:absolute;background:#000;width:50px;height:50px"></div>
    输入小球移动后的位置: <input id="pos"/>
    <button id="moveBtn">开始移动</button>
    <button id="cancelBtn">cancel</button>  <!--增加取消按钮-->
</body>
```

撤销操作的实现一般是给命令对象增加一个名为 unexecude 或者 undo 的方法，在该方法里执行 execute 的反向操作。在 command.execute 方法让小球开始真正运动之前，我们需要先记录小球的当前位置，在 unexecude 或者 undo 操作中，再让小球回到刚刚记录下的位置，代码如下：

```
<script>
    var ball = document.getElementById( 'ball' );
    var pos = document.getElementById( 'pos' );
    var moveBtn = document.getElementById( 'moveBtn' );
    var cancelBtn = document.getElementById( 'cancelBtn' );

    var MoveCommand = function( receiver, pos ){
        this.receiver = receiver;
        this.pos = pos;
        this.oldPos = null;
    };

    MoveCommand.prototype.execute = function(){
        this.receiver.start( 'left', this.pos, 1000, 'strongEaseOut' );
        this.oldPos = this.receiver.dom.getBoundingClientRect()[ this.receiver.propertyName ];
        // 记录小球开始移动前的位置
    };

    MoveCommand.prototype.undo = function(){
        this.receiver.start( 'left', this.oldPos, 1000, 'strongEaseOut' );
        // 回到小球移动前记录的位置
    };

    var moveCommand;
```

```
moveBtn.onclick = function(){
    var animate = new Animate( ball );
    moveCommand = new MoveCommand( animate, pos.value );
    moveCommand.execute();
};

cancelBtn.onclick = function(){
    moveCommand.undo();          // 撤销命令
};
</script>
```

现在通过命令模式轻松地实现了撤销功能。如果用普通的方法调用来实现，也许需要每次都手工记录小球的运动轨迹，才能让它还原到之前的位置。而命令模式中小球的原始位置在小球开始移动前已经作为 command 对象的属性被保存起来，所以只需要再提供一个 undo 方法，并且在 undo 方法中让小球回到刚刚记录的原始位置就可以了。

撤销是命令模式里一个非常有用的功能，试想一下开发一个围棋程序的时候，我们把每一步棋子的变化都封装成命令，则可以轻而易举地实现悔棋功能。同样，撤销命令还可以用于实现文本编辑器的 Ctrl+Z 功能。

9.5　撤消和重做

上一节我们讨论了如何撤销一个命令。很多时候，我们需要撤销一系列的命令。比如在一个围棋程序中，现在已经下了 10 步棋，我们需要一次性悔棋到第 5 步。在这之前，我们可以把所有执行过的下棋命令都储存在一个历史列表中，然后倒序循环来依次执行这些命令的 undo 操作，直到循环执行到第 5 个命令为止。

然而，在某些情况下无法顺利地利用 undo 操作让对象回到 execute 之前的状态。比如在一个 Canvas 画图的程序中，画布上有一些点，我们在这些点之间画了 N 条曲线把这些点相互连接起来，当然这是用命令模式来实现的。但是我们却很难为这里的命令对象定义一个擦除某条曲线的 undo 操作，因为在 Canvas 画图中，擦除一条线相对不容易实现。

这时候最好的办法是先清除画布，然后把刚才执行过的命令全部重新执行一遍，这一点同样可以利用一个历史列表堆栈办到。记录命令日志，然后重复执行它们，这是逆转不可逆命令的一个好办法。

在我编写的 HTML5 版《街头霸王》游戏中，命令模式可以用来实现播放录像功能。原理跟 Canvas 画图的例子一样，我们把用户在键盘的输入都封装成命令，执行过的命令将被存放到堆栈中。播放录像的时候只需要从头开始依次执行这些命令便可，代码如下：

```
<html>
    <body>
        <button id="replay">播放录像</button>
    </body>
```

```
<script>
    var Ryu = {
        attack: function(){
            console.log( '攻击' );
        },
        defense: function(){
            console.log( '防御' );
        },
        jump: function(){
            console.log( '跳跃' );
        },
        crouch: function(){
            console.log( '蹲下' );
        }
    };

    var makeCommand = function( receiver, state ){        // 创建命令
        return function(){
            receiver[ state ]();
        }
    };

    var commands = {
        "119": "jump",        // W
        "115": "crouch",      // S
        "97": "defense",      // A
        "100": "attack"       // D
    };

    var commandStack = [];        // 保存命令的堆栈

    document.onkeypress = function( ev ){
        var keyCode = ev.keyCode,
            command = makeCommand( Ryu, commands[ keyCode ] );

        if ( command ){
            command();      // 执行命令
            commandStack.push( command );      // 将刚刚执行过的命令保存进堆栈
        }
    };

    document.getElementById( 'replay' ).onclick = function(){      // 点击播放录像
        var command;
        while( command = commandStack.shift() ){      // 从堆栈里依次取出命令并执行
            command();
        }
    };

</script>
</html>
```

可以看到，当我们在键盘上敲下 W、A、S、D 这几个键来完成一些动作之后，再按下 Replay
按钮，此时便会重复播放之前的动作。

9.6　命令队列

在订餐的故事中，如果订单的数量过多而厨师的人手不够，则可以让这些订单进行排队处理。第一个订单完成之后，再开始执行跟第二个订单有关的操作。

队列在动画中的运用场景也非常多，比如之前的小球运动程序有可能遇到另外一个问题：有些用户反馈，这个程序只适合于 APM 小于 20 的人群，大部分用户都有快速连续点击按钮的习惯，当用户第二次点击 button 的时候，此时小球的前一个动画可能尚未结束，于是前一个动画会骤然停止，小球转而开始第二个动画的运动过程。但这并不是用户的期望，用户希望这两个动画会排队进行。

把请求封装成命令对象的优点在这里再次体现了出来，对象的生命周期几乎是永久的，除非我们主动去回收它。也就是说，命令对象的生命周期跟初始请求发生的时间无关，command 对象的 execute 方法可以在程序运行的任何时刻执行，即使点击按钮的请求早已发生，但我们的命令对象仍然是有生命的。

所以我们可以把 div 的这些运动过程都封装成命令对象，再把它们压进一个队列堆栈，当动画执行完，也就是当前 command 对象的职责完成之后，会主动通知队列，此时取出正在队列中等待的第一个命令对象，并且执行它。

我们比较关注的问题是，一个动画结束后该如何通知队列。通常可以使用回调函数来通知队列，除了回调函数之外，还可以选择发布-订阅模式。即在一个动画结束后发布一个消息，订阅者接收到这个消息之后，便开始执行队列里的下一个动画。读者可以尝试按照这个思路来自行实现一个队列动画。

9.7　宏命令

宏命令是一组命令的集合，通过执行宏命令的方式，可以一次执行一批命令。想象一下，家里有一个万能遥控器，每天回家的时候，只要按一个特别的按钮，它就会帮我们关上房间门，顺便打开电脑并登录 QQ。

下面我们看看如何逐步创建一个宏命令。首先，我们依然要创建好各种 Command：

```
var closeDoorCommand = {
    execute: function(){
        console.log( '关门' );
    }
};

var openPcCommand = {
    execute: function(){
        console.log( '开电脑' );
    }
};
```

```
var openQQCommand = {
    execute: function(){
        console.log( '登录QQ' );
    }
};
```

接下来定义宏命令 MacroCommand，它的结构也很简单。macroCommand.add 方法表示把子命令添加进宏命令对象，当调用宏命令对象的 execute 方法时，会迭代这一组子命令对象，并且依次执行它们的 execute 方法：

```
var MacroCommand = function(){
    return {
        commandsList: [],
        add: function( command ){
            this.commandsList.push( command );
        },
        execute: function(){
            for ( var i = 0, command; command = this.commandsList[ i++ ]; ){
                command.execute();
            }
        }
    }
};

var macroCommand = MacroCommand();
macroCommand.add( closeDoorCommand );
macroCommand.add( openPcCommand );
macroCommand.add( openQQCommand );

macroCommand.execute();
```

当然我们还可以为宏命令添加撤销功能，跟 macroCommand.execute 类似，当调用 macroCommand.undo 方法时，宏命令里包含的所有子命令对象要依次执行各自的 undo 操作。

宏命令是命令模式与组合模式的联用产物，关于组合模式的知识，我们将在第 10 章详细介绍。

9.8 智能命令与傻瓜命令

再看一下我们在 9.7 节创建的命令：

```
var closeDoorCommand = {
    execute: function(){
        console.log( '关门' );
    }
};
```

很奇怪，closeDoorCommand 中没有包含任何 receiver 的信息，它本身就包揽了执行请求的行为，这跟我们之前看到的命令对象都包含了一个 receiver 是矛盾的。

一般来说，命令模式都会在 command 对象中保存一个接收者来负责真正执行客户的请求，这种情况下命令对象是"傻瓜式"的，它只负责把客户的请求转交给接收者来执行，这种模式的好处是请求发起者和请求接收者之间尽可能地得到了解耦。

但是我们也可以定义一些更"聪明"的命令对象，"聪明"的命令对象可以直接实现请求，这样一来就不再需要接收者的存在，这种"聪明"的命令对象也叫作智能命令。没有接收者的智能命令，退化到和策略模式非常相近，从代码结构上已经无法分辨它们，能分辨的只有它们意图的不同。策略模式指向的问题域更小，所有策略对象的目标总是一致的，它们只是达到这个目标的不同手段，它们的内部实现是针对"算法"而言的。而智能命令模式指向的问题域更广，command 对象解决的目标更具发散性。命令模式还可以完成撤销、排队等功能。

9.9   小结

本章我们学习了命令模式。跟许多其他语言不同，JavaScript 可以用高阶函数非常方便地实现命令模式。命令模式在 JavaScript 语言中是一种隐形的模式。

组合模式

我们知道地球和一些其他行星围绕着太阳旋转，也知道在一个原子中，有许多电子围绕着原子核旋转。我曾经想象，我们的太阳系也许是一个更大世界里的一个原子，地球只是围绕着太阳原子的一个电子。而我身上的每个原子又是一个星系，原子核就是这个星系中的恒星，电子是围绕着恒星旋转的行星。一个电子中也许还包含了另一个宇宙，虽然这个宇宙还不能被显微镜看到，但我相信它的存在。

也许这个想法有些异想天开，但在程序设计中，也有一些和"事物是由相似的子事物构成"类似的思想。组合模式就是用小的子对象来构建更大的对象，而这些小的子对象本身也许是由更小的"孙对象"构成的。

10.1　回顾宏命令

　　我们在第 9 章命令模式中讲解过宏命令的结构和作用。宏命令对象包含了一组具体的子命令对象，不管是宏命令对象，还是子命令对象，都有一个 execute 方法负责执行命令。现在回顾一下这段安装在万能遥控器上的宏命令代码：

```
var closeDoorCommand = {
    execute: function(){
        console.log( '关门' );
    }
};

var openPcCommand = {
    execute: function(){
        console.log( '开电脑' );
    }
};

var openQQCommand = {
    execute: function(){
        console.log( '登录QQ' );
    }
};

var MacroCommand = function(){
    return {
        commandsList: [],
        add: function( command ){
            this.commandsList.push( command );
        },
        execute: function(){
            for ( var i = 0, command; command = this.commandsList[ i++ ]; ){
                command.execute();
            }
        }
    }
};

var macroCommand = MacroCommand();

macroCommand.add( closeDoorCommand );
macroCommand.add( openPcCommand );
macroCommand.add( openQQCommand );

macroCommand.execute();
```

　　通过观察这段代码，我们很容易发现，宏命令中包含了一组子命令，它们组成了一个树形结构，这里是一棵结构非常简单的树，如图 10-1 所示。

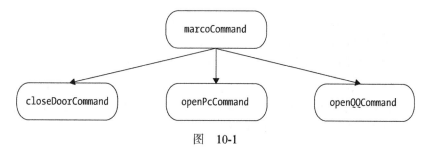

图 10-1

其中，marcoCommand 被称为组合对象，closeDoorCommand、openPcCommand、openQQCommand 都是叶对象。在 macroCommand 的 execute 方法里，并不执行真正的操作，而是遍历它所包含的叶对象，把真正的 execute 请求委托给这些叶对象。

macroCommand 表现得像一个命令，但它实际上只是一组真正命令的"代理"。并非真正的代理，虽然结构上相似，但 macroCommand 只负责传递请求给叶对象，它的目的不在于控制对叶对象的访问。

10.2 组合模式的用途

组合模式将对象组合成树形结构，以表示"部分–整体"的层次结构。除了用来表示树形结构之外，组合模式的另一个好处是通过对象的多态性表现，使得用户对单个对象和组合对象的使用具有一致性，下面分别说明。

- ❑ 表示树形结构。通过回顾上面的例子，我们很容易找到组合模式的一个优点：提供了一种遍历树形结构的方案，通过调用组合对象的 execute 方法，程序会递归调用组合对象下面的叶对象的 execute 方法，所以我们的万能遥控器只需要一次操作，便能依次完成关门、打开电脑、登录 QQ 这几件事情。组合模式可以非常方便地描述对象部分–整体层次结构。
- ❑ 利用对象多态性统一对待组合对象和单个对象。利用对象的多态性表现，可以使客户端忽略组合对象和单个对象的不同。在组合模式中，客户将统一地使用组合结构中的所有对象，而不需要关心它究竟是组合对象还是单个对象。

这在实际开发中会给客户带来相当大的便利性，当我们往万能遥控器里面添加一个命令的时候，并不关心这个命令是宏命令还是普通子命令。这点对于我们不重要，我们只需要确定它是一个命令，并且这个命令拥有可执行的 execute 方法，那么这个命令就可以被添加进万能遥控器。

当宏命令和普通子命令接收到执行 execute 方法的请求时，宏命令和普通子命令都会做它们各自认为正确的事情。这些差异是隐藏在客户背后的，在客户看来，这种透明性可以让我们非常自由地扩展这个万能遥控器。

10.3 请求在树中传递的过程

在组合模式中，请求在树中传递的过程总是遵循一种逻辑。

以宏命令为例，请求从树最顶端的对象往下传递，如果当前处理请求的对象是叶对象（普通子命令），叶对象自身会对请求作出相应的处理；如果当前处理请求的对象是组合对象（宏命令），组合对象则会遍历它属下的子节点，将请求继续传递给这些子节点。

总而言之，如果子节点是叶对象，叶对象自身会处理这个请求，而如果子节点还是组合对象，请求会继续往下传递。叶对象下面不会再有其他子节点，一个叶对象就是树的这条枝叶的尽头，组合对象下面可能还会有子节点，如图 10-2 所示。

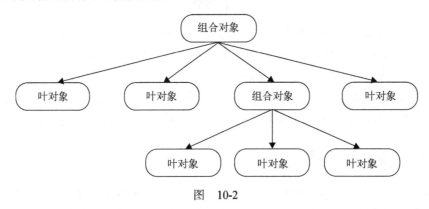

图　10-2

请求从上到下沿着树进行传递，直到树的尽头。作为客户，只需要关心树最顶层的组合对象，客户只需要请求这个组合对象，请求便会沿着树往下传递，依次到达所有的叶对象。

在刚刚的例子中，由于宏命令和子命令组成的树太过简单，我们还不能清楚地看到组合模式带来的好处，如果只是简单地遍历一组子节点，迭代器便能解决所有的问题。接下来我们将创造一个更强大的宏命令，这个宏命令中又包含了另外一些宏命令和普通子命令，看起来是一棵相对较复杂的树。

10.4　更强大的宏命令

目前的万能遥控器，包含了关门、开电脑、登录 QQ 这 3 个命令。现在我们需要一个"超级万能遥控器"，可以控制家里所有的电器，这个遥控器拥有以下功能：

- ❑ 打开空调
- ❑ 打开电视和音响
- ❑ 关门、开电脑、登录 QQ

首先在节点中放置一个按钮 button 来表示这个超级万能遥控器，超级万能遥控器上安装了一个宏命令，当执行这个宏命令时，会依次遍历执行它所包含的子命令，代码如下：

```
<html>
    <body>
        <button id="button">按我</button>
```

```
</body>

<script>
var MacroCommand = function(){
    return {
        commandsList: [],
        add: function( command ){
            this.commandsList.push( command );
        },
        execute: function(){
            for ( var i = 0, command; command = this.commandsList[ i++ ]; ){
                command.execute();
            }
        }
    }
};

var openAcCommand = {
    execute: function(){
        console.log( '打开空调' );
    }
};
```

/**********家里的电视和音响是连接在一起的，所以可以用一个宏命令来组合打开电视和打开音响的命令
**********/

```
var openTvCommand = {
    execute: function(){
        console.log( '打开电视' );
    }
};

var openSoundCommand = {
    execute: function(){
        console.log( '打开音响' );
    }
};

var macroCommand1 = MacroCommand();
macroCommand1.add( openTvCommand );
macroCommand1.add( openSoundCommand );
```

/*********关门、打开电脑和打登录QQ的命令****************/

```
var closeDoorCommand = {
    execute: function(){
        console.log( '关门' );
    }
};

var openPcCommand = {
    execute: function(){
        console.log( '开电脑' );
```

```
        }
    };

    var openQQCommand = {
        execute: function(){
            console.log( '登录QQ' );
        }
    };

    var macroCommand2 = MacroCommand();
    macroCommand2.add( closeDoorCommand );
    macroCommand2.add( openPcCommand );
    macroCommand2.add( openQQCommand );

/*********现在把所有的命令组合成一个"超级命令"*********/

    var macroCommand = MacroCommand();
    macroCommand.add( openAcCommand );
    macroCommand.add( macroCommand1 );
    macroCommand.add( macroCommand2 );

/*********最后给遥控器绑定"超级命令"*********/

    var setCommand = (function( command ){
        document.getElementById( 'button' ).onclick = function(){
            command.execute();
        }
    })( macroCommand );

    </script>
</html>
```

当按下遥控器的按钮时，所有命令都将被依次执行，执行结果如图 10-3 所示。

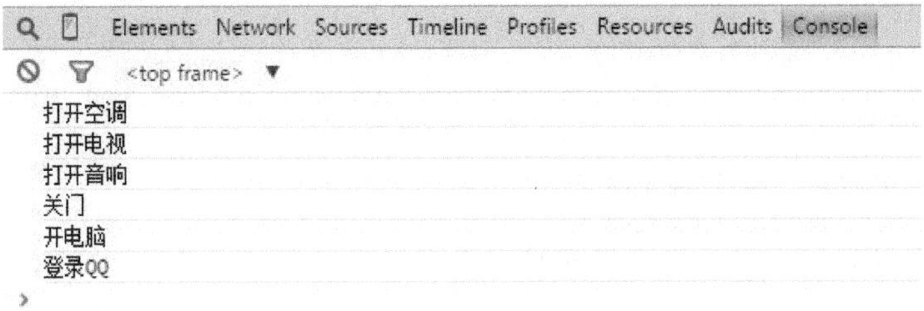

図　10-3

从这个例子中可以看到，基本对象可以被组合成更复杂的组合对象，组合对象又可以被组合，这样不断递归下去，这棵树的结构可以支持任意多的复杂度。在树最终被构造完成之后，让整颗树最终运转起来的步骤非常简单，只需要调用最上层对象的 execute 方法。每当对最上层的对象进行一次请求时，实际上是在对整个树进行深度优先的搜索，而创建组合对象的程序员并不关心这些内在的细节，往这棵树里面添加一些新的节点对象是非常容易的事情。

10.5 抽象类在组合模式中的作用

前面说到，组合模式最大的优点在于可以一致地对待组合对象和基本对象。客户不需要知道当前处理的是宏命令还是普通命令，只要它是一个命令，并且有 execute 方法，这个命令就可以被添加到树中。

这种透明性带来的便利，在静态类型语言中体现得尤为明显。比如在 Java 中，实现组合模式的关键是 Composite 类和 Leaf 类都必须继承自一个 Compenent 抽象类。这个 Compenent 抽象类既代表组合对象，又代表叶对象，它也能够保证组合对象和叶对象拥有同样名字的方法，从而可以对同一消息都做出反馈。组合对象和叶对象的具体类型被隐藏在 Compenent 抽象类身后。

针对 Compenent 抽象类来编写程序，客户操作的始终是 Compenent 对象，而不用去区分到底是组合对象还是叶对象。所以我们往同一个对象里的 add 方法里，既可以添加组合对象，也可以添加叶对象，代码如下：

```java
// Java 代码

public abstract class Component{
    // add 方法，参数为 Component 类型
    public void add( Component child ){}
    // remove 方法，参数为 Component 类型
    public void remove( Component child ){}
}

public class Composite extends Component{
    // add 方法，参数为 Component 类型
    public void add( Component child ){}
    // remove 方法，参数为 Component 类型
    public void remove( Component child ){}
}

public class Leaf extends Component{
    // add 方法，参数为 Component 类型
    public void add( Component child ){
        throw new UnsupportedOperationException()     // 叶对象不能再添加子节点
    }
    // remove 方法，参数为 Component 类型
    public void remove( Component child ){
    }
}

public class client(){

    public static void main( String args[] ){
        Component root = new Composite();

        Component c1 = new Composite();
        Component c2 = new Composite();
```

```
            Component leaf1 = new Leaf();
            Component leaf2 = new Leaf();

            root.add(c1);
            root.add(c2);

            c1.add(leaf1);
            c1.add(leaf2);

            root.remove();
        }
    }
```

然而在 JavaScript 这种动态类型语言中，对象的多态性是与生俱来的，也没有编译器去检查变量的类型，所以我们通常不会去模拟一个"怪异"的抽象类，JavaScript 中实现组合模式的难点在于要保证组合对象和叶对象对象拥有同样的方法，这通常需要用鸭子类型的思想对它们进行接口检查。

在 JavaScript 中实现组合模式，看起来缺乏一些严谨性，我们的代码算不上安全，但能更快速和自由地开发，这既是 JavaScript 的缺点，也是它的优点。

10.6　透明性带来的安全问题

组合模式的透明性使得发起请求的客户不用去顾忌树中组合对象和叶对象的区别，但它们在本质上有是区别的。

组合对象可以拥有子节点，叶对象下面就没有子节点，所以我们也许会发生一些误操作，比如试图往叶对象中添加子节点。解决方案通常是给叶对象也增加 add 方法，并且在调用这个方法时，抛出一个异常来及时提醒客户，代码如下：

```javascript
var MacroCommand = function(){
    return {
        commandsList: [],
        add: function( command ){
            this.commandsList.push( command );
        },
        execute: function(){
            for ( var i = 0, command; command = this.commandsList[ i++ ]; ){
                command.execute();
            }
        }
    }
};

var openTvCommand = {
    execute: function(){
        console.log( '打开电视' );
    },
    add: function(){
```

```
        throw new Error( '叶对象不能添加子节点' );
    }
};

var macroCommand = MacroCommand();

macroCommand.add( openTvCommand );
openTvCommand.add( macroCommand )    // Uncaught Error: 叶对象不能添加子节点
```

10.7 组合模式的例子——扫描文件夹

文件夹和文件之间的关系，非常适合用组合模式来描述。文件夹里既可以包含文件，又可以包含其他文件夹，最终可能组合成一棵树，组合模式在文件夹的应用中有以下两层好处。

- □ 例如，我在同事的移动硬盘里找到了一些电子书，想把它们复制到 **F** 盘中的学习资料文件夹。在复制这些电子书的时候，我并不需要考虑这批文件的类型，不管它们是单独的电子书还是被放在了文件夹中。组合模式让 **Ctrl+V**、**Ctrl+C** 成为了一个统一的操作。
- □ 当我用杀毒软件扫描该文件夹时，往往不会关心里面有多少文件和子文件夹，组合模式使得我们只需要操作最外层的文件夹进行扫描。

现在我们来编写代码，首先分别定义好文件夹 Folder 和文件 File 这两个类。见如下代码：

```
/***************************** Folder *****************************/
var Folder = function( name ){
    this.name = name;
    this.files = [];
};

Folder.prototype.add = function( file ){
    this.files.push( file );
};

Folder.prototype.scan = function(){
    console.log( '开始扫描文件夹: ' + this.name );
    for ( var i = 0, file, files = this.files; file = files[ i++ ]; ){
        file.scan();
    }
};

/***************************** File *****************************/
var File = function( name ){
    this.name = name;
};

File.prototype.add = function(){
    throw new Error( '文件下面不能再添加文件' );
};
```

```
File.prototype.scan = function(){
    console.log( '开始扫描文件: ' + this.name );
};
```

接下来创建一些文件夹和文件对象，并且让它们组合成一棵树，这棵树就是我们 F 盘里的现有文件目录结构：

```
var folder = new Folder( '学习资料' );
var folder1 = new Folder( 'JavaScript' );
var folder2 = new Folder ( 'jQuery' );

var file1 = new File( 'JavaScript 设计模式与开发实践' );
var file2 = new File( '精通 jQuery' );
var file3 = new File( '重构与模式' )


folder1.add( file1 );
folder2.add( file2 );

folder.add( folder1 );
folder.add( folder2 );
folder.add( file3 );
```

现在的需求是把移动硬盘里的文件和文件夹都复制到这棵树中，假设我们已经得到了这些文件对象：

```
var folder3 = new Folder( 'Nodejs' );
var file4 = new File( '深入浅出 Node.js' );
folder3.add( file4 );

var file5 = new File( 'JavaScript 语言精髓与编程实践' );
```

接下来就是把这些文件都添加到原有的树中：

```
folder.add( folder3 );
folder.add( file5 );
```

通过这个例子，我们再次看到客户是如何同等对待组合对象和叶对象。在添加一批文件的操作过程中，客户不用分辨它们到底是文件还是文件夹。新增加的文件和文件夹能够很容易地添加到原来的树结构中，和树里已有的对象一起工作。

我们改变了树的结构，增加了新的数据，却不用修改任何一句原有的代码，这是符合开放-封闭原则的。

运用了组合模式之后，扫描整个文件夹的操作也是轻而易举的，我们只需要操作树的最顶端对象：

```
folder.scan();
```

执行结果如图 10-4 所示。

图 10-4

10.8 一些值得注意的地方

在使用组合模式的时候，还有以下几个值得我们注意的地方。

1. 组合模式不是父子关系

组合模式的树型结构容易让人误以为组合对象和叶对象是父子关系，这是不正确的。

组合模式是一种 **HAS-A**（聚合）的关系，而不是 **IS-A**。组合对象包含一组叶对象，但 Leaf 并不是 Composite 的子类。组合对象把请求委托给它所包含的所有叶对象，它们能够合作的关键是拥有相同的接口。

为了方便描述，本章有时候把上下级对象称为父子节点，但大家要知道，它们并非真正意义上的父子关系。

2. 对叶对象操作的一致性

组合模式除了要求组合对象和叶对象拥有相同的接口之外，还有一个必要条件，就是对一组叶对象的操作必须具有一致性。

比如公司要给全体员工发放元旦的过节费 1000 块，这个场景可以运用组合模式，但如果公司给今天过生日的员工发送一封生日祝福的邮件，组合模式在这里就没有用武之地了，除非先把今天过生日的员工挑选出来。只有用一致的方式对待列表中的每个叶对象的时候，才适合使用组合模式。

3. 双向映射关系

发放过节费的通知步骤是从公司到各个部门，再到各个小组，最后到每个员工的邮箱里。这本身是一个组合模式的好例子，但要考虑的一种情况是，也许某些员工属于多个组织架构。比如某位架构师既隶属于开发组，又隶属于架构组，对象之间的关系并不是严格意义上的层次结构，在这种情况下，是不适合使用组合模式的，该架构师很可能会收到两份过节费。

这种复合情况下我们必须给父节点和子节点建立双向映射关系,一个简单的方法是给小组和员工对象都增加集合来保存对方的引用。但是这种相互间的引用相当复杂,而且对象之间产生了过多的耦合性,修改或者删除一个对象都变得困难,此时我们可以引入中介者模式来管理这些对象。

4. 用职责链模式提高组合模式性能

在组合模式中,如果树的结构比较复杂,节点数量很多,在遍历树的过程中,性能方面也许表现得不够理想。有时候我们确实可以借助一些技巧,在实际操作中避免遍历整棵树,有一种现成的方案是借助职责链模式。职责链模式一般需要我们手动去设置链条,但在组合模式中,父对象和子对象之间实际上形成了天然的职责链。让请求顺着链条从父对象往子对象传递,或者是反过来从子对象往父对象传递,直到遇到可以处理该请求的对象为止,这也是职责链模式的经典运用场景之一。

10.9 引用父对象

在 10.7 节提到的例子中,组合对象保存了它下面的子节点的引用,这是组合模式的特点,此时树结构是从上至下的。但有时候我们需要在子节点上保持对父节点的引用,比如在组合模式中使用职责链时,有可能需要让请求从子节点往父节点上冒泡传递。还有当我们删除某个文件的时候,实际上是从这个文件所在的上层文件夹中删除该文件的。

现在来改写扫描文件夹的代码,使得在扫描整个文件夹之前,我们可以先移除某一个具体的文件。

首先改写 Folder 类和 File 类,在这两个类的构造函数中,增加 this.parent 属性,并且在调用 add 方法的时候,正确设置文件或者文件夹的父节点:

```
var Folder = function( name ){
    this.name = name;
    this.parent = null;    // 增加 this.parent 属性
    this.files = [];
};

Folder.prototype.add = function( file ){
    file.parent = this;    // 设置父对象
    this.files.push( file );
};

Folder.prototype.scan = function(){
    console.log( '开始扫描文件夹: ' + this.name );
    for ( var i = 0, file, files = this.files; file = files[ i++ ]; ){
        file.scan();
    }
};
```

接下来增加 Folder.prototype.remove 方法,表示移除该文件夹:

```
Folder.prototype.remove = function(){
    if ( !this.parent ){      // 根节点或者树外的游离节点
        return;
    }
    for ( var files = this.parent.files, l = files.length - 1; l >=0; l-- ){
        var file = files[ l ];
        if ( file === this ){
            files.splice( l, 1 );
        }
    }
};
```

在 File.prototype.remove 方法里，首先会判断 this.parent，如果 this.parent 为 null，那么这个文件夹要么是树的根节点，要么是还没有添加到树的游离节点，这时候没有节点需要从树中移除，我们暂且让 remove 方法直接 return，表示不做任何操作。

如果 this.parent 不为 null，则说明该文件夹有父节点存在，此时遍历父节点中保存的子节点列表，删除想要删除的子节点。

File 类的实现基本一致：

```
var File = function( name ){
    this.name = name;
    this.parent = null;
};

File.prototype.add = function(){
    throw new Error( '不能添加在文件下面' );
};

File.prototype.scan = function(){
    console.log( '开始扫描文件: ' + this.name );
};

File.prototype.remove = function(){
    if ( !this.parent ){      // 根节点或者树外的游离节点
        return;
    }
    for ( var files = this.parent.files, l = files.length - 1; l >=0; l-- ){
        var file = files[ l ];
        if ( file === this ){
            files.splice( l, 1 );
        }
    }
};
```

下面测试一下我们的移除文件功能：

```
var folder = new Folder( '学习资料' );
var folder1 = new Folder( 'JavaScript' );
var file1 = new File ( '深入浅出 Node.js' );
```

```
folder1.add( new File( 'JavaScript 设计模式与开发实践' ) );
folder.add( folder1 );
folder.add( file1 );

folder1.remove();    // 移除文件夹
folder.scan();
```

执行结果如图 10-5 所示。

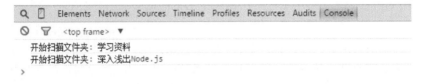

图   10-5

10.10   何时使用组合模式

组合模式如果运用得当，可以大大简化客户的代码。一般来说，组合模式适用于以下这两种情况。

❑ 表示对象的部分–整体层次结构。组合模式可以方便地构造一棵树来表示对象的部分–整体结构。特别是我们在开发期间不确定这棵树到底存在多少层次的时候。在树的构造最终完成之后，只需要通过请求树的最顶层对象，便能对整棵树做统一的操作。在组合模式中增加和删除树的节点非常方便，并且符合开放–封闭原则。

❑ 客户希望统一对待树中的所有对象。组合模式使客户可以忽略组合对象和叶对象的区别，客户在面对这棵树的时候，不用关心当前正在处理的对象是组合对象还是叶对象，也就不用写一堆 if、else 语句来分别处理它们。组合对象和叶对象会各自做自己正确的事情，这是组合模式最重要的能力。

10.11   小结

本章我们了解了组合模式在 JavaScript 开发中的应用。组合模式可以让我们使用树形方式创建对象的结构。我们可以把相同的操作应用在组合对象和单个对象上。在大多数情况下，我们都可以忽略掉组合对象和单个对象之间的差别，从而用一致的方式来处理它们。

然而，组合模式并不是完美的，它可能会产生一个这样的系统：系统中的每个对象看起来都与其他对象差不多。它们的区别只有在运行的时候会才会显现出来，这会使代码难以理解。此外，如果通过组合模式创建了太多的对象，那么这些对象可能会让系统负担不起。

第 11 章

模板方法模式

在 JavaScript 开发中用到继承的场景其实并不是很多，很多时候我们都喜欢用 mix-in 的方式给对象扩展属性。但这不代表继承在 JavaScript 里没有用武之地，虽然没有真正的类和继承机制，但我们可以通过原型 prototype 来变相地实现继承。

不过本章并非要讨论继承，而是讨论一种基于继承的设计模式——模板方法（Template Method）模式。

11.1　模板方法模式的定义和组成

模板方法模式是一种只需使用继承就可以实现的非常简单的模式。

模板方法模式由两部分结构组成，第一部分是抽象父类，第二部分是具体的实现子类。通常在抽象父类中封装了子类的算法框架，包括实现一些公共方法以及封装子类中所有方法的执行顺序。子类通过继承这个抽象类，也继承了整个算法结构，并且可以选择重写父类的方法。

假如我们有一些平行的子类，各个子类之间有一些相同的行为，也有一些不同的行为。如果相同和不同的行为都混合在各个子类的实现中，说明这些相同的行为会在各个子类中重复出现。但实际上，相同的行为可以被搬移到另外一个单一的地方，模板方法模式就是为解决这个问题而生的。在模板方法模式中，子类实现中的相同部分被上移到父类中，而将不同的部分留待子类来实现。这也很好地体现了泛化的思想。

11.2　第一个例子——Coffee or Tea

咖啡与茶是一个经典的例子，经常用来讲解模板方法模式，这个例子的原型来自《Head First 设计模式》。这一节我们就用 JavaScript 来实现这个例子。

11.2.1   先泡一杯咖啡

首先，我们先来泡一杯咖啡，如果没有什么太个性化的需求，泡咖啡的步骤通常如下：

(1) 把水煮沸

(2) 用沸水冲泡咖啡

(3) 把咖啡倒进杯子

(4) 加糖和牛奶

通过下面这段代码，我们就能得到一杯香浓的咖啡：

```
var Coffee = function(){};

Coffee.prototype.boilWater = function(){
    console.log( '把水煮沸' );
};

Coffee.prototype.brewCoffeeGriends = function(){
    console.log( '用沸水冲泡咖啡' );
};

Coffee.prototype.pourInCup = function(){
    console.log( '把咖啡倒进杯子' );
};

Coffee.prototype.addSugarAndMilk = function(){
    console.log( '加糖和牛奶' );
};

Coffee.prototype.init = function(){
    this.boilWater();
    this.brewCoffeeGriends();
    this.pourInCup();
    this.addSugarAndMilk();
};

var coffee = new Coffee();
coffee.init();
```

11.2.2   泡一壶茶

接下来，开始准备我们的茶，泡茶的步骤跟泡咖啡的步骤相差并不大：

(1) 把水煮沸

(2) 用沸水浸泡茶叶

(3) 把茶水倒进杯子

(4) 加柠檬

同样用一段代码来实现泡茶的步骤：

```
var Tea = function(){};

Tea.prototype.boilWater = function(){
    console.log( '把水煮沸' );
};

Tea.prototype.steepTeaBag = function(){
    console.log( '用沸水浸泡茶叶' );
};

Tea.prototype.pourInCup = function(){
    console.log( '把茶水倒进杯子' );
};

Tea.prototype.addLemon = function(){
    console.log( '加柠檬' );
};

Tea.prototype.init = function(){
    this.boilWater();
    this.steepTeaBag();
    this.pourInCup();
    this.addLemon();
};

var tea = new Tea();
tea.init();
```

11.2.3　分离出共同点

现在我们分别泡好了一杯咖啡和一壶茶，经过思考和比较，我们发现咖啡和茶的冲泡过程是大同小异的，如表 11-1 所示。

表11-1　咖啡和茶的冲泡过程

泡咖啡	泡　茶
把水煮沸	把水煮沸
用沸水冲泡咖啡	用沸水浸泡茶叶
把咖啡倒进杯子	把茶水倒进杯子
加糖和牛奶	加柠檬

我们找到泡咖啡和泡茶主要有以下不同点。

❑ 原料不同。一个是咖啡，一个是茶，但我们可以把它们都抽象为"饮料"。
❑ 泡的方式不同。咖啡是冲泡，而茶叶是浸泡，我们可以把它们都抽象为"泡"。
❑ 加入的调料不同。一个是糖和牛奶，一个是柠檬，但我们可以把它们都抽象为"调料"。

经过抽象之后，不管是泡咖啡还是泡茶，我们都能整理为下面四步：

(1) 把水煮沸

(2) 用沸水冲泡饮料

(3) 把饮料倒进杯子

(4) 加调料

所以，不管是冲泡还是浸泡，我们都能给它一个新的方法名称，比如说 brew()。同理，不管是加糖和牛奶，还是加柠檬，我们都可以称之为 addCondiments()。

让我们忘记最开始创建的 Coffee 类和 Tea 类。 现在可以创建一个抽象父类来表示泡一杯饮料的整个过程。不论是 Coffee，还是 Tea，都被我们用 Beverage 来表示，代码如下：

```
var Beverage = function(){};

Beverage.prototype.boilWater = function(){
    console.log( '把水煮沸' );
};

Beverage.prototype.brew = function(){};        // 空方法，应该由子类重写

Beverage.prototype.pourInCup = function(){};        // 空方法，应该由子类重写

Beverage.prototype.addCondiments = function(){};        // 空方法，应该由子类重写

Beverage.prototype.init = function(){
    this.boilWater();
    this.brew();
    this.pourInCup();
    this.addCondiments();
};
```

11.2.4　创建 Coffee 子类和 Tea 子类

现在创建一个 Beverage 类的对象对我们来说没有意义，因为世界上能喝的东西没有一种真正叫“饮料”的，饮料在这里还只是一个抽象的存在。接下来我们要创建咖啡类和茶类，并让它们继承饮料类：

```
var Coffee = function(){};

Coffee.prototype = new Beverage();
```

接下来要重写抽象父类中的一些方法，只有“把水煮沸”这个行为可以直接使用父类 Beverage 中的 boilWater 方法，其他方法都需要在 Coffee 子类中重写，代码如下：

```
Coffee.prototype.brew = function(){
    console.log( '用沸水冲泡咖啡' );
};

Coffee.prototype.pourInCup = function(){
    console.log( '把咖啡倒进杯子' );
```

```
};

Coffee.prototype.addCondiments = function(){
    console.log( '加糖和牛奶' );
};

var coffee = new Coffee();
coffee.init();
```

至此我们的 Coffee 类已经完成了，当调用 coffee 对象的 init 方法时，由于 coffee 对象和 Coffee 构造器的原型 prototype 上都没有对应的 init 方法，所以该请求会顺着原型链，被委托给 Coffee 的"父类"Beverage 原型上的 init 方法。

而 Beverage.prototype.init 方法中已经规定好了泡饮料的顺序，所以我们能成功地泡出一杯咖啡，代码如下：

```
Beverage.prototype.init = function(){
    this.boilWater();
    this.brew();
    this.pourInCup();
    this.addCondiments();
};
```

接下来照葫芦画瓢，来创建我们的 Tea 类：

```
var Tea = function(){};

Tea.prototype = new Beverage();

Tea.prototype.brew = function(){
    console.log( '用沸水浸泡茶叶' );
};

Tea.prototype.pourInCup = function(){
    console.log( '把茶倒进杯子' );
};

Tea.prototype.addCondiments = function(){
    console.log( '加柠檬' );
};

var tea = new Tea();
tea.init();
```

本章一直讨论的是模板方法模式，那么在上面的例子中，到底谁才是所谓的模板方法呢？答案是 Beverage.prototype.init。

Beverage.prototype.init 被称为模板方法的原因是，该方法中封装了子类的算法框架，它作为一个算法的模板，指导子类以何种顺序去执行哪些方法。在 Beverage.prototype.init 方法中，算法内的每一个步骤都清楚地展示在我们眼前。

11.3　抽象类

首先要说明的是，模板方法模式是一种严重依赖抽象类的设计模式。JavaScript 在语言层面并没有提供对抽象类的支持，我们也很难模拟抽象类的实现。这一节我们将着重讨论 Java 中抽象类的作用，以及 JavaScript 没有抽象类时所做出的让步和变通。

11.3.1　抽象类的作用

在 Java 中，类分为两种，一种为具体类，另一种为抽象类。具体类可以被实例化，抽象类不能被实例化。要了解抽象类不能被实例化的原因，我们可以思考"饮料"这个抽象类。

想象这样一个场景：我们口渴了，去便利店想买一瓶饮料，我们不能直接跟店员说："来一瓶饮料。"如果我们这样说了，那么店员接下来肯定会问："要什么饮料？"饮料只是一个抽象名词，只有当我们真正明确了的饮料类型之后，才能得到一杯咖啡、茶、或者可乐。

由于抽象类不能被实例化，如果有人编写了一个抽象类，那么这个抽象类一定是用来被某些具体类继承的。

抽象类和接口一样可以用于向上转型（可参考 1.3 节关于多态的内容），在静态类型语言中，编译器对类型的检查总是一个绕不过的话题与困扰。虽然类型检查可以提高程序的安全性，但繁琐而严格的类型检查也时常会让程序员觉得麻烦。把对象的真正类型隐藏在抽象类或者接口之后，这些对象才可以被互相替换使用。这可以让我们的 Java 程序尽量遵守依赖倒置原则。

除了用于向上转型，抽象类也可以表示一种契约。继承了这个抽象类的所有子类都将拥有跟抽象类一致的接口方法，抽象类的主要作用就是为它的子类定义这些公共接口。如果我们在子类中删掉了这些方法中的某一个，那么将不能通过编译器的检查，这在某些场景下是非常有用的，比如我们本章讨论的模板方法模式，Beverage 类的 init 方法里规定了冲泡一杯饮料的顺序如下：

```
this.boilWater();     // 把水煮沸
this.brew();          // 用水泡原料
this.pourInCup();     // 把原料倒进杯子
this.addCondiments(); // 添加调料
```

如果在 Coffee 子类中没有实现对应的 brew 方法，那么我们百分之百得不到一杯咖啡。既然父类规定了子类的方法和执行这些方法的顺序，子类就应该拥有这些方法，并且提供正确的实现。

11.3.2　抽象方法和具体方法

抽象方法被声明在抽象类中，抽象方法并没有具体的实现过程，是一些"哑"方法。比如 Beverage 类中的 brew 方法、pourInCup 方法和 addCondiments 方法，都被声明为抽象方法。当子类继承了这个抽象类时，必须重写父类的抽象方法。

除了抽象方法之外，如果每个子类中都有一些同样的具体实现方法，那这些方法也可以选择放在抽象类中,这可以节省代码以达到复用的效果,这些方法叫作具体方法。当代码需要改变时,我们只需要改动抽象类里的具体方法就可以了。比如饮料中的 boilWater 方法,假设冲泡所有的饮料之前,都要先把水煮沸,那我们自然可以把 boilWater 方法放在抽象类 Beverage 中。

11.3.3　用 Java 实现 Coffee or Tea 的例子

下面我们尝试着把 Coffee 和 Tea 的例子换成 Java 代码,这有助于我们理解抽象类的意义。

```java
// Java 代码

public abstract class Beverage {     // 饮料抽象类
    final void init(){     // 模板方法
        boilWater();
        brew();
        pourInCup();
        addCondiments();
    }

    void boilWater(){        // 具体方法 boilWater
        System.out.println( "把水煮沸" );
    }

    abstract void brew();        // 抽象方法 brew
    abstract void addCondiments();        // 抽象方法 addCondiments
    abstract void pourInCup();        // 抽象方法 pourInCup
}


public class Coffee extends Beverage{        // Coffee 类
    @Override
    void brew() {     // 子类中重写 brew 方法
        System.out.println( "用沸水冲泡咖啡" );
    }

    @Override
    void pourInCup(){     // 子类中重写 pourInCup 方法
        System.out.println( "把咖啡倒进杯子" );
    }

    @Override
    void addCondiments() {        // 子类中重写 addCondiments 方法
        System.out.println( "加糖和牛奶" );
    }
}


public class Tea extends Beverage{        // Tea 类
    @Override
    void brew() {        // 子类中重写 brew 方法
        System.out.println( "用沸水浸泡茶叶" );
    }

    @Override
```

```
    void pourInCup(){          // 子类中重写 pourInCup 方法
        System.out.println( "把茶倒进杯子" );
    }

    @Override
    void addCondiments() {          // 子类中重写 addCondiments 方法
        System.out.println( "加柠檬" );
    }
}

public class Test {

    private static void prepareRecipe( Beverage beverage ){
        beverage.init();
    }

    public static void main( String args[] ){
        Beverage coffee = new Coffee();   // 创建 coffee 对象
        prepareRecipe( coffee );   // 开始泡咖啡
        // 把水煮沸
        // 用沸水冲泡咖啡
        // 把咖啡倒进杯子
        // 加糖和牛奶

        Beverage tea = new Tea();   // 创建 tea 对象
        prepareRecipe( tea );   // 开始泡茶
        // 把水煮沸
        // 用沸水浸泡茶叶
        // 把茶倒进杯子
        // 加柠檬
    }
}
```

11.3.4　JavaScript 没有抽象类的缺点和解决方案

JavaScript 并没有从语法层面提供对抽象类的支持。抽象类的第一个作用是隐藏对象的具体类型，由于 JavaScript 是一门 "类型模糊" 的语言，所以隐藏对象的类型在 JavaScript 中并不重要。

另一方面，当我们在 JavaScript 中使用原型继承来模拟传统的类式继承时，并没有编译器帮助我们进行任何形式的检查，我们也没有办法保证子类会重写父类中的 "抽象方法"。

我们知道，Beverage.prototype.init 方法作为模板方法，已经规定了子类的算法框架，代码如下：

```
Beverage.prototype.init = function(){
    this.boilWater();
    this.brew();
    this.pourInCup();
    this.addCondiments();
};
```

如果我们的 Coffee 类或者 Tea 类忘记实现这 4 个方法中的一个呢？拿 brew 方法举例，如果我们忘记编写 Coffee.prototype.brew 方法，那么当请求 coffee 对象的 brew 时，请求会顺着原型链找到 Beverage "父类"对应的 Beverage.prototype.brew 方法，而 Beverage.prototype.brew 方法到目前为止是一个空方法，这显然是不能符合我们需要的。

在 Java 中编译器会保证子类会重写父类中的抽象方法，但在 JavaScript 中却没有进行这些检查工作。我们在编写代码的时候得不到任何形式的警告，完全寄托于程序员的记忆力和自觉性是很危险的，特别是当我们使用模板方法模式这种完全依赖继承而实现的设计模式时。

下面提供两种变通的解决方案。

❑ 第 1 种方案是用鸭子类型来模拟接口检查，以便确保子类中确实重写了父类的方法。但模拟接口检查会带来不必要的复杂性，而且要求程序员主动进行这些接口检查，这就要求我们在业务代码中添加一些跟业务逻辑无关的代码。

❑ 第 2 种方案是让 Beverage.prototype.brew 等方法直接抛出一个异常，如果因为粗心忘记编写 Coffee.prototype.brew 方法，那么至少我们会在程序运行时得到一个错误：

```
Beverage.prototype.brew = function(){
    throw new Error( '子类必须重写 brew 方法' );
};


Beverage.prototype.pourInCup = function(){
    throw new Error( '子类必须重写 pourInCup 方法' );
};


Beverage.prototype.addCondiments = function(){
    throw new Error( '子类必须重写 addCondiments 方法' );
};
```

第 2 种解决方案的优点是实现简单，付出的额外代价很少；缺点是我们得到错误信息的时间点太靠后。

我们一共有 3 次机会得到这个错误信息，第 1 次是在编写代码的时候，通过编译器的检查来得到错误信息；第 2 次是在创建对象的时候用鸭子类型来进行"接口检查"；而目前我们不得不利用最后一次机会，在程序运行过程中才知道哪里发生了错误。

11.4　模板方法模式的使用场景

从大的方面来讲，模板方法模式常被架构师用于搭建项目的框架，架构师定好了框架的骨架，程序员继承框架的结构之后，负责往里面填空，比如 Java 程序员大多使用过 HttpServlet 技术来开发项目。

一个基于 HttpServlet 的程序包含 7 个生命周期，这 7 个生命周期分别对应一个 do 方法。

```
doGet()
doHead()
doPost()
doPut()
doDelete()
doOption()
doTrace()
```

HttpServlet 类还提供了一个 service 方法，它就是这里的模板方法，service 规定了这些 do 方法的执行顺序，而这些 do 方法的具体实现则需要 HttpServlet 的子类来提供。

在 Web 开发中也能找到很多模板方法模式的适用场景，比如我们在构建一系列的 UI 组件，这些组件的构建过程一般如下所示：

(1) 初始化一个 div 容器；

(2) 通过 ajax 请求拉取相应的数据；

(3) 把数据渲染到 div 容器里面，完成组件的构造；

(4) 通知用户组件渲染完毕。

我们看到，任何组件的构建都遵循上面的 4 步，其中第(1)步和第(4)步是相同的。第(2)步不同的地方只是请求 ajax 的远程地址，第(3)步不同的地方是渲染数据的方式。

于是我们可以把这 4 个步骤都抽象到父类的模板方法里面，父类中还可以顺便提供第(1)步和第(4)步的具体实现。当子类继承这个父类之后，会重写模板方法里面的第(2)步和第(3)步。

11.5　钩子方法

通过模板方法模式，我们在父类中封装了子类的算法框架。这些算法框架在正常状态下是适用于大多数子类的，但如果有一些特别“个性”的子类呢？比如我们在饮料类 Beverage 中封装了饮料的冲泡顺序：

(1) 把水煮沸

(2) 用沸水冲泡饮料

(3) 把饮料倒进杯子

(4) 加调料

这 4 个冲泡饮料的步骤适用于咖啡和茶，在我们的饮料店里，根据这 4 个步骤制作出来的咖啡和茶，一直顺利地提供给绝大部分客人享用。但有一些客人喝咖啡是不加调料（糖和牛奶）的。既然 Beverage 作为父类，已经规定好了冲泡饮料的 4 个步骤，那么有什么办法可以让子类不受这个约束呢？

钩子方法（hook）可以用来解决这个问题，放置钩子是隔离变化的一种常见手段。我们在父类中容易变化的地方放置钩子，钩子可以有一个默认的实现，究竟要不要“挂钩”，这由子类自行决定。钩子方法的返回结果决定了模板方法后面部分的执行步骤，也就是程序接下来的走向，这样一来，程序就拥有了变化的可能。

在这个例子里，我们把挂钩的名字定为 customerWantsCondiments，接下来将挂钩放入 Beverage 类，看看我们如何得到一杯不需要糖和牛奶的咖啡，代码如下：

```javascript
var Beverage = function(){};

Beverage.prototype.boilWater = function(){
    console.log( '把水煮沸' );
};

Beverage.prototype.brew = function(){
    throw new Error( '子类必须重写 brew 方法' );
};

Beverage.prototype.pourInCup = function(){
    throw new Error( '子类必须重写 pourInCup 方法' );
};

Beverage.prototype.addCondiments = function(){
    throw new Error( '子类必须重写 addCondiments 方法' );
};

Beverage.prototype.customerWantsCondiments = function(){
    return true;     // 默认需要调料
};

Beverage.prototype.init = function(){
    this.boilWater();
    this.brew();
    this.pourInCup();
    if ( this.customerWantsCondiments() ){     // 如果挂钩返回 true，则需要调料
        this.addCondiments();
    }
};


var CoffeeWithHook = function(){};

CoffeeWithHook.prototype = new Beverage();

CoffeeWithHook.prototype.brew = function(){
    console.log( '用沸水冲泡咖啡' );
};

CoffeeWithHook.prototype.pourInCup = function(){
    console.log( '把咖啡倒进杯子' );
};

CoffeeWithHook.prototype.addCondiments = function(){
    console.log( '加糖和牛奶' );
};

CoffeeWithHook.prototype.customerWantsCondiments = function(){
```

```
    return window.confirm( '请问需要调料吗？' );
};

var coffeeWithHook = new CoffeeWithHook();
coffeeWithHook.init();
```

11.6 好莱坞原则

学习完模板方法模式之后，我们要引入一个新的设计原则——著名的"好莱坞原则"。

好莱坞无疑是演员的天堂，但好莱坞也有很多找不到工作的新人演员，许多新人演员在好莱坞把简历递给演艺公司之后就只有回家等待电话。有时候该演员等得不耐烦了，给演艺公司打电话询问情况，演艺公司往往这样回答："不要来找我，我会给你打电话。"

在设计中，这样的规则就称为好莱坞原则。在这一原则的指导下，我们允许底层组件将自己挂钩到高层组件中，而高层组件会决定什么时候、以何种方式去使用这些底层组件，高层组件对待底层组件的方式，跟演艺公司对待新人演员一样，都是"别调用我们，我们会调用你"。

模板方法模式是好莱坞原则的一个典型使用场景，它与好莱坞原则的联系非常明显，当我们用模板方法模式编写一个程序时，就意味着子类放弃了对自己的控制权，而是改为父类通知子类，哪些方法应该在什么时候被调用。作为子类，只负责提供一些设计上的细节。

除此之外，好莱坞原则还常常应用于其他模式和场景，例如发布–订阅模式和回调函数。

❑ 发布–订阅模式

在发布–订阅模式中，发布者会把消息推送给订阅者，这取代了原先不断去 fetch 消息的形式。例如假设我们乘坐出租车去一个不了解的地方，除了每过 5 秒钟就问司机"是否到达目的地"之外，还可以在车上美美地睡上一觉，然后跟司机说好，等目的地到了就叫醒你。这也相当于好莱坞原则中提到的"别调用我们，我们会调用你"。

❑ 回调函数

在 ajax 异步请求中，由于不知道请求返回的具体时间，而通过轮询去判断是否返回数据，这显然是不理智的行为。所以我们通常会把接下来的操作放在回调函数中，传入发起 ajax 异步请求的函数。当数据返回之后，这个回调函数才被执行，这也是好莱坞原则的一种体现。把需要执行的操作封装在回调函数里，然后把主动权交给另外一个函数。至于回调函数什么时候被执行，则是另外一个函数控制的。

11.7 真的需要"继承"吗

模板方法模式是基于继承的一种设计模式，父类封装了子类的算法框架和方法的执行顺序，子类继承父类之后，父类通知子类执行这些方法，好莱坞原则很好地诠释了这种设计技巧，即高层组件调用底层组件。

本章我们通过模板方法模式，编写了一个 Coffee or Tea 的例子。模板方法模式是为数不多的基于继承的设计模式，但 JavaScript 语言实际上没有提供真正的类式继承，继承是通过对象与对象之间的委托来实现的。也就是说，虽然我们在形式上借鉴了提供类式继承的语言，但本章学习到的模板方法模式并不十分正宗。而且在 JavaScript 这般灵活的语言中，实现这样一个例子，是否真的需要继承这种重武器呢？

在好莱坞原则的指导之下，下面这段代码可以达到和继承一样的效果。

```javascript
var Beverage = function( param ){

    var boilWater = function(){
        console.log( '把水煮沸' );
    };

    var brew = param.brew || function(){
        throw new Error( '必须传递 brew 方法' );
    };

    var pourInCup = param.pourInCup || function(){
        throw new Error( '必须传递 pourInCup 方法' );
    };

    var addCondiments = param.addCondiments || function(){
        throw new Error( '必须传递 addCondiments 方法' );
    };

    var F = function(){};

    F.prototype.init = function(){
        boilWater();
        brew();
        pourInCup();
        addCondiments();
    };

    return F;
};

var Coffee = Beverage({
    brew: function(){
        console.log( '用沸水冲泡咖啡' );
    },
    pourInCup: function(){
        console.log( '把咖啡倒进杯子' );
    },
    addCondiments: function(){
        console.log( '加糖和牛奶' );
    }
});
```

```
var Tea = Beverage({
    brew: function(){
        console.log( '用沸水浸泡茶叶' );
    },
    pourInCup: function(){
        console.log( '把茶倒进杯子' );
    },
    addCondiments: function(){
        console.log( '加柠檬' );
    }
});


var coffee = new Coffee();
coffee.init();

var tea = new Tea();
tea.init();
```

在这段代码中，我们把 brew、pourInCup、addCondiments 这些方法依次传入 Beverage 函数，
Beverage 函数被调用之后返回构造器 F。F 类中包含了“模板方法” F.prototype.init。跟继承得
到的效果一样，该“模板方法”里依然封装了饮料子类的算法框架。

11.8　小结

模板方法模式是一种典型的通过封装变化提高系统扩展性的设计模式。在传统的面向对象语
言中，一个运用了模板方法模式的程序中，子类的方法种类和执行顺序都是不变的，所以我们把
这部分逻辑抽象到父类的模板方法里面。而子类的方法具体怎么实现则是可变的，于是我们把这
部分变化的逻辑封装到子类中。通过增加新的子类，我们便能给系统增加新的功能，并不需要改
动抽象父类以及其他子类，这也是符合开放–封闭原则的。

但在 JavaScript 中，我们很多时候都不需要依样画瓢地去实现一个模版方法模式，高阶函数
是更好的选择。

第 12 章

享元模式

享元（flyweight）模式是一种用于性能优化的模式，"fly"在这里是苍蝇的意思，意为蝇量级。享元模式的核心是运用共享技术来有效支持大量细粒度的对象。

如果系统中因为创建了大量类似的对象而导致内存占用过高，享元模式就非常有用了。在JavaScript 中，浏览器特别是移动端的浏览器分配的内存并不算多，如何节省内存就成了一件非常有意义的事情。

享元模式的概念初听起来并不太好理解，所以在深入讲解之前，我们先看一个例子。

12.1 初识享元模式

假设有个内衣工厂，目前的产品有 50 种男式内衣和 50 种女士内衣，为了推销产品，工厂决定生产一些塑料模特来穿上他们的内衣拍成广告照片。正常情况下需要 50 个男模特和 50 个女模特，然后让他们每人分别穿上一件内衣来拍照。不使用享元模式的情况下，在程序里也许会这样写：

```
var Model = function( sex, underwear){
    this.sex = sex;
    this.underwear= underwear;
};

Model.prototype.takePhoto = function(){
    console.log( 'sex= ' + this.sex + ' underwear=' + this.underwear);
};

for ( var i = 1; i <= 50; i++ ){
    var maleModel = new Model( 'male', 'underwear' + i );
    maleModel.takePhoto();
};

for ( var j = 1; j <= 50; j++ ){
```

```
        var femaleModel= new Model( 'female', 'underwear' + j );
        femaleModel.takePhoto();
    };
```

　　要得到一张照片，每次都需要传入 sex 和 underwear 参数，如上所述，现在一共有 50 种男内衣和 50 种女内衣，所以一共会产生 100 个对象。如果将来生产了 10000 种内衣，那这个程序可能会因为存在如此多的对象已经提前崩溃。

　　下面我们来考虑一下如何优化这个场景。虽然有 100 种内衣，但很显然并不需要 50 个男模特和 50 个女模特。其实男模特和女模特各自有一个就足够了，他们可以分别穿上不同的内衣来拍照。

　　现在来改写一下代码，既然只需要区别男女模特，那我们先把 underwear 参数从构造函数中移除，构造函数只接收 sex 参数：

```
var Model = function( sex ){
    this.sex = sex;
};

Model.prototype.takePhoto = function(){
    console.log( 'sex= ' + this.sex + ' underwear=' + this.underwear);
};
```

　　分别创建一个男模特对象和一个女模特对象：

```
var maleModel = new Model( 'male' ),
    femaleModel = new Model( 'female' );
```

　　给男模特依次穿上所有的男装，并进行拍照：

```
for ( var i = 1; i <= 50; i++ ){
    maleModel.underwear = 'underwear' + i;
    maleModel.takePhoto();
};
```

　　同样，给女模特依次穿上所有的女装，并进行拍照：

```
for ( var j = 1; j <= 50; j++ ){
    femaleModel.underwear = 'underwear' + j;
    femaleModel.takePhoto();
};
```

　　可以看到，改进之后的代码，只需要两个对象便完成了同样的功能。

12.2　内部状态与外部状态

　　12.1 节的这个例子便是享元模式的雏形，享元模式要求将对象的属性划分为内部状态与外部状态（状态在这里通常指属性）。享元模式的目标是尽量减少共享对象的数量，关于如何划分内部状态和外部状态，下面的几条经验提供了一些指引。

□ 内部状态存储于对象内部。

□ 内部状态可以被一些对象共享。

□ 内部状态独立于具体的场景，通常不会改变。

□ 外部状态取决于具体的场景，并根据场景而变化，外部状态不能被共享。

这样一来，我们便可以把所有内部状态相同的对象都指定为同一个共享的对象。而外部状态可以从对象身上剥离出来，并储存在外部。

剥离了外部状态的对象成为共享对象，外部状态在必要时被传入共享对象来组装成一个完整的对象。虽然组装外部状态成为一个完整对象的过程需要花费一定的时间，但却可以大大减少系统中的对象数量，相比之下，这点时间或许是微不足道的。因此，享元模式是一种用时间换空间的优化模式。

在上面的例子中，性别是内部状态，内衣是外部状态，通过区分这两种状态，大大减少了系统中的对象数量。通常来讲，内部状态有多少种组合，系统中便最多存在多少个对象，因为性别通常只有男女两种，所以该内衣厂商最多只需要 2 个对象。

使用享元模式的关键是如何区别内部状态和外部状态。可以被对象共享的属性通常被划分为内部状态，如同不管什么样式的衣服，都可以按照性别不同，穿在同一个男模特或者女模特身上，模特的性别就可以作为内部状态储存在共享对象的内部。而外部状态取决于具体的场景，并根据场景而变化，就像例子中每件衣服都是不同的，它们不能被一些对象共享，因此只能被划分为外部状态。

12.3 享元模式的通用结构

12.1 节的示例初步展示了享元模式的威力，但这还不是一个完整的享元模式，在这个例子中还存在以下两个问题。

□ 我们通过构造函数显式 new 出了男女两个 model 对象，在其他系统中，也许并不是一开始就需要所有的共享对象。

□ 给 model 对象手动设置了 underwear 外部状态，在更复杂的系统中，这不是一个最好的方式，因为外部状态可能会相当复杂，它们与共享对象的联系会变得困难。

我们通过一个对象工厂来解决第一个问题，只有当某种共享对象被真正需要时，它才从工厂中被创建出来。对于第二个问题，可以用一个管理器来记录对象相关的外部状态，使这些外部状态通过某个钩子和共享对象联系起来。

12.4 文件上传的例子

在微云上传模块的开发中，我们曾经借助享元模式提升了程序的性能。下面我们就讲述这个例子。

12.4.1 对象爆炸

在微云上传模块的开发中，我曾经经历过对象爆炸的问题。微云的文件上传功能虽然可以选择依照队列，一个一个地排队上传，但也支持同时选择 2000 个文件。每一个文件都对应着一个 JavaScript 上传对象的创建，在第一版开发中，的确往程序里同时 new 了 2000 个 upload 对象，结果可想而知，Chrome 中还勉强能够支撑，IE 下直接进入假死状态。

微云支持好几种上传方式，比如浏览器插件、Flash 和表单上传等，为了简化例子，我们先假设只有插件和 Flash 这两种。不论是插件上传，还是 Flash 上传，原理都是一样的，当用户选择了文件之后，插件和 Flash 都会通知调用 Window 下的一个全局 JavaScript 函数，它的名字是 startUpload，用户选择的文件列表被组合成一个数组 files 塞进该函数的参数列表里，代码如下：

```
var id = 0;

window.startUpload = function( uploadType, files ){    // uploadType 区分是控件还是 flash
    for ( var i = 0, file; file = files[ i++ ]; ){
        var uploadObj = new Upload( uploadType, file.fileName, file.fileSize );
        uploadObj.init( id++ );    // 给 upload 对象设置一个唯一的 id
    }
};
```

当用户选择完文件之后，startUpload 函数会遍历 files 数组来创建对应的 upload 对象。接下来定义 Upload 构造函数，它接受 3 个参数，分别是插件类型、文件名和文件大小。这些信息都已经被插件组装在 files 数组里返回，代码如下：

```
var Upload = function( uploadType, fileName, fileSize ){
    this.uploadType = uploadType;
    this.fileName = fileName;
    this.fileSize = fileSize;
    this.dom= null;
};

Upload.prototype.init = function( id ){
    var that = this;
    this.id = id;
    this.dom = document.createElement( 'div' );
    this.dom.innerHTML =
            '<span>文件名称:'+ this.fileName +', 文件大小: '+ this.fileSize +'</span>' +
            '<button class="delFile">删除</button>';

    this.dom.querySelector( '.delFile' ).onclick = function(){
        that.delFile();
    }
    document.body.appendChild( this.dom );
};
```

同样为了简化示例，我们暂且去掉了 upload 对象的其他功能，只保留删除文件的功能，对应的方法是 Upload.prototype.delFile。该方法中有一个逻辑：当被删除的文件小于 3000 KB 时，该文

件将被直接删除。否则页面中会弹出一个提示框,提示用户是否确认要删除该文件,代码如下:

```
Upload.prototype.delFile = function(){
    if ( this.fileSize < 3000 ){
        return this.dom.parentNode.removeChild( this.dom );
    }

    if ( window.confirm( '确定要删除该文件吗? ' + this.fileName ) ){
        return this.dom.parentNode.removeChild( this.dom );
    }
};
```

接下来分别创建 3 个插件上传对象和 3 个 Flash 上传对象:

```
startUpload( 'plugin', [
    {
        fileName: '1.txt',
        fileSize: 1000
    },
    {
        fileName: '2.html',
        fileSize: 3000
    },
    {
        fileName: '3.txt',
        fileSize: 5000
    }
]);

startUpload( 'flash', [
    {
        fileName: '4.txt',
        fileSize: 1000
    },
    {
        fileName: '5.html',
        fileSize: 3000
    },
    {
        fileName: '6.txt',
        fileSize: 5000
    }
]);
```

当点击删除最后一个文件时,可以看到弹出了是否确认删除的提示,如图 12-1 所示。

图 12-1

12.4.2   享元模式重构文件上传

上一节的代码是第一版的文件上传，在这段代码里有多少个需要上传的文件，就一共创建了多少个 upload 对象，接下来我们用享元模式重构它。

首先，我们需要确认插件类型 uploadType 是内部状态，那为什么单单 uploadType 是内部状态呢？前面讲过，划分内部状态和外部状态的关键主要有以下几点。

- ☐ 内部状态储存于对象内部。
- ☐ 内部状态可以被一些对象共享。
- ☐ 内部状态独立于具体的场景，通常不会改变。
- ☐ 外部状态取决于具体的场景，并根据场景而变化，外部状态不能被共享。

在文件上传的例子里，upload 对象必须依赖 uploadType 属性才能工作，这是因为插件上传、Flash 上传、表单上传的实际工作原理有很大的区别，它们各自调用的接口也是完全不一样的，必须在对象创建之初就明确它是什么类型的插件，才可以在程序的运行过程中，让它们分别调用各自的 start、pause、cancel、del 等方法。

实际上在微云的真实代码中，虽然插件和 Flash 上传对象最终创建自一个大的工厂类，但它们实际上根据 uploadType 值的不同，分别是来自于两个不同类的对象。（在目前的例子中，为了简化代码，我们把插件和 Flash 的构造函数合并成了一个。）

一旦明确了 uploadType，无论我们使用什么方式上传，这个上传对象都是可以被任何文件共用的。而 fileName 和 fileSize 是根据场景而变化的，每个文件的 fileName 和 fileSize 都不一样，fileName 和 fileSize 没有办法被共享，它们只能被划分为外部状态。

12.4.3   剥离外部状态

明确了 uploadType 作为内部状态之后，我们再把其他的外部状态从构造函数中抽离出来，Upload 构造函数中只保留 uploadType 参数：

```
var Upload = function( uploadType ){
    this.uploadType = uploadType;
};
```

Upload.prototype.init 函数也不再需要，因为 upload 对象初始化的工作被放在了 uploadManager.add 函数里面，接下来只需要定义 Upload.prototype.del 函数即可：

```
Upload.prototype.delFile = function( id ){
    uploadManager.setExternalState( id, this );    // (1)

    if ( this.fileSize < 3000 ){
        return this.dom.parentNode.removeChild( this.dom );
    }
```

```
        if ( window.confirm( '确定要删除该文件吗? ' + this.fileName ) ){
            return this.dom.parentNode.removeChild( this.dom );
        }
    };
```

在开始删除文件之前，需要读取文件的实际大小，而文件的实际大小被储存在外部管理器 uploadManager 中，所以在这里需要通过 uploadManager.setExternalState 方法给共享对象设置正确的 fileSize，上段代码中的(1)处表示把当前 id 对应的对象的外部状态都组装到共享对象中。

12.4.4　工厂进行对象实例化

接下来定义一个工厂来创建 upload 对象，如果某种内部状态对应的共享对象已经被创建过，那么直接返回这个对象，否则创建一个新的对象：

```
var UploadFactory = (function(){
    var createdFlyWeightObjs = {};

    return {
        create: function( uploadType){
            if ( createdFlyWeightObjs [ uploadType] ){
                return createdFlyWeightObjs [ uploadType];
            }

            return createdFlyWeightObjs [ uploadType] = new Upload( uploadType);
        }
    }
})();
```

12.4.5　管理器封装外部状态

现在我们来完善前面提到的 uploadManager 对象，它负责向 UploadFactory 提交创建对象的请求，并用一个 uploadDatabase 对象保存所有 upload 对象的外部状态，以便在程序运行过程中给 upload 共享对象设置外部状态，代码如下：

```
var uploadManager = (function(){
    var uploadDatabase = {};

    return {
        add: function( id, uploadType, fileName, fileSize ){
            var flyWeightObj = UploadFactory.create( uploadType );

            var dom = document.createElement( 'div' );
            dom.innerHTML =
                '<span>文件名称:'+ fileName +', 文件大小: '+ fileSize +'</span>' +
                '<button class="delFile">删除</button>';

            dom.querySelector( '.delFile' ).onclick = function(){
                flyWeightObj.delFile( id );
            }
```

```
            document.body.appendChild( dom );

            uploadDatabase[ id ] = {
                fileName: fileName,
                fileSize: fileSize,
                dom: dom
            };

            return flyWeightObj ;
        },
        setExternalState: function( id, flyWeightObj ){
            var uploadData = uploadDatabase[ id ];
            for ( var i in uploadData ){
                flyWeightObj[ i ] = uploadData[ i ];
            }
        }
    }
})();
```

然后是开始触发上传动作的 startUpload 函数：

```
var id = 0;

window.startUpload = function( uploadType, files ){
    for ( var i = 0, file; file = files[ i++ ]; ){
        var uploadObj = uploadManager.add( ++id, uploadType, file.fileName, file.fileSize );
    }
};
```

最后是测试时间，运行下面的代码后，可以发现运行结果跟用享元模式重构之前一致：

```
startUpload( 'plugin', [
    {
        fileName: '1.txt',
        fileSize: 1000
    },
    {
        fileName: '2.html',
        fileSize: 3000
    },
    {
        fileName: '3.txt',
        fileSize: 5000
    }
]);

startUpload( 'flash', [
    {
        fileName: '4.txt',
        fileSize: 1000
    },
    {
        fileName: '5.html',
        fileSize: 3000
    },
    {
        fileName: '6.txt',
```

```
        fileSize: 5000
    }
]);
```

享元模式重构之前的代码里一共创建了 6 个 upload 对象，而通过享元模式重构之后，对象的数量减少为 2，更幸运的是，就算现在同时上传 2000 个文件，需要创建的 upload 对象数量依然是 2。

12.5　享元模式的适用性

享元模式是一种很好的性能优化方案，但它也会带来一些复杂性的问题，从前面两组代码的比较可以看到，使用了享元模式之后，我们需要分别多维护一个 factory 对象和一个 manager 对象，在大部分不必要使用享元模式的环境下，这些开销是可以避免的。

享元模式带来的好处很大程度上取决于如何使用以及何时使用，一般来说，以下情况发生时便可以使用享元模式。

- ❑ 一个程序中使用了大量的相似对象。
- ❑ 由于使用了大量对象，造成很大的内存开销。
- ❑ 对象的大多数状态都可以变为外部状态。
- ❑ 剥离出对象的外部状态之后，可以用相对较少的共享对象取代大量对象。

可以看到，文件上传的例子完全符合这四点。

12.6　再谈内部状态和外部状态

如果顺利的话，通过前面的例子我们已经了解了内部状态和外部状态的概念以及享元模式的工作原理。我们知道，实现享元模式的关键是把内部状态和外部状态分离开来。有多少种内部状态的组合，系统中便最多存在多少个共享对象，而外部状态储存在共享对象的外部，在必要时被传入共享对象来组装成一个完整的对象。现在来考虑两种极端的情况，即对象没有外部状态和没有内部状态的时候。

12.6.1　没有内部状态的享元

在文件上传的例子中，我们分别进行过插件调用和 Flash 调用，即 startUpload('plugin', []) 和 startUpload(flash, [])，导致程序中创建了内部状态不同的两个共享对象。也许你会奇怪，在文件上传程序里，一般都会提前通过特性检测来选择一种上传方式，如果浏览器支持插件就用插件上传，如果不支持插件，就用 Flash 上传。那么，什么情况下既需要插件上传又需要 Flash 上传呢？

实际上这个需求是存在的，很多网盘都提供了极速上传（控件）与普通上传（Flash）两种模式，如果极速上传不好使（可能是没有安装控件或者控件损坏），用户还可以随时切换到普通上传模式，所以这里确实是需要同时存在两个不同的 upload 共享对象。

但不是每个网站都必须做得如此复杂，很多小一些的网站就只支持单一的上传方式。假设我们是这个网站的开发者，不需要考虑极速上传与普通上传之间的切换，这意味着在之前的代码中作为内部状态的 uploadType 属性是可以删除掉的。

在继续使用享元模式的前提下，构造函数 Upload 就变成了无参数的形式：

```
var Upload = function(){};
```

其他属性如 fileName、fileSize、dom 依然可以作为外部状态保存在共享对象外部。在 uploadType 作为内部状态的时候，它可能为控件，也可能为 Flash，所以当时最多可以组合出两个共享对象。而现在已经没有了内部状态，这意味着只需要唯一的一个共享对象。现在我们要改写创建享元对象的工厂，代码如下：

```
var UploadFactory = (function(){
    var uploadObj;
    return {
        create: function(){
            if ( uploadObj ){
                return uploadObj;
            }
            return uploadObj = new Upload();
        }
    }
})();
```

管理器部分的代码不需要改动，还是负责剥离和组装外部状态。可以看到，当对象没有内部状态的时候，生产共享对象的工厂实际上变成了一个单例工厂。虽然这时候的共享对象没有内部状态的区分，但还是有剥离外部状态的过程，我们依然倾向于称之为享元模式。

12.6.2　没有外部状态的享元

网上许多资料中，经常把 Java 或者 C# 的字符串看成享元，这种说法是否正确呢？我们看看下面这段 Java 代码，来分析一下：

```
// Java 代码

public class Test {

    public static void main( String args[] ){
        String a1 = new String( "a" ).intern();
        String a2 = new String( "a" ).intern();
        System.out.println( a1 == a2 );    // true
    }
}
```

在这段 Java 代码里，分别 new 了两个字符串对象 a1 和 a2。intern 是一种对象池技术，new String("a").intern()的含义如下。

❑ 如果值为 a 的字符串对象已经存在于对象池中，则返回这个对象的引用。

❑ 反之，将字符串 a 的对象添加进对象池，并返回这个对象的引用。

所以 a1 == a2 的结果是 true，但这并不是使用了享元模式的结果，享元模式的关键是区别内部状态和外部状态。享元模式的过程是剥离外部状态，并把外部状态保存在其他地方，在合适的时刻再把外部状态组装进共享对象。这里并没有剥离外部状态的过程，a1 和 a2 指向的完全就是同一个对象，所以如果没有外部状态的分离，即使这里使用了共享的技术，但并不是一个纯粹的享元模式。

12.7 对象池

我们在前面已经提到了 Java 中 String 的对象池，下面就来学习这种共享的技术。对象池维护一个装载空闲对象的池子，如果需要对象的时候，不是直接 new，而是转从对象池里获取。如果对象池里没有空闲对象，则创建一个新的对象，当获取出的对象完成它的职责之后，再进入池子等待被下次获取。

对象池的原理很好理解，比如我们组人手一本《JavaScript 权威指南》，从节约的角度来讲，这并不是很划算，因为大部分时间这些书都被闲置在各自的书架上，所以我们一开始就只买一本，或者一起建立一个小型图书馆（对象池），需要看书的时候就从图书馆里借，看完了之后再把书还回图书馆。如果同时有三个人要看这本书，而现在图书馆里只有两本，那我们再马上去书店买一本放入图书馆。

对象池技术的应用非常广泛，HTTP 连接池和数据库连接池都是其代表应用。在 Web 前端开发中，对象池使用最多的场景大概就是跟 DOM 有关的操作。很多空间和时间都消耗在了 DOM 节点上，如何避免频繁地创建和删除 DOM 节点就成了一个有意义的话题。

12.7.1 对象池实现

假设我们在开发一个地图应用，地图上经常会出现一些标志地名的小气泡，我们叫它 toolTip。如图 12-2 所示。

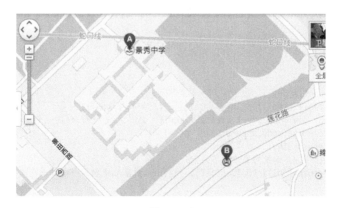

图 12-2

在搜索我家附近地图的时候，页面里出现了 2 个小气泡。当我再搜索附近的兰州拉面馆时，页面中出现了 6 个小气泡。按照对象池的思想，在第二次搜索开始之前，并不会把第一次创建的 2 个小气泡删除掉，而是把它们放进对象池。这样在第二次的搜索结果页面里，我们只需要再创建 4 个小气泡而不是 6 个，如图 12-3 所示。

图　12-3

先定义一个获取小气泡节点的工厂，作为对象池的数组成为私有属性被包含在工厂闭包里，这个工厂有两个暴露对外的方法，create 表示获取一个 div 节点，recover 表示回收一个 div 节点：

```
var toolTipFactory = (function(){
    var toolTipPool = [];    // toolTip 对象池

    return {
        create: function(){
            if ( toolTipPool.length === 0 ){    // 如果对象池为空
                var div = document.createElement( 'div' );    // 创建一个 dom
                document.body.appendChild( div );
                return div;
            }else{    // 如果对象池里不为空
                return toolTipPool.shift();    // 则从对象池中取出一个 dom
            }
        },
        recover: function( tooltipDom ){
```

```
            return toolTipPool.push( tooltipDom );      // 对象池回收 dom
        }
    }
})();
```

现在把时钟拨回进行第一次搜索的时刻，目前需要创建 2 个小气泡节点，为了方便回收，用一个数组 ary 来记录它们：

```
var ary = [];

for ( var i = 0, str; str = [ 'A', 'B' ][ i++ ]; ){
    var toolTip = toolTipFactory.create();
    toolTip.innerHTML = str;
    ary.push( toolTip );
};
```

如果你愿意稍稍测试一下，可以看到页面中出现了 innerHTML 分别为 A 和 B 的两个 div 节点。

接下来假设地图需要开始重新绘制，在此之前要把这两个节点回收进对象池：

```
for ( var i = 0, toolTip; toolTip = ary[ i++ ]; ){
    toolTipFactory.recover( toolTip );
};
```

再创建 6 个小气泡：

```
for ( var i = 0, str; str = [ 'A', 'B', 'C', 'D', 'E', 'F' ][ i++ ]; ){
    var toolTip = toolTipFactory.create();
    toolTip.innerHTML = str;
};
```

现在再测试一番，页面中出现了内容分别为 A、B、C、D、E、F 的 6 个节点，上一次创建好的节点被共享给了下一次操作。对象池跟享元模式的思想有点相似，虽然 innerHTML 的值 A、B、C、D 等也可以看成节点的外部状态，但在这里我们并没有主动分离内部状态和外部状态的过程。

12.7.2　通用对象池实现

我们还可以在对象池工厂里，把创建对象的具体过程封装起来，实现一个通用的对象池：

```
var objectPoolFactory = function( createObjFn ){
    var objectPool = [];

    return {
        create: function(){
            var obj = objectPool.length === 0 ?
                createObjFn.apply( this, arguments ) : objectPool.shift();

            return obj;
        },
        recover: function( obj ){
            objectPool.push( obj );
```

```
        }
    }
};
```

现在利用 objectPoolFactory 来创建一个装载一些 iframe 的对象池：

```
var iframeFactory = objectPoolFactory( function(){
    var iframe = document.createElement( 'iframe' );
        document.body.appendChild( iframe );

    iframe.onload = function(){
        iframe.onload = null;    // 防止 iframe 重复加载的 bug
        iframeFactory.recover( iframe );    // iframe 加载完成之后回收节点
    }

    return iframe;

});

var iframe1 = iframeFactory.create();
iframe1.src = 'http:// baidu.com';

var iframe2 = iframeFactory.create();
iframe2.src = 'http:// QQ.com';

setTimeout(function(){
    var iframe3 = iframeFactory.create();
    iframe3.src = 'http:// 163.com';
}, 3000 );
```

对象池是另外一种性能优化方案，它跟享元模式有一些相似之处，但没有分离内部状态和外部状态这个过程。本章用享元模式完成了一个文件上传的程序，其实也可以用对象池+事件委托来代替实现。

12.8   小结

享元模式是为解决性能问题而生的模式，这跟大部分模式的诞生原因都不一样。在一个存在大量相似对象的系统中，享元模式可以很好地解决大量对象带来的性能问题。

第 13 章

职责链模式

职责链模式的定义是：使多个对象都有机会处理请求，从而避免请求的发送者和接收者之间的耦合关系，将这些对象连成一条链，并沿着这条链传递该请求，直到有一个对象处理它为止。

职责链模式的名字非常形象，一系列可能会处理请求的对象被连接成一条链，请求在这些对象之间依次传递，直到遇到一个可以处理它的对象，我们把这些对象称为链中的节点，如图 13-1 所示。

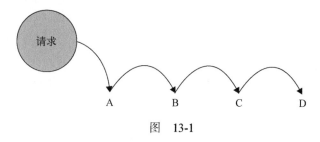

图　13-1

13.1　现实中的职责链模式

职责链模式的例子在现实中并不难找到，以下就是两个常见的跟职责链模式有关的场景。

- ❑ 如果早高峰能顺利挤上公交车的话，那么估计这一天都会过得很开心。因为公交车上人实在太多了，经常上车后却找不到售票员在哪，所以只好把两块钱硬币往前面递。除非你运气够好，站在你前面的第一个人就是售票员，否则，你的硬币通常要在 N 个人手上传递，才能最终到达售票员的手里。
- ❑ 中学时代的期末考试，如果你平时不太老实，考试时就会被安排在第一个位置。遇到不会答的题目，就把题目编号写在小纸条上往后传递，坐在后面的同学如果也不会答，他就会把这张小纸条继续递给他后面的人。

从这两个例子中，我们很容易找到职责链模式的最大优点：请求发送者只需要知道链中的第一个节点，从而弱化了发送者和一组接收者之间的强联系。如果不使用职责链模式，那么在公交车上，我就得先搞清楚谁是售票员，才能把硬币递给他。同样，在期末考试中，也许我就要先了解同学中有哪些可以解答这道题。

13.2   实际开发中的职责链模式

假设我们负责一个售卖手机的电商网站，经过分别交纳 500 元定金和 200 元定金的两轮预定后（订单已在此时生成），现在已经到了正式购买的阶段。

公司针对支付过定金的用户有一定的优惠政策。在正式购买后，已经支付过 500 元定金的用户会收到 100 元的商城优惠券，200 元定金的用户可以收到 50 元的优惠券，而之前没有支付定金的用户只能进入普通购买模式，也就是没有优惠券，且在库存有限的情况下不一定保证能买到。

我们的订单页面是 PHP 吐出的模板，在页面加载之初，PHP 会传递给页面几个字段。

☐ orderType：表示订单类型（定金用户或者普通购买用户），code 的值为 1 的时候是 500 元定金用户，为 2 的时候是 200 元定金用户，为 3 的时候是普通购买用户。

☐ pay：表示用户是否已经支付定金，值为 true 或者 false,虽然用户已经下过 500 元定金的订单，但如果他一直没有支付定金，现在只能降级进入普通购买模式。

☐ stock：表示当前用于普通购买的手机库存数量，已经支付过 500 元或者 200 元定金的用户不受此限制。

下面我们把这个流程写成代码：

```
var order = function( orderType, pay, stock ){
    if ( orderType === 1 ){        // 500 元定金购买模式
        if ( pay === true ){    // 已支付定金
            console.log( '500 元定金预购，得到 100 优惠券' );
        }else{    // 未支付定金，降级到普通购买模式
            if ( stock > 0 ){    // 用于普通购买的手机还有库存
                console.log( '普通购买，无优惠券' );
```

```
        }else{
            console.log( '手机库存不足' );
        }
    }
}

else if ( orderType === 2 ){        // 200 元定金购买模式
    if ( pay === true ){
        console.log( '200 元定金预购，得到 50 优惠券' );
    }else{
        if ( stock > 0 ){
            console.log( '普通购买，无优惠券' );
        }else{
            console.log( '手机库存不足' );
        }
    }
}

else if ( orderType === 3 ){
    if ( stock > 0 ){
        console.log( '普通购买，无优惠券' );
    }else{
        console.log( '手机库存不足' );
    }
}
};

order( 1 , true, 500);  // 输出： 500 元定金预购，得到 100 优惠券
```

虽然我们得到了意料中的运行结果，但这远远算不上一段值得夸奖的代码。order 函数不仅巨大到难以阅读，而且需要经常进行修改。虽然目前项目能正常运行，但接下来的维护工作无疑是个梦魇。恐怕只有最"新手"的程序员才会写出这样的代码。

13.3　用职责链模式重构代码

现在我们采用职责链模式重构这段代码，先把 500 元订单、200 元订单以及普通购买分成 3 个函数。

接下来把 orderType、pay、stock 这 3 个字段当作参数传递给 500 元订单函数，如果该函数不符合处理条件，则把这个请求传递给后面的 200 元订单函数，如果 200 元订单函数依然不能处理该请求，则继续传递请求给普通购买函数，代码如下：

```
// 500 元订单

var order500 = function( orderType, pay, stock ){
    if ( orderType === 1 && pay === true ){
        console.log( '500 元定金预购，得到 100 优惠券' );
    }else{
        order200( orderType, pay, stock );    // 将请求传递给 200 元订单
    }
```

```
    };

    // 200 元订单

    var order200 = function( orderType, pay, stock ){
        if ( orderType === 2 && pay === true ){
            console.log( '200 元定金预购, 得到 50 优惠券' );
        }else{
            orderNormal( orderType, pay, stock );     // 将请求传递给普通订单
        }
    };

    // 普通购买订单

    var orderNormal = function( orderType, pay, stock ){
        if ( stock > 0 ){
            console.log( '普通购买, 无优惠券' );
        }else{
            console.log( '手机库存不足' );
        }
    };

    // 测试结果:

    order500( 1 , true, 500);     // 输出: 500 元定金预购, 得到 100 优惠券
    order500( 1, false, 500 );    // 输出: 普通购买, 无优惠券
    order500( 2, true, 500 );     // 输出: 200 元定金预购, 得到 50 优惠券
    order500( 3, false, 500 );    // 输出: 普通购买, 无优惠券
    order500( 3, false, 0 );      // 输出: 手机库存不足
```

可以看到, 执行结果和前面那个巨大的 order 函数完全一样, 但是代码的结构已经清晰了很多, 我们把一个大函数拆分成了 3 个小函数, 去掉了许多嵌套的条件分支语句。

目前已经有了不小的进步, 但我们不会满足于此, 虽然已经把大函数拆分成了互不影响的 3 个小函数, 但可以看到, 请求在链条传递中的顺序非常僵硬, 传递请求的代码被耦合在了业务函数之中:

```
    var order500 = function( orderType, pay, stock ){
        if ( orderType === 1 && pay === true ){
            console.log( '500 元定金预购, 得到 100 优惠券' );
        }else{
            order200( orderType, pay, stock );
            // order200 和 order500 耦合在一起
        }
    };
```

这依然是违反开放-封闭原则的, 如果有天我们要增加 300 元预订或者去掉 200 元预订, 意味着就必须改动这些业务函数内部。就像一根环环相扣打了死结的链条, 如果要增加、拆除或者移动一个节点, 就必须得先砸烂这根链条。

13.4　灵活可拆分的职责链节点

本节我们采用一种更灵活的方式，来改进上面的职责链模式，目标是让链中的各个节点可以灵活拆分和重组。

首先需要改写一下分别表示 3 种购买模式的节点函数，我们约定，如果某个节点不能处理请求，则返回一个特定的字符串 'nextSuccessor' 来表示该请求需要继续往后面传递：

```
var order500 = function( orderType, pay, stock ){
    if ( orderType === 1 && pay === true ){
        console.log( '500 元定金预购，得到 100 优惠券' );
    }else{
        return 'nextSuccessor';     // 我不知道下一个节点是谁，反正把请求往后面传递
    }
};

var order200 = function( orderType, pay, stock ){
    if ( orderType === 2 && pay === true ){
        console.log( '200 元定金预购，得到 50 优惠券' );
    }else{
        return 'nextSuccessor';     // 我不知道下一个节点是谁，反正把请求往后面传递
    }
};

var orderNormal = function( orderType, pay, stock ){
    if ( stock > 0 ){
        console.log( '普通购买，无优惠券' );
    }else{
        console.log( '手机库存不足' );
    }
};
```

接下来需要把函数包装进职责链节点，我们定义一个构造函数 Chain，在 new Chain 的时候传递的参数即为需要被包装的函数，同时它还拥有一个实例属性 this.successor，表示在链中的下一个节点。

此外 Chain 的 prototype 中还有两个函数，它们的作用如下所示：

```
// Chain.prototype.setNextSuccessor  指定在链中的下一个节点
// Chain.prototype.passRequest  传递请求给某个节点

var Chain = function( fn ){
    this.fn = fn;
    this.successor = null;
};

Chain.prototype.setNextSuccessor = function( successor ){
    return this.successor = successor;
};

Chain.prototype.passRequest = function(){
```

```
    var ret = this.fn.apply( this, arguments );

    if ( ret === 'nextSuccessor' ){
        return this.successor && this.successor.passRequest.apply( this.successor, arguments );
    }

    return ret;
};
```

现在我们把 3 个订单函数分别包装成职责链的节点：

```
var chainOrder500 = new Chain( order500 );
var chainOrder200 = new Chain( order200 );
var chainOrderNormal = new Chain( orderNormal );
```

然后指定节点在职责链中的顺序：

```
chainOrder500.setNextSuccessor( chainOrder200 );
chainOrder200.setNextSuccessor( chainOrderNormal );
```

最后把请求传递给第一个节点：

```
chainOrder500.passRequest( 1, true, 500 );    // 输出：500 元定金预购，得到 100 优惠券
chainOrder500.passRequest( 2, true, 500 );    // 输出：200 元定金预购，得到 50 优惠券
chainOrder500.passRequest( 3, true, 500 );    // 输出：普通购买，无优惠券
chainOrder500.passRequest( 1, false, 0 );     // 输出：手机库存不足
```

通过改进，我们可以自由灵活地增加、移除和修改链中的节点顺序，假如某天网站运营人员又想出了支持 300 元定金购买，那我们就在该链中增加一个节点即可：

```
var order300 = function(){
    // 具体实现略
};

chainOrder300= new Chain( order300 );
chainOrder500.setNextSuccessor( chainOrder300);
chainOrder300.setNextSuccessor( chainOrder200);
```

对于程序员来说，我们总是喜欢去改动那些相对容易改动的地方，就像改动框架的配置文件远比改动框架的源代码简单得多。在这里完全不用理会原来的订单函数代码，我们要做的只是增加一个节点，然后重新设置链中相关节点的顺序。

13.5   异步的职责链

在上一节的职责链模式中，我们让每个节点函数同步返回一个特定的值"nextSuccessor"，来表示是否把请求传递给下一个节点。而在现实开发中，我们经常会遇到一些异步的问题，比如我们要在节点函数中发起一个 ajax 异步请求，异步请求返回的结果才能决定是否继续在职责链中 passRequest。

这时候让节点函数同步返回"nextSuccessor"已经没有意义了，所以要给 Chain 类再增加一个

原型方法 Chain.prototype.next，表示手动传递请求给职责链中的下一个节点：

```
Chain.prototype.next= function(){
    return this.successor && this.successor.passRequest.apply( this.successor, arguments );
};
```

来看一个异步职责链的例子：

```
var fn1 = new Chain(function(){
    console.log( 1 );
    return 'nextSuccessor';
});

var fn2 = new Chain(function(){
    console.log( 2 );
    var self = this;
    setTimeout(function(){
        self.next();
    }, 1000 );
});

var fn3 = new Chain(function(){
    console.log( 3 );
});

fn1.setNextSuccessor( fn2 ).setNextSuccessor( fn3 );
fn1.passRequest();
```

现在我们得到了一个特殊的链条，请求在链中的节点里传递，但节点有权利决定什么时候把请求交给下一个节点。可以想象，异步的职责链加上命令模式（把 ajax 请求封装成命令对象，详情请参考第 9 章），我们可以很方便地创建一个异步 ajax 队列库。

13.6 职责链模式的优缺点

前面已经说过，职责链模式的最大优点就是解耦了请求发送者和 N 个接收者之间的复杂关系，由于不知道链中的哪个节点可以处理你发出的请求，所以你只需把请求传递给第一个节点即可，如图 13-2 和图 13-3 所示。

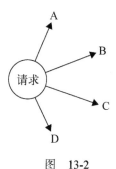

图　13-2

用职责链模式改进后：

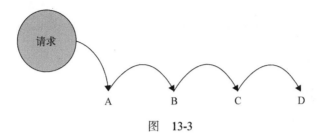

图　13-3

在手机商城的例子中，本来我们要被迫维护一个充斥着条件分支语句的巨大的函数，在例子里的购买过程中只打印了一条 log 语句。其实在现实开发中，这里要做更多事情，比如根据订单种类弹出不同的浮层提示、渲染不同的 UI 节点、组合不同的参数发送给不同的 cgi 等。 用了职责链模式之后，每种订单都有各自的处理函数而互不影响。

其次，使用了职责链模式之后，链中的节点对象可以灵活地拆分重组。增加或者删除一个节点，或者改变节点在链中的位置都是轻而易举的事情。这一点我们也已经看到，在上面的例子中，增加一种订单完全不需要改动其他订单函数中的代码。

职责链模式还有一个优点，那就是可以手动指定起始节点，请求并不是非得从链中的第一个节点开始传递。比如在公交车的例子中，如果我明确在我前面的第一个人不是售票员，那我当然可以越过他把公交卡递给他前面的人，这样可以减少请求在链中的传递次数，更快地找到合适的请求接受者。这在普通的条件分支语句下是做不到的，我们没有办法让请求越过某一个 if 判断。

拿代码来证明这一点，假设某一天网站中支付过定金的订单已经全部结束购买流程，我们在接下来的时间里只需要处理普通购买订单，所以我们可以直接把请求交给普通购买订单节点：

```
orderNormal.passRequest( 1, false, 500 );    // 普通购买，无优惠券
```

如果运用得当，职责链模式可以很好地帮助我们组织代码，但这种模式也并非没有弊端，首先我们不能保证某个请求一定会被链中的节点处理。比如在期末考试的例子中，小纸条上的题目也许没有任何一个同学知道如何解答，此时的请求就得不到答复，而是径直从链尾离开，或者抛出一个错误异常。在这种情况下，我们可以在链尾增加一个保底的接受者节点来处理这种即将离开链尾的请求。

另外，职责链模式使得程序中多了一些节点对象，可能在某一次的请求传递过程中，大部分节点并没有起到实质性的作用，它们的作用仅仅是让请求传递下去，从性能方面考虑，我们要避免过长的职责链带来的性能损耗。

13.7　用 AOP 实现职责链

在之前的职责链实现中，我们利用了一个 Chain 类来把普通函数包装成职责链的节点。其实

利用 **JavaScript** 的函数式特性，有一种更加方便的方法来创建职责链。

下面我们改写一下 3.2.3 节 Function.prototype.after 函数，使得第一个函数返回'nextSuccessor'时，将请求继续传递给下一个函数，无论是返回字符串'nextSuccessor'或者 false 都只是一个约定，当然在这里我们也可以让函数返回 false 表示传递请求，选择'nextSuccessor'字符串是因为它看起来更能表达我们的目的，代码如下：

```javascript
Function.prototype.after = function( fn ){
    var self = this;
    return function(){
        var ret = self.apply( this, arguments );
        if ( ret === 'nextSuccessor' ){
            return fn.apply( this, arguments );
        }

        return ret;
    }
};

var order = order500yuan.after( order200yuan ).after( orderNormal );

order( 1, true, 500 );      // 输出：500 元定金预购，得到 100 优惠券
order( 2, true, 500 );      // 输出：200 元定金预购，得到 50 优惠券
order( 1, false, 500 );     // 输出：普通购买，无优惠券
```

用 AOP 来实现职责链既简单又巧妙，但这种把函数叠在一起的方式，同时也叠加了函数的作用域，如果链条太长的话，也会对性能有较大的影响。

13.8　用职责链模式获取文件上传对象

在第 7 章有一个用迭代器获取文件上传对象的例子：当时我们创建了一个迭代器来迭代获取合适的文件上传对象，其实用职责链模式可以更简单，我们完全不用创建这个多余的迭代器，完整代码如下：

```javascript
var getActiveUploadObj = function(){
    try{
        return new ActiveXObject("TXFTNActiveX.FTNUpload");    // IE 上传控件
    }catch(e){
        return 'nextSuccessor' ;
    }
};

var getFlashUploadObj = function(){
    if ( supportFlash() ){
        var str = '<object type="application/x-shockwave-flash"></object>';
        return $( str ).appendTo( $('body') );
    }
    return 'nextSuccessor' ;
};
```

```
var getFormUpladObj = function(){
    return $( '<form><input name="file" type="file"/></form>' ).appendTo( $('body') );
};

var getUploadObj = getActiveUploadObj.after( getFlashUploadObj ).after( getFormUpladObj );

console.log(  getUploadObj()  );
```

13.9　小结

在 JavaScript 开发中，职责链模式是最容易被忽视的模式之一。实际上只要运用得当，职责链模式可以很好地帮助我们管理代码，降低发起请求的对象和处理请求的对象之间的耦合性。职责链中的节点数量和顺序是可以自由变化的，我们可以在运行时决定链中包含哪些节点。

无论是作用域链、原型链，还是 DOM 节点中的事件冒泡，我们都能从中找到职责链模式的影子。职责链模式还可以和组合模式结合在一起，用来连接部件和父部件，或是提高组合对象的效率。学会使用职责链模式，相信在以后的代码编写中，将会对你大有裨益。

第14章

中介者模式

在我们生活的世界中，每个人每个物体之间都会产生一些错综复杂的联系。在应用程序里也是一样，程序由大大小小的单一对象组成，所有这些对象都按照某种关系和规则来通信。

平时我们大概能记住 10 个朋友的电话、30 家餐馆的位置。在程序里，也许一个对象会和其他 10 个对象打交道，所以它会保持 10 个对象的引用。当程序的规模增大，对象会越来越多，它们之间的关系也越来越复杂，难免会形成网状的交叉引用。当我们改变或删除其中一个对象的时候，很可能需要通知所有引用到它的对象。这样一来，就像在心脏旁边拆掉一根毛细血管一般，即使一点很小的修改也必须小心翼翼，如图 14-1 所示。

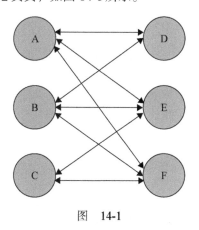

图　14-1

面向对象设计鼓励将行为分布到各个对象中，把对象划分成更小的粒度，有助于增强对象的可复用性，但由于这些细粒度对象之间的联系激增，又有可能会反过来降低它们的可复用性。

中介者模式的作用就是解除对象与对象之间的紧耦合关系。增加一个中介者对象后，所有的相关对象都通过中介者对象来通信，而不是互相引用，所以当一个对象发生改变时，只需要通知中介者对象即可。中介者使各对象之间耦合松散，而且可以独立地改变它们之间的交互。中介者模式使网状的多对多关系变成了相对简单的一对多关系，如图 14-2 所示。

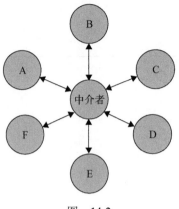

图 14-2

　　在图 14-1 中，如果对象 A 发生了改变，则需要同时通知跟 A 发生引用关系的 B、D、E、F 这 4 个对象；而在图 14-2 中，使用中介者模式改进之后，A 发生改变时则只需要通知这个中介者对象即可。

14.1　现实中的中介者

　　在现实生活中也有很多中介者的例子，下面列举几个。

1. 机场指挥塔

　　中介者也被称为调停者，我们想象一下机场的指挥塔，如果没有指挥塔的存在，每一架飞机要和方圆 100 公里内的所有飞机通信，才能确定航线以及飞行状况，后果是不可想象的。现实中的情况是，每架飞机都只需要和指挥塔通信。指挥塔作为调停者，知道每一架飞机的飞行状况，所以它可以安排所有飞机的起降时间，及时做出航线调整。

2. 博彩公司

打麻将的人经常遇到这样的问题，打了几局之后开始计算钱，A 自摸了两把，B 杠了三次，C 点炮一次给 D，谁应该给谁多少钱已经很难计算清楚，而这还是在只有 4 个人参与的情况下。

在世界杯期间购买足球彩票，如果没有博彩公司作为中介，上千万的人一起计算赔率和输赢绝对是不可能实现的事情。有了博彩公司作为中介，每个人只需和博彩公司发生关联，博彩公司会根据所有人的投注情况计算好赔率，彩民们赢了钱就从博彩公司拿，输了钱就交给博彩公司。

14.2　中介者模式的例子——泡泡堂游戏

大家可能都还记得泡泡堂游戏，我曾经写过一个 JS 版的泡泡堂，现在我们来一起回顾这个游戏，在游戏之初只支持两个玩家同时进行对战。

先定义一个玩家构造函数，它有 3 个简单的原型方法：`Play.prototype.win`、`Play.prototype.lose` 以及表示玩家死亡的 `Play.prototype.die`。

因为玩家的数目是 2，所以当其中一个玩家死亡的时候游戏便结束，同时通知它的对手胜利。这段代码看起来很简单：

```
function Player( name ){
    this.name = name
    this.enemy = null; // 敌人
};

Player.prototype.win = function(){
    console.log( this.name + ' won ' );
};


Player.prototype.lose = function(){
    console.log( this.name +' lost' );
};


Player.prototype.die = function(){
    this.lose();
    this.enemy.win();
};
```

接下来创建 2 个玩家对象：

```
var player1 = new Player( '皮蛋' );
var player2 = new Player( '小乖' );
```

给玩家相互设置敌人：

```
player1.enemy = player2;
player2.enemy = player1;
```

当玩家 **player1** 被泡泡炸死的时候，只需要调用这一句代码便完成了一局游戏：

```
player1.die();// 输出：皮蛋 lost、小乖 won
```

我曾用这个游戏自娱自乐了一阵子，但不久过后就觉得只有 2 个玩家其实没什么意思，真正的泡泡堂游戏至多可以有 8 个玩家，并分成红蓝两队进行游戏。

14.2.1   为游戏增加队伍

现在我们改进一下游戏。因为玩家数量变多，用下面的方式来设置队友和敌人无疑很低效：

```
player1.partners= [player1,player2,player3,player4];
player1.enemies = [player5,player6,player7,player8];

Player5.partners= [player5,player6,player7,player8];
Player5.enemies = [player1,player2,player3,player4];
```

所以我们定义一个数组 players 来保存所有的玩家，在创建玩家之后，循环 players 来给每个玩家设置队友和敌人：

```
var players = [];
```

再改写构造函数 Player，使每个玩家对象都增加一些属性，分别是队友列表、敌人列表 、玩家当前状态、角色名字以及玩家所在的队伍颜色：

```
function Player( name, teamColor ){
    this.partners = []; // 队友列表
    this.enemies = [];   // 敌人列表
    this.state = 'live';  // 玩家状态
    this.name = name; // 角色名字
    this.teamColor = teamColor; // 队伍颜色
};
```

玩家胜利和失败之后的展现依然很简单，只是在每个玩家的屏幕上简单地弹出提示：

```
Player.prototype.win = function(){   // 玩家团队胜利
    console.log( 'winner: ' + this.name );
};

Player.prototype.lose = function(){   // 玩家团队失败
    console.log( 'loser: ' + this.name );
};
```

玩家死亡的方法要变得稍微复杂一点，我们需要在每个玩家死亡的时候，都遍历其他队友的生存状况，如果队友全部死亡，则这局游戏失败，同时敌人队伍的所有玩家都取得胜利，代码如下：

```
Player.prototype.die = function(){   // 玩家死亡

    var all_dead = true;
```

```
this.state = 'dead'; // 设置玩家状态为死亡

for ( var i = 0, partner; partner = this.partners[ i++ ]; ){ // 遍历队友列表
    if ( partner.state !== 'dead' ){    // 如果还有一个队友没有死亡，则游戏还未失败
        all_dead = false;
        break;
    }
}

if ( all_dead === true ){    // 如果队友全部死亡
    this.lose();  // 通知自己游戏失败
    for ( var i = 0, partner; partner = this.partners[ i++ ]; ){    // 通知所有队友玩家游戏失败
        partner.lose();
    }
    for ( var i = 0, enemy; enemy = this.enemies[ i++ ]; ){    // 通知所有敌人游戏胜利
        enemy.win();
    }
}
};
```

最后定义一个工厂来创建玩家：

```
var playerFactory = function( name, teamColor ){
    var newPlayer = new Player( name, teamColor );   // 创建新玩家

    for ( var i = 0, player; player = players[ i++ ]; ){    // 通知所有的玩家，有新角色加入
        if ( player.teamColor === newPlayer.teamColor ){   // 如果是同一队的玩家
            player.partners.push( newPlayer );    // 相互添加到队友列表
            newPlayer.partners.push( player );
        }else{
            player.enemies.push( newPlayer );  // 相互添加到敌人列表
            newPlayer.enemies.push( player );
        }
    }
    players.push( newPlayer );

    return newPlayer;
};
```

现在来感受一下，用这段代码创建 8 个玩家：

```
//红队：
    var player1 = playerFactory( '皮蛋', 'red' ),
        player2 = playerFactory( '小乖', 'red' ),
        player3 = playerFactory( '宝宝', 'red' ),
        player4 = playerFactory( '小强', 'red' );

//蓝队：
    var player5 = playerFactory( '黑妞', 'blue' ),
        player6 = playerFactory( '葱头', 'blue' ),
        player7 = playerFactory( '胖墩', 'blue' ),
        player8 = playerFactory( '海盗', 'blue' );
```

让红队玩家全部死亡：

```
player1.die();
player2.die();
player4.die();
player3.die();
```

程序执行结果如图 14-3 所示。

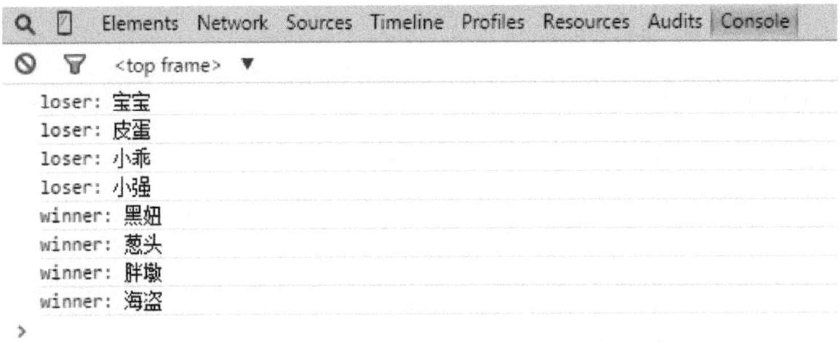

图   14-3

14.2.2   玩家增多带来的困扰

现在我们已经可以随意地为游戏增加玩家或者队伍，但问题是，每个玩家和其他玩家都是紧紧耦合在一起的。在此段代码中，每个玩家对象都有两个属性，this.partners 和 this.enemies，用来保存其他玩家对象的引用。当每个对象的状态发生改变，比如角色移动、吃到道具或者死亡时，都必须要显式地遍历通知其他对象。

在这个例子中只创建了 8 个玩家，或许还没有对你产生足够多的困扰，而如果在一个大型网络游戏中，画面里有成百上千个玩家，几十支队伍在互相厮杀。如果有一个玩家掉线，必须从所有其他玩家的队友列表和敌人列表中都移除这个玩家。游戏也许还有解除队伍和添加到别的队伍的功能，红色玩家可以突然变成蓝色玩家，这就不再仅仅是循环能够解决的问题了。面对这样的需求，我们上面的代码可以迅速进入投降模式。

14.2.3   用中介者模式改造泡泡堂游戏

现在我们开始用中介者模式来改造上面的泡泡堂游戏，改造后的玩家对象和中介者的关系如图 14-4 所示。

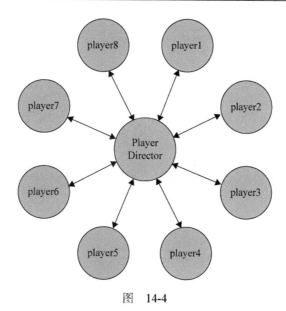

图 14-4

首先仍然是定义 Player 构造函数和 player 对象的原型方法，在 player 对象的这些原型方法中，不再负责具体的执行逻辑，而是把操作转交给中介者对象，我们把中介者对象命名为 playerDirector：

```
function Player( name, teamColor ){
    this.name = name; // 角色名字
    this.teamColor = teamColor; // 队伍颜色
    this.state = 'alive';   // 玩家生存状态
};

Player.prototype.win = function(){
    console.log( this.name + ' won ' );
};

Player.prototype.lose = function(){
    console.log( this.name +' lost' );
};

/******************玩家死亡*****************/

Player.prototype.die = function(){
    this.state = 'dead';
    playerDirector.ReceiveMessage( 'playerDead', this );   // 给中介者发送消息，玩家死亡
};

/******************移除玩家*****************/

Player.prototype.remove = function(){
    playerDirector.ReceiveMessage( 'removePlayer', this );   // 给中介者发送消息，移除一个玩家
};
```

```
/******************玩家换队******************/
Player.prototype.changeTeam = function( color ){
    playerDirector.ReceiveMessage( 'changeTeam', this, color );    // 给中介者发送消息，玩家换队
};
```

再继续改写之前创建玩家对象的工厂函数，可以看到，因为工厂函数里不再需要给创建的玩家对象设置队友和敌人，这个工厂函数几乎失去了工厂的意义：

```
var playerFactory = function( name, teamColor ){
    var newPlayer = new Player( name, teamColor );    // 创造一个新的玩家对象
    playerDirector.ReceiveMessage( 'addPlayer', newPlayer );    // 给中介者发送消息，新增玩家

    return newPlayer;
};
```

最后，我们需要实现这个中介者 playerDirector 对象，一般有以下两种方式。

□ 利用发布-订阅模式。将 playerDirector 实现为订阅者，各 player 作为发布者，一旦 player 的状态发生改变，便推送消息给 playerDirector，playerDirector 处理消息后将反馈发送给其他 player。

□ 在 playerDirector 中开放一些接收消息的接口，各 player 可以直接调用该接口来给 playerDirector 发送消息，player 只需传递一个参数给 playerDirector，这个参数的目的是使 playerDirector 可以识别发送者。同样，playerDirector 接收到消息之后会将处理结果反馈给其他 player。

这两种方式的实现没什么本质上的区别。在这里我们使用第二种方式，playerDirector 开放一个对外暴露的接口 ReceiveMessage，负责接收 player 对象发送的消息，而 player 对象发送消息的时候，总是把自身 this 作为参数发送给 playerDirector，以便 playerDirector 识别消息来自于哪个玩家对象，代码如下：

```
var playerDirector= ( function(){
    var players = {},    // 保存所有玩家
        operations = {};    // 中介者可以执行的操作

    /**************新增一个玩家***********************/
    operations.addPlayer = function( player ){
        var teamColor = player.teamColor;    // 玩家的队伍颜色
        players[ teamColor ] = players[ teamColor ] || [];    // 如果该颜色的玩家还没有成立队伍，则
                                                              // 新成立一个队伍
        players[ teamColor ].push( player );    // 添加玩家进队伍
    };

    /**************移除一个玩家***********************/
    operations.removePlayer = function( player ){
        var teamColor = player.teamColor,    // 玩家的队伍颜色
            teamPlayers = players[ teamColor ] || [];    // 该队伍所有成员
        for ( var i = teamPlayers.length - 1; i >= 0; i-- ){    // 遍历删除
```

```
            if ( teamPlayers[ i ] === player ){
                teamPlayers.splice( i, 1 );
            }
        }
    };


    /***************玩家换队***************/
    operations.changeTeam = function( player, newTeamColor ){    // 玩家换队
        operations.removePlayer( player );    // 从原队伍中删除
        player.teamColor = newTeamColor;    // 改变队伍颜色
        operations.addPlayer( player );        // 增加到新队伍中
    };

    operations.playerDead = function( player ){     // 玩家死亡
        var teamColor = player.teamColor,
            teamPlayers = players[ teamColor ];    // 玩家所在队伍

        var all_dead = true;

        for ( var i = 0, player; player = teamPlayers[ i++ ]; ){
            if ( player.state !== 'dead' ){
                all_dead = false;
                break;
            }
        }

        if ( all_dead === true ){    // 全部死亡

            for ( var i = 0, player; player = teamPlayers[ i++ ]; ){
                player.lose();    // 本队所有玩家 lose
            }

            for ( var color in players ){
                if ( color !== teamColor ){
                    var teamPlayers = players[ color ];    // 其他队伍的玩家
                    for ( var i = 0, player; player = teamPlayers[ i++ ]; ){
                        player.win();    // 其他队伍所有玩家 win
                    }
                }
            }
        }
    };

    var ReceiveMessage = function(){
        var message = Array.prototype.shift.call( arguments );    // arguments 的第一个参数为消息名称
        operations[ message ].apply( this, arguments );
    };

    return {
        ReceiveMessage: ReceiveMessage
    }

})();
```

可以看到，除了中介者本身，没有一个玩家知道其他任何玩家的存在，玩家与玩家之间的耦合关系已经完全解除，某个玩家的任何操作都不需要通知其他玩家，而只需要给中介者发送一个消息，中介者处理完消息之后会把处理结果反馈给其他的玩家对象。我们还可以继续给中介者扩展更多功能，以适应游戏需求的不断变化。

我们来看下测试结果：

```
// 红队：
var player1 = playerFactory( '皮蛋', 'red' ),
    player2 = playerFactory( '小乖', 'red' ),
    player3 = playerFactory( '宝宝', 'red' ),
    player4 = playerFactory( '小强', 'red' );

// 蓝队：
var player5 = playerFactory( '黑妞', 'blue' ),
    player6 = playerFactory( '葱头', 'blue' ),
    player7 = playerFactory( '胖墩', 'blue' ),
    player8 = playerFactory( '海盗', 'blue' );

player1.die();
player2.die();
player3.die();
player4.die();
```

运行结果如图 14-5 所示。

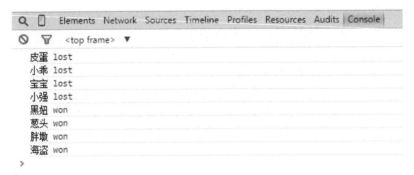

图　14-5

假设皮蛋和小乖掉线，则结果如图 14-6 所示。

```
player1.remove();
player2.remove();
player3.die();
player4.die();
```

图　14-6

假设皮蛋从红队叛变到蓝队，则结果如图 14-7 所示。

```
player1.changeTeam( 'blue' );
player2.die();
player3.die();
player4.die();
```

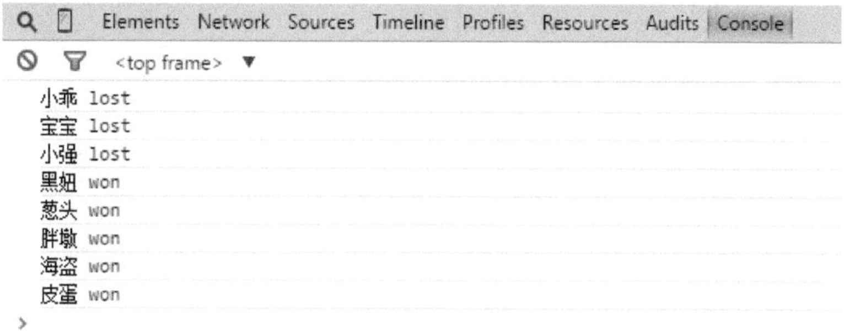

图　14-7

14.3　中介者模式的例子——购买商品

假设我们正在编写一个手机购买的页面，在购买流程中，可以选择手机的颜色以及输入购买数量，同时页面中有两个展示区域，分别向用户展示刚刚选择好的颜色和数量。还有一个按钮动态显示下一步的操作，我们需要查询该颜色手机对应的库存，如果库存数量少于这次的购买数量，按钮将被禁用并且显示库存不足，反之按钮可以点击并且显示放入购物车。

这个需求是非常容易实现的，假设我们已经提前从后台获取到了所有颜色手机的库存量：

```
var goods = {    // 手机库存
    "red": 3,
    "blue": 6
};
```

那么页面有可能显示为如下几种场景：

选择红色手机，购买 4 个，库存不足。如图 14-8 所示。

图 14-8

选择蓝色手机，购买 5 个，库存充足，可以加入购物车。如图 14-9 所示。

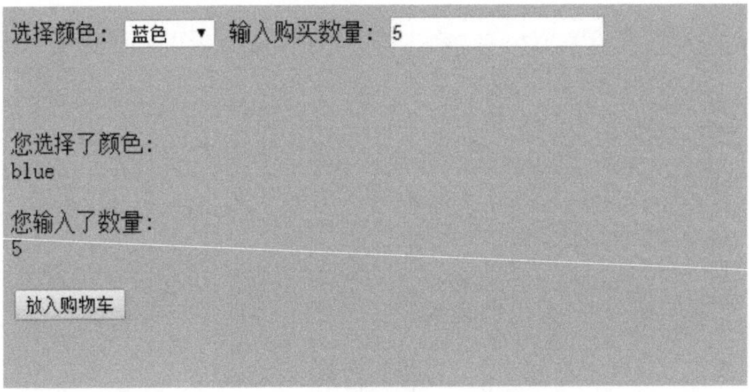

图 14-9

或者是没有输入购买数量的时候，按钮将被禁用并显示相应提示。如图 14-10 所示。

图 14-10

我们大概已经能够猜到，接下来将遇到至少 5 个节点，分别是：

❑ 下拉选择框 colorSelect
❑ 文本输入框 numberInput
❑ 展示颜色信息 colorInfo
❑ 展示购买数量信息 numberInfo
❑ 决定下一步操作的按钮 nextBtn

14.3.1 开始编写代码

我们从编写 HTML 代码开始。

```html
<body>
        选择颜色：  <select id="colorSelect">
                        <option value="">请选择</option>
                        <option value="red">红色</option>
                        <option value="blue">蓝色</option>
                    </select>


        输入购买数量：  <input type="text" id="numberInput"/>


        您选择了颜色：  <div id="colorInfo"></div><br/>
        您输入了数量：  <div id="numberInfo"></div><br/>

        <button id="nextBtn" disabled="true">请选择手机颜色和购买数量</button>
</body>
```

接下来将分别监听 colorSelect 的 onchange 事件函数和 numberInput 的 oninput 事件函数，然后在这两个事件中作出相应处理。

```javascript
<script>
    var colorSelect = document.getElementById( 'colorSelect' ),
        numberInput = document.getElementById( 'numberInput' ),
        colorInfo = document.getElementById( 'colorInfo' ),
        numberInfo = document.getElementById( 'numberInfo' ),
        nextBtn = document.getElementById( 'nextBtn' );

    var goods = {   // 手机库存
        "red": 3,
        "blue": 6
    };

    colorSelect.onchange = function(){
        var color = this.value,    // 颜色
            number = numberInput.value,    // 数量
            stock = goods[ color ];   // 该颜色手机对应的当前库存

        colorInfo.innerHTML = color;
```

```
        if ( !color ){
            nextBtn.disabled = true;
            nextBtn.innerHTML = '请选择手机颜色';
            return;
        }

        if ( Number.isInteger ( number - 0 ) && number > 0 ){    // 用户输入的购买数量是否为正整数
            nextBtn.disabled = true;
            nextBtn.innerHTML = '请输入正确的购买数量';
            return;
        }

        if ( number > stock   ){    // 当前选择数量超过库存量
            nextBtn.disabled = true;
            nextBtn.innerHTML = '库存不足';
            return ;
        }

        nextBtn.disabled = false;
        nextBtn.innerHTML = '放入购物车';

    };
</script>
```

14.3.2   对象之间的联系

来考虑一下，当触发了 colorSelect 的 onchange 之后，会发生什么事情。

首先我们要让 colorInfo 中显示当前选中的颜色，然后获取用户当前输入的购买数量，对用户的输入值进行一些合法性判断。再根据库存数量来判断 nextBtn 的显示状态。

别忘了，我们还要编写 numberInput 的事件相关代码：

```
numberInput.oninput = function(){
    var color = colorSelect.value,    // 颜色
        number = this.value,    // 数量
        stock = goods[ color ];    // 该颜色手机对应的当前库存

    numberInfo.innerHTML = number;

    if ( !color ){
        nextBtn.disabled = true;
        nextBtn.innerHTML = '请选择手机颜色';
        return;
    }

    if ( ( ( number - 0 ) | 0 ) !== number - 0 ){    // 输入购买数量是否为正整数
        nextBtn.disabled = true;
        nextBtn.innerHTML = '请输入正确的购买数量';
        return;
    }
```

```
    if ( number > stock ){    // 当前选择数量没有超过库存量
        nextBtn.disabled = true;
        nextBtn.innerHTML = '库存不足';
        return ;
    }

    nextBtn.disabled = false;
    nextBtn.innerHTML = '放入购物车';

};
```

14.3.3 可能遇到的困难

虽然目前顺利完成了代码编写，但随之而来的需求改变有可能给我们带来麻烦。假设现在要求去掉 colorInfo 和 numberInfo 这两个展示区域，我们就要分别改动 colorSelect.onchange 和 numberInput.oninput 里面的代码，因为在先前的代码中，这些对象确实是耦合在一起的。

目前我们面临的对象还不算太多，当这个页面里的节点激增到 10 个或者 15 个时，它们之间的联系可能变得更加错综复杂，任何一次改动都将变得很棘手。为了证实这一点，我们假设页面中将新增另外一个下拉选择框，代表选择手机内存。现在我们需要计算颜色、内存和购买数量，来判断 nextBtn 是显示库存不足还是放入购物车。

首先我们要增加两个 HTML 节点：

```
<body>
    选择颜色：    <select id="colorSelect">
                    <option value="">请选择</option>
                    <option value="red">红色</option>
                    <option value="blue">蓝色</option>
                 </select>

    选择内存：    <select id="memorySelect">
                    <option value="">请选择</option>
                    <option value="32G">32G</option>
                    <option value="16G">16G</option>
                 </select>

    输入购买数量: <input type="text" id="numberInput"/><br/>

    您选择了颜色: <div id="colorInfo"></div><br/>
    您选择了内存: <div id="memoryInfo"></div><br/>
    您输入了数量: <div id="numberInfo"></div><br/>

    <button id="nextBtn" disabled="true">请选择手机颜色和购买数量</button>
</body>

<script>
    var colorSelect = document.getElementById( 'colorSelect' ),
```

```
    numberInput = document.getElementById( 'numberInput' ),
    memorySelect = document.getElementById( 'memorySelect' ),
    colorInfo = document.getElementById( 'colorInfo' ),
    numberInfo = document.getElementById( 'numberInfo' ),
    memoryInfo = document.getElementById( 'memoryInfo' ),
    nextBtn = document.getElementById( 'nextBtn' );
</script>
```

接下来修改表示存库的 JSON 对象以及修改 colorSelect 的 onchange 事件函数：

```
<script>
    var goods = {    // 手机库存
        "red|32G": 3,    // 红色 32G, 库存数量为 3
        "red|16G": 0,
        "blue|32G": 1,
        "blue|16G": 6
    };

    colorSelect.onchange = function(){
        var color = this.value,
            memory = memorySelect.value,
            stock = goods[ color + '|' + memory ];

        number = numberInput.value,    // 数量
        colorInfo.innerHTML = color;

        if ( !color ){
            nextBtn.disabled = true;
            nextBtn.innerHTML = '请选择手机颜色';
            return;
        }
        if ( !memory ){
            nextBtn.disabled = true;
            nextBtn.innerHTML = '请选择内存大小';
            return;
        }
        if ( Number.isInteger ( number - 0 ) && number > 0 ){    // 输入购买数量是否为正整数
            nextBtn.disabled = true;
            nextBtn.innerHTML = '请输入正确的购买数量';
            return;
        }
        if ( number > stock   ){    // 当前选择数量没有超过库存量
            nextBtn.disabled = true;
            nextBtn.innerHTML = '库存不足';
            return ;
        }
        nextBtn.disabled = false;
        nextBtn.innerHTML = '放入购物车';
    };
</script>
```

当然我们同样要改写 numberInput 的事件相关代码，具体代码的改变跟 colorSelect 大同小异，读者可以自行实现。

最后还要新增 memorySelect 的 onchange 事件函数：

```
<script>
    memorySelect.onchange = function(){

        var color = colorSelect.value,    // 颜色
            number = numberInput.value,    // 数量
            memory = this.value,
            stock = goods[ color + '|' + memory ];    // 该颜色手机对应的当前库存
            memoryInfo.innerHTML = memory;

        if ( !color ){
            nextBtn.disabled = true;
            nextBtn.innerHTML = '请选择手机颜色';
            return;
        }
        if ( !memory ){
            nextBtn.disabled = true;
            nextBtn.innerHTML = '请选择内存大小';
            return;
        }
        if ( Number.isInteger ( number - 0 ) && number > 0 ){    // 输入购买数量是否为正整数
            nextBtn.disabled = true;
            nextBtn.innerHTML = '请输入正确的购买数量';
            return;
        }
        if ( number > stock ){    // 当前选择数量没有超过库存量
            nextBtn.disabled = true;
            nextBtn.innerHTML = '库存不足';
            return ;
        }

        nextBtn.disabled = false;
        nextBtn.innerHTML = '放入购物车';

    };
</script>
```

很遗憾，我们仅仅是增加一个内存的选择条件，就要改变如此多的代码，这是因为在目前的实现中，每个节点对象都是耦合在一起的，改变或者增加任何一个节点对象，都要通知到与其相关的对象。

14.3.4　引入中介者

现在我们来引入中介者对象，所有的节点对象只跟中介者通信。当下拉选择框 colorSelect、memorySelect 和文本输入框 numberInput 发生了事件行为时，它们仅仅通知中介者它们被改变了，同时把自身当作参数传入中介者，以便中介者辨别是谁发生了改变。剩下的所有事情都交给中介者对象来完成，这样一来，无论是修改还是新增节点，都只需要改动中介者对象里的代码。

```
var goods = {    // 手机库存
    "red|32G": 3,
    "red|16G": 0,
    "blue|32G": 1,
    "blue|16G": 6
};

var mediator = (function(){

    var colorSelect = document.getElementById( 'colorSelect' ),
        memorySelect = document.getElementById( 'memorySelect' ),
        numberInput = document.getElementById( 'numberInput' ),
        colorInfo = document.getElementById( 'colorInfo' ),
        memoryInfo = document.getElementById( 'memoryInfo' ),
        numberInfo = document.getElementById( 'numberInfo' ),
        nextBtn = document.getElementById( 'nextBtn' );

    return {
        changed: function( obj ){
            var color = colorSelect.value,    // 颜色
                memory = memorySelect.value,// 内存
                number = numberInput.value,    // 数量
                stock = goods[ color + '|' + memory ];    // 颜色和内存对应的手机库存数量

            if ( obj === colorSelect ){       // 如果改变的是选择颜色下拉框
                colorInfo.innerHTML = color;
            }else if ( obj === memorySelect ){
                memoryInfo.innerHTML = memory;
            }else if ( obj === numberInput ){
                numberInfo.innerHTML = number;
            }

            if ( !color ){
                nextBtn.disabled = true;
                nextBtn.innerHTML = '请选择手机颜色';
                return;
            }

            if ( !memory ){
                nextBtn.disabled = true;
                nextBtn.innerHTML = '请选择内存大小';
                return;
            }

            if ( Number.isInteger ( number - 0 ) && number > 0 ){    // 输入购买数量是否为正整数
                nextBtn.disabled = true;
                nextBtn.innerHTML = '请输入正确的购买数量';
                return;
            }

            nextBtn.disabled = false;
            nextBtn.innerHTML = '放入购物车';

        }
```

```
    }
})();

// 事件函数：
colorSelect.onchange = function(){
    mediator.changed( this );
};
memorySelect.onchange = function(){
    mediator.changed( this );
};
numberInput.oninput = function(){
    mediator.changed( this );
};
```

可以想象，某天我们又要新增一些跟需求相关的节点，比如 CPU 型号，那我们只需要稍稍改动 mediator 对象即可：

```
var goods = {    // 手机库存
    "red|32G|800": 3,    // 颜色 red，内存 32G，cpu800，对应库存数量为 3
    "red|16G|801": 0,
    "blue|32G|800": 1,
    "blue|16G|801": 6
};

var mediator = (function(){
            // 略
    var cpuSelect = document.getElementById( 'cpuSelect' );

    return {
        change: function(obj){
                // 略
            var cpu = cpuSelect.value,
            stock = goods[ color + '|' + memory + '|' + cpu ];

            if ( obj === cpuSelect ){
                cpuInfo.innerHTML = cpu;
            }
                // 略
        }
    }
})();
```

14.4　小结

中介者模式是迎合迪米特法则的一种实现。迪米特法则也叫最少知识原则，是指一个对象应该尽可能少地了解另外的对象（类似不和陌生人说话）。如果对象之间的耦合性太高，一个对象发生改变之后，难免会影响到其他的对象，跟“城门失火，殃及池鱼”的道理是一样的。而在中介者模式里，对象之间几乎不知道彼此的存在，它们只能通过中介者对象来互相影响对方。

因此，中介者模式使各个对象之间得以解耦，以中介者和对象之间的一对多关系取代了对象之间的网状多对多关系。各个对象只需关注自身功能的实现，对象之间的交互关系交给了中介者对象来实现和维护。

不过，中介者模式也存在一些缺点。其中，最大的缺点是系统中会新增一个中介者对象，因为对象之间交互的复杂性，转移成了中介者对象的复杂性，使得中介者对象经常是巨大的。中介者对象自身往往就是一个难以维护的对象。

我们都知道，毒贩子虽然使吸毒者和制毒者之间的耦合度降低，但毒贩子也要抽走一部分利润。同样，在程序中，中介者对象要占去一部分内存。而且毒贩本身还要防止被警察抓住，因为它了解整个犯罪链条中的所有关系，这表明中介者对象自身往往是一个难以维护的对象。

中介者模式可以非常方便地对模块或者对象进行解耦，但对象之间并非一定需要解耦。在实际项目中，模块或对象之间有一些依赖关系是很正常的。毕竟我们写程序是为了快速完成项目交付生产，而不是堆砌模式和过度设计。关键就在于如何去衡量对象之间的耦合程度。一般来说，如果对象之间的复杂耦合确实导致调用和维护出现了困难，而且这些耦合度随项目的变化呈指数增长曲线，那我们就可以考虑用中介者模式来重构代码。

第 15 章

装饰者模式

我们玩魔兽争霸的任务关时，对 15 级乱加技能点的野生英雄普遍没有好感，而是喜欢留着技能点，在游戏的进行过程中按需加技能。同样，在程序开发中，许多时候都并不希望某个类天生就非常庞大，一次性包含许多职责。那么我们就可以使用装饰者模式。装饰者模式可以动态地给某个对象添加一些额外的职责，而不会影响从这个类中派生的其他对象。

在传统的面向对象语言中，给对象添加功能常常使用继承的方式，但是继承的方式并不灵活，还会带来许多问题：一方面会导致超类和子类之间存在强耦合性，当超类改变时，子类也会随之改变；另一方面，继承这种功能复用方式通常被称为"白箱复用"，"白箱"是相对可见性而言的，在继承方式中，超类的内部细节是对子类可见的，继承常常被认为破坏了封装性。

使用继承还会带来另外一个问题，在完成一些功能复用的同时，有可能创建出大量的子类，使子类的数量呈爆炸性增长。比如现在有 4 种型号的自行车，我们为每种自行车都定义了一个单独的类。现在要给每种自行车都装上前灯、尾灯和铃铛这 3 种配件。如果使用继承的方式来给每种自行车创建子类，则需要 4 × 3 = 12 个子类。但是如果把前灯、尾灯、铃铛这些对象动态组合到自行车上面，则只需要额外增加 3 个类。

这种给对象动态地增加职责的方式称为装饰者（decorator）模式。装饰者模式能够在不改变对象自身的基础上，在程序运行期间给对象动态地添加职责。跟继承相比，装饰者是一种更轻便灵活的做法，这是一种"即用即付"的方式，比如天冷了就多穿一件外套，需要飞行时就在头上插一支竹蜻蜓，遇到一堆食尸鬼时就点开 AOE（范围攻击）技能。

15.1   模拟传统面向对象语言的装饰者模式

首先要提出来的是，作为一门解释执行的语言，给 JavaScript 中的对象动态添加或者改变职责是一件再简单不过的事情，虽然这种做法改动了对象自身，跟传统定义中的装饰者模式并不一样，但这无疑更符合 JavaScript 的语言特色。代码如下：

```
var obj = {
    name: 'sven',
    address: '深圳市'
};

obj.address = obj.address + '福田区';
```

传统面向对象语言中的装饰者模式在 JavaScript 中适用的场景并不多，如上面代码所示，通常我们并不太介意改动对象自身。尽管如此，本节我们还是稍微模拟一下传统面向对象语言中的装饰者模式实现。

假设我们在编写一个飞机大战的游戏，随着经验值的增加，我们操作的飞机对象可以升级成更厉害的飞机，一开始这些飞机只能发射普通的子弹，升到第二级时可以发射导弹，升到第三级时可以发射原子弹。

下面来看代码实现，首先是原始的飞机类：

```
var Plane = function(){}

Plane.prototype.fire = function(){
    console.log( '发射普通子弹' );
}
```

接下来增加两个装饰类，分别是导弹和原子弹：

```
var MissileDecorator = function( plane ){
    this.plane = plane;
}

MissileDecorator.prototype.fire = function(){
    this.plane.fire();
    console.log( '发射导弹' );
}

var AtomDecorator = function( plane ){
    this.plane = plane;
}

AtomDecorator.prototype.fire = function(){
    this.plane.fire();
    console.log( '发射原子弹' );
}
```

导弹类和原子弹类的构造函数都接受参数 plane 对象，并且保存好这个参数，在它们的 fire 方法中，除了执行自身的操作之外，还调用 plane 对象的 fire 方法。

这种给对象动态增加职责的方式，并没有真正地改动对象自身，而是将对象放入另一个对象之中，这些对象以一条链的方式进行引用，形成一个聚合对象。这些对象都拥有相同的接口（fire 方法），当请求达到链中的某个对象时，这个对象会执行自身的操作，随后把请求转发给链中的下一个对象。

因为装饰者对象和它所装饰的对象拥有一致的接口，所以它们对使用该对象的客户来说是透明的，被装饰的对象也并不需要了解它曾经被装饰过，这种透明性使得我们可以递归地嵌套任意多个装饰者对象，如图 15-1 所示。

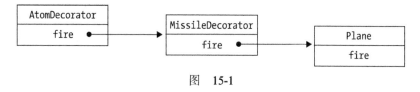

图　15-1

最后看看测试结果：

```
var plane = new Plane();
plane = new MissileDecorator( plane );
plane = new AtomDecorator( plane );

plane.fire();
// 分别输出：发射普通子弹、发射导弹、发射原子弹
```

15.2　装饰者也是包装器

在《设计模式》成书之前，GoF 原想把装饰者（decorator）模式称为包装器（wrapper）模式。

从功能上而言，decorator 能很好地描述这个模式，但从结构上看，wrapper 的说法更加贴切。装饰者模式将一个对象嵌入另一个对象之中，实际上相当于这个对象被另一个对象包装起来，形成一条包装链。请求随着这条链依次传递到所有的对象，每个对象都有处理这条请求的机会，如图 15-2 所示。

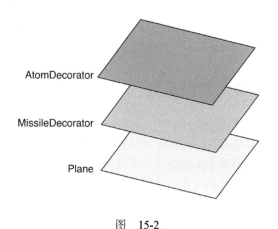

图　15-2

15.3 回到 JavaScript 的装饰者

JavaScript 语言动态改变对象相当容易，我们可以直接改写对象或者对象的某个方法，并不需要使用"类"来实现装饰者模式，代码如下：

```javascript
var plane = {
    fire: function(){
        console.log( '发射普通子弹' );
    }
}

var missileDecorator = function(){
    console.log( '发射导弹' );
}

var atomDecorator = function(){
    console.log( '发射原子弹' );
}

var fire1 = plane.fire;

plane.fire = function(){
    fire1();
    missileDecorator();
}

var fire2 = plane.fire;

plane.fire = function(){
    fire2();
    atomDecorator();
}

plane.fire();
// 分别输出：  发射普通子弹、发射导弹、发射原子弹
```

15.4 装饰函数

在 JavaScript 中，几乎一切都是对象，其中函数又被称为一等对象。在平时的开发工作中，也许大部分时间都在和函数打交道。在 JavaScript 中可以很方便地给某个对象扩展属性和方法，但却很难在不改动某个函数源代码的情况下，给该函数添加一些额外的功能。在代码的运行期间，我们很难切入某个函数的执行环境。

要想为函数添加一些功能，最简单粗暴的方式就是直接改写该函数，但这是最差的办法，直接违反了开放–封闭原则：

```javascript
var a = function(){
    alert (1);
}
```

```
// 改成：

var a = function(){
    alert (1);
    alert (2);
}
```

很多时候我们不想去碰原函数，也许原函数是由其他同事编写的，里面的实现非常杂乱。甚至在一个古老的项目中，这个函数的源代码被隐藏在一个我们不愿碰触的阴暗角落里。现在需要一个办法，在不改变函数源代码的情况下，能给函数增加功能，这正是开放–封闭原则给我们指出的光明道路。

其实在 15.3 节的代码中，我们已经找到了一种答案，通过保存原引用的方式就可以改写某个函数：

```
var a = function(){
    alert (1);
}

var _a = a;

a = function(){
    _a();
    alert (2);
}

a();
```

这是实际开发中很常见的一种做法，比如我们想给 window 绑定 onload 事件，但是又不确定这个事件是不是已经被其他人绑定过，为了避免覆盖掉之前的 window.onload 函数中的行为，我们一般都会先保存好原先的 window.onload，把它放入新的 window.onload 里执行：

```
window.onload = function(){
    alert (1);
}

var _onload = window.onload || function(){};

window.onload = function(){
    _onload();
    alert (2);
}
```

这样的代码当然是符合开放–封闭原则的，我们在增加新功能的时候，确实没有修改原来的 window.onload 代码，但是这种方式存在以下两个问题。

❑ 必须维护 _onload 这个中间变量，虽然看起来并不起眼，但如果函数的装饰链较长，或者需要装饰的函数变多，这些中间变量的数量也会越来越多。

❑ 其实还遇到了 this 被劫持的问题，在 window.onload 的例子中没有这个烦恼，是因为调用普通函数 _onload 时，this 也指向 window，跟调用 window.onload 时一样（函数作为对象的方法被调用时，this 指向该对象，所以此处 this 也只指向 window）。现在把 window.onload 换成 document.getElementById，代码如下：

```
var _getElementById = document.getElementById;


document.getElementById = function( id ){
    alert (1);
    return _getElementById( id );        // (1)
}


var button = document.getElementById( 'button' );
</script>
```

执行这段代码，我们看到在弹出 alert(1)之后，紧接着控制台抛出了异常：

```
// 输出： Uncaught TypeError: Illegal invocation
```

异常发生在(1)处的_getElementById(id)这句代码上，此时_getElementById 是一个全局函数，当调用一个全局函数时，this 是指向 window 的，而 document.getElementById 方法的内部实现需要使用 this 引用，this 在这个方法内预期是指向 document，而不是 window，这是错误发生的原因，所以使用现在的方式给函数增加功能并不保险。

改进后的代码可以满足需求，我们要手动把 document 当作上下文 this 传入_getElementById：

```
<html>
    <button id="button"></button>
    <script>
    var _getElementById = document.getElementById;

    document.getElementById = function(){
        alert (1);
        return _getElementById.apply( document, arguments );
    }

    var button = document.getElementById( 'button' );
    </script>
</html>
```

但这样做显然很不方便，下面我们引入本书 3.7 节介绍过的 AOP，来提供一种完美的方法给函数动态增加功能。

15.5　用 AOP 装饰函数

首先给出 Function.prototype.before 方法和 Function.prototype.after 方法：

```
Function.prototype.before = function( beforefn ){
    var __self = this;  // 保存原函数的引用
    return function(){     // 返回包含了原函数和新函数的"代理"函数
        beforefn.apply( this, arguments );  // 执行新函数，且保证 this 不被劫持，新函数接受的参数
                                            // 也会被原封不动地传入原函数，新函数在原函数之前执行
        return __self.apply( this, arguments );  // 执行原函数并返回原函数的执行结果，
                                                 // 并且保证 this 不被劫持
    }
}

Function.prototype.after = function( afterfn ){
    var __self = this;
    return function(){
        var ret = __self.apply( this, arguments );
        afterfn.apply( this, arguments );
        return ret;
    }
};
```

Function.prototype.before 接受一个函数当作参数，这个函数即为新添加的函数，它装载了新添加的功能代码。

接下来把当前的 this 保存起来，这个 this 指向原函数，然后返回一个“代理”函数，这个“代理”函数只是结构上像代理而已，并不承担代理的职责（比如控制对象的访问等）。它的工作是把请求分别转发给新添加的函数和原函数，且负责保证它们的执行顺序，让新添加的函数在原函数之前执行（前置装饰），这样就实现了动态装饰的效果。

我们注意到，通过 Function.prototype.apply 来动态传入正确的 this，保证了函数在被装饰之后，this 不会被劫持。

Function.prototype.after 的原理跟 Function.prototype.before 一模一样，唯一不同的地方在于让新添加的函数在原函数执行之后再执行。

下面来试试用 Function.prototype.before 的威力：

```
<html>
    <button id="button"></button>
    <script>
    Function.prototype.before = function( beforefn ){
        var __self = this;
        return function(){
            beforefn.apply( this, arguments );
            return __self.apply( this, arguments );
        }
    }

    document.getElementById = document.getElementById.before(function(){
        alert (1);
    });

    var button = document.getElementById( 'button' );
```

```
    console.log( button );
    </script>
</html>
```

再回到 window.onload 的例子, 看看用 Function.prototype.after 来增加新的 window.onload 事件是多么简单:

```
window.onload = function(){
    alert (1);
}

window.onload = ( window.onload || function(){} ).after(function(){
    alert (2);
}).after(function(){
    alert (3);
}).after(function(){
    alert (4);
});
```

值得提到的是, 上面的 AOP 实现是在 Function.prototype 上添加 before 和 after 方法, 但许多人不喜欢这种污染原型的方式, 那么我们可以做一些变通, 把原函数和新函数都作为参数传入 before 或者 after 方法:

```
var before = function( fn, beforefn ){
    return function(){
        beforefn.apply( this, arguments );
        return fn.apply( this, arguments );
    }
}

var a = before(
    function(){alert (3)},
    function(){alert (2)}
);

a = before( a, function(){alert (1);} );
a();
```

15.6　AOP 的应用实例

用 AOP 装饰函数的技巧在实际开发中非常有用。不论是业务代码的编写, 还是在框架层面, 我们都可以把行为依照职责分成粒度更细的函数, 随后通过装饰把它们合并到一起, 这有助于我们编写一个松耦合和高复用性的系统。

这一节将介绍几个例子, 带大家进一步理解装饰函数的威力。

15.6.1　数据统计上报

分离业务代码和数据统计代码, 无论在什么语言中, 都是 AOP 的经典应用之一。在项目开发的结尾阶段难免要加上很多统计数据的代码，这些过程可能让我们被迫改动早已封装好的函数。

比如页面中有一个登录 button，点击这个 button 会弹出登录浮层，与此同时要进行数据上报，来统计有多少用户点击了这个登录 button：

```html
<html>
    <button tag="login" id="button">点击打开登录浮层</button>
    <script>

    var showLogin = function(){
        console.log( '打开登录浮层' );
        log( this.getAttribute( 'tag' ) );
    }

    var log = function( tag ){
        console.log( '上报标签为: ' + tag );
        // (new Image).src = 'http:// xxx.com/report?tag=' + tag;    // 真正的上报代码略
    }

    document.getElementById( 'button' ).onclick = showLogin;

    </script>
</html>
```

我们看到在 showLogin 函数里，既要负责打开登录浮层，又要负责数据上报，这是两个层面的功能，在此处却被耦合在一个函数里。使用 AOP 分离之后，代码如下：

```html
<html>
    <button tag="login" id="button">点击打开登录浮层</button>
    <script>

    Function.prototype.after = function( afterfn ){
        var __self = this;
        return function(){
            var ret = __self.apply( this, arguments );
            afterfn.apply( this, arguments );
            return ret;
        }
    };

    var showLogin = function(){
        console.log( '打开登录浮层' );
    }

    var log = function(){
        console.log( '上报标签为: ' + this.getAttribute( 'tag' ) );
    }

    showLogin = showLogin.after( log );     // 打开登录浮层之后上报数据

    document.getElementById( 'button' ).onclick = showLogin;
    </script>
</html>
```

15.6.2　用 AOP 动态改变函数的参数

观察 Function.prototype.before 方法：

```
Function.prototype.before = function( beforefn ){
    var __self = this;
    return function(){
        beforefn.apply( this, arguments );      // (1)
        return __self.apply( this, arguments );     // (2)
    }
}
```

从这段代码的(1)处和(2)处可以看到，beforefn 和原函数 __self 共用一组参数列表 arguments，当我们在 beforefn 的函数体内改变 arguments 的时候，原函数 __self 接收的参数列表自然也会变化。

下面的例子展示了如何通过 Function.prototype.before 方法给函数 func 的参数 param 动态地添加属性 b：

```
var func = function( param ){
    console.log( param );     // 输出：{a: "a", b: "b"}
}

func = func.before( function( param ){
    param.b = 'b';
});

func( {a: 'a'} );
```

现在有一个用于发起 ajax 请求的函数，这个函数负责项目中所有的 ajax 异步请求：

```
var ajax = function( type, url, param ){
    console.dir(param);
    // 发送 ajax 请求的代码略
};

ajax( 'get', 'http:// xxx.com/userinfo', { name: 'sven' } );
```

上面的伪代码表示向后台 cgi 发起一个请求来获取用户信息，传递给 cgi 的参数是{ name: 'sven' }。

ajax 函数在项目中一直运转良好，跟 cgi 的合作也很愉快。直到有一天，我们的网站遭受了 CSRF 攻击。解决 CSRF 攻击最简单的一个办法就是在 HTTP 请求中带上一个 Token 参数。

假设我们已经有一个用于生成 Token 的函数：

```
var getToken = function(){
    return 'Token';
}
```

现在的任务是给每个 **ajax** 请求都加上 Token 参数：

```
var ajax = function( type, url, param ){
    param = param || {};
    Param.Token = getToken();      // 发送 ajax 请求的代码略...
};
```

虽然已经解决了问题，但我们的 ajax 函数相对变得僵硬了，每个从 ajax 函数里发出的请求都自动带上了 Token 参数，虽然在现在的项目中没有什么问题，但如果将来把这个函数移植到其他项目上，或者把它放到一个开源库中供其他人使用，Token 参数都将是多余的。

也许另一个项目不需要验证 Token，或者是 Token 的生成方式不同，无论是哪种情况，都必须重新修改 ajax 函数。

为了解决这个问题，先把 ajax 函数还原成一个干净的函数：

```
var ajax= function( type, url, param ){
    console.log(param);      // 发送 ajax 请求的代码略
};
```

然后把 Token 参数通过 Function.prototyte.before 装饰到 ajax 函数的参数 param 对象中：

```
var getToken = function(){
    return 'Token';
}

ajax = ajax.before(function( type, url, param ){
    param.Token = getToken();
});

ajax( 'get', 'http:// xxx.com/userinfo', { name: 'sven' } );
```

从 ajax 函数打印的 **log** 可以看到，Token 参数已经被附加到了 ajax 请求的参数中：

```
{name: "sven", Token: "Token"}
```

明显可以看到，用 **AOP** 的方式给 ajax 函数动态装饰上 Token 参数，保证了 **ajax** 函数是一个相对纯净的函数，提高了 ajax 函数的可复用性，它在被迁往其他项目的时候，不需要做任何修改。

15.6.3 插件式的表单验证

我们很多人都写过许多表单验证的代码，在一个 Web 项目中，可能存在非常多的表单，如注册、登录、修改用户信息等。在表单数据提交给后台之前，常常要做一些校验，比如登录的时候需要验证用户名和密码是否为空，代码如下：

```
<html>
    <body>
        用户名: <input id="username" type="text"/>
```

```
密码： <input id="password" type="password"/>
    <input id="submitBtn" type="button" value="提交"/>
</body>
<script>
var username = document.getElementById( 'username' ),
    password = document.getElementById( 'password' ),
    submitBtn = document.getElementById( 'submitBtn' );

    var formSubmit = function(){
        if ( username.value === '' ){
            return alert ( '用户名不能为空' );
        }
        if ( password.value === '' ){
            return alert ( '密码不能为空' );
        }

        var param = {
            username: username.value,
            password: password.value
        }
        ajax( 'http:// xxx.com/login', param );      // ajax 具体实现略
    }

    submitBtn.onclick = function(){
        formSubmit();
    }
</script>
</html>
```

formSubmit 函数在此处承担了两个职责，除了提交 ajax 请求之外，还要验证用户输入的合法性。这种代码一来会造成函数臃肿，职责混乱，二来谈不上任何可复用性。

本节的目的是分离校验输入和提交 ajax 请求的代码，我们把校验输入的逻辑放到 validata 函数中，并且约定当 validata 函数返回 false 的时候，表示校验未通过，代码如下：

```
var validata = function(){
    if ( username.value === '' ){
        alert ( '用户名不能为空' );
        return false;
    }
    if ( password.value === '' ){
        alert ( '密码不能为空' );
        return false;
    }
}

var formSubmit = function(){
    if ( validata() === false ){      // 校验未通过
        return;
    }
    var param = {
```

```
        username: username.value,
        password: password.value
    }
    ajax( 'http:// xxx.com/login', param );
}

submitBtn.onclick = function(){
    formSubmit();
}
```

现在的代码已经有了一些改进，我们把校验的逻辑都放到了 validata 函数中，但 formSubmit 函数的内部还要计算 validata 函数的返回值，因为返回值的结果表明了是否通过校验。

接下来进一步优化这段代码，使 validata 和 formSubmit 完全分离开来。首先要改写 Function. prototype.before，如果 beforefn 的执行结果返回 false，表示不再执行后面的原函数，代码如下：

```
Function.prototype.before = function( beforefn ){
    var __self = this;
    return function(){
        if ( beforefn.apply( this, arguments ) === false ){
            // beforefn 返回 false 的情况直接 return，不再执行后面的原函数
            return;
        }
        return __self.apply( this, arguments );
    }
}

var validata = function(){
    if ( username.value === '' ){
        alert ( '用户名不能为空' );
        return false;
    }
    if ( password.value === '' ){
        alert ( '密码不能为空' );
        return false;
    }
}

var formSubmit = function(){
    var param = {
        username: username.value,
        password: password.value
    }
    ajax( 'http:// xxx.com/login', param );
}

formSubmit = formSubmit.before( validata );

submitBtn.onclick = function(){
    formSubmit();
}
```

在这段代码中，校验输入和提交表单的代码完全分离开来，它们不再有任何耦合关系，formSubmit = formSubmit.before(validata)这句代码，如同把校验规则动态接在 formSubmit 函数之前，validata 成为一个即插即用的函数，它甚至可以被写成配置文件的形式，这有利于我们分开维护这两个函数。再利用策略模式稍加改造，我们就可以把这些校验规则都写成插件的形式，用在不同的项目当中。

值得注意的是，因为函数通过 Function.prototype.before 或者 Function.prototype.after 被装饰之后，返回的实际上是一个新的函数，如果在原函数上保存了一些属性，那么这些属性会丢失。代码如下：

```
var func = function(){
    alert( 1 );
}
func.a = 'a';

func = func.after( function(){
    alert( 2 );
});

alert ( func.a );   // 输出: undefined
```

另外，这种装饰方式也叠加了函数的作用域，如果装饰的链条过长，性能上也会受到一些影响。

15.7　装饰者模式和代理模式

装饰者模式和第 6 章代理模式的结构看起来非常相像，这两种模式都描述了怎样为对象提供一定程度上的间接引用，它们的实现部分都保留了对另外一个对象的引用，并且向那个对象发送请求。

代理模式和装饰者模式最重要的区别在于它们的意图和设计目的。代理模式的目的是，当直接访问本体不方便或者不符合需要时，为这个本体提供一个替代者。本体定义了关键功能，而代理提供或拒绝对它的访问，或者在访问本体之前做一些额外的事情。装饰者模式的作用就是为对象动态加入行为。换句话说，代理模式强调一种关系（Proxy 与它的实体之间的关系），这种关系可以静态的表达，也就是说，这种关系在一开始就可以被确定。而装饰者模式用于一开始不能确定对象的全部功能时。代理模式通常只有一层代理-本体的引用，而装饰者模式经常会形成一条长长的装饰链。

在虚拟代理实现图片预加载的例子中，本体负责设置 img 节点的 src，代理则提供了预加载的功能，这看起来也是"加入行为"的一种方式，但这种加入行为的方式和装饰者模式的偏重点是不一样的。装饰者模式是实实在在的为对象增加新的职责和行为，而代理做的事情还是跟本体一样，最终都是设置 src。但代理可以加入一些"聪明"的功能，比如在图片真正加载好之前，先使用一张占位的 loading 图片反馈给客户。

15.8 小结

本章通过数据上报、统计函数的执行时间、动态改变函数参数以及插件式的表单验证这 4 个例子，我们了解了装饰函数，它是 JavaScript 中独特的装饰者模式。这种模式在实际开发中非常有用，除了上面提到的例子，它在框架开发中也十分有用。作为框架作者，我们希望框架里的函数提供的是一些稳定而方便移植的功能，那些个性化的功能可以在框架之外动态装饰上去，这可以避免为了让框架拥有更多的功能，而去使用一些 if、else 语句预测用户的实际需要。

第 16 章

状态模式

状态模式是一种非同寻常的优秀模式，它也许是解决某些需求场景的最好方法。虽然状态模式并不是一种简单到一目了然的模式（它往往还会带来代码量的增加），但你一旦明白了状态模式的精髓，以后一定会感谢它带给你的无与伦比的好处。

状态模式的关键是区分事物内部的状态，事物内部状态的改变往往会带来事物的行为改变。

16.1　初识状态模式

我们来想象这样一个场景：有一个电灯，电灯上面只有一个开关。当电灯开着的时候，此时按下开关，电灯会切换到关闭状态；再按一次开关，电灯又将被打开。同一个开关按钮，在不同的状态下，表现出来的行为是不一样的。

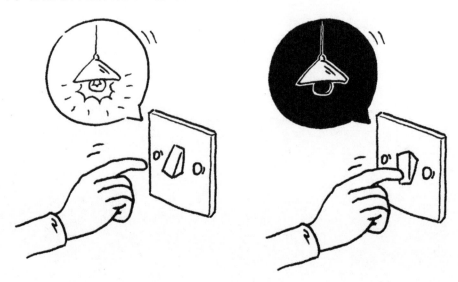

现在用代码来描述这个场景，首先定义一个 Light 类，可以预见，电灯对象 light 将从 Light 类创建而出， light 对象将拥有两个属性，我们用 state 来记录电灯当前的状态，用 button 表示具体的开关按钮。下面来编写这个电灯程序的例子。

16.1.1 第一个例子：电灯程序

首先给出不用状态模式的电灯程序实现：

```
var Light = function(){
    this.state = 'off';    // 给电灯设置初始状态 off
    this.button = null;    // 电灯开关按钮
};
```

接下来定义 Light.prototype.init 方法，该方法负责在页面中创建一个真实的 button 节点，假设这个 button 就是电灯的开关按钮，当 button 的 onclick 事件被触发时，就是电灯开关被按下的时候，代码如下：

```
Light.prototype.init = function(){
    var button = document.createElement( 'button' ),
        self = this;

    button.innerHTML = '开关';
    this.button = document.body.appendChild( button );
    this.button.onclick = function(){
        self.buttonWasPressed();
    }
};
```

当开关被按下时，程序会调用 self.buttonWasPressed 方法， 开关按下之后的所有行为，都将被封装在这个方法里，代码如下：

```
Light.prototype.buttonWasPressed = function(){
    if ( this.state === 'off' ){
        console.log( '开灯' );
        this.state = 'on';
    }else if ( this.state === 'on' ){
        console.log( '关灯' );
        this.state = 'off';
    }
};

var light = new Light();
light.init();
```

OK，现在可以看到，我们已经编写了一个强壮的状态机，这个状态机的逻辑既简单又缜密，看起来这段代码设计得无懈可击，这个程序没有任何 bug。实际上这种代码我们已经编写过无数遍，比如要交替切换一个 button 的 class，跟此例一样，往往先用一个变量 state 来记录按钮的当前状态，在事件发生时，再根据这个状态来决定下一步的行为。

令人遗憾的是，这个世界上的电灯并非只有一种。许多酒店里有另外一种电灯，这种电灯也只有一个开关，但它的表现是：第一次按下打开弱光，第二次按下打开强光，第三次才是关闭电灯。现在必须改造上面的代码来完成这种新型电灯的制造：

```
Light.prototype.buttonWasPressed = function(){
    if ( this.state === 'off' ){
        console.log( '弱光' );
        this.state = 'weakLight';
    }else if ( this.state === 'weakLight' ){
        console.log( '强光' );
        this.state = 'strongLight';
    }else if ( this.state === 'strongLight' ){
        console.log( '关灯' );
        this.state = 'off';
    }
};
```

现在这个反例先告一段落，我们来考虑一下上述程序的缺点。

❑ 很明显 buttonWasPressed 方法是违反开放–封闭原则的，每次新增或者修改 light 的状态，都需要改动 buttonWasPressed 方法中的代码，这使得 buttonWasPressed 成为了一个非常不稳定的方法。

❑ 所有跟状态有关的行为，都被封装在 buttonWasPressed 方法里，如果以后这个电灯又增加了强强光、超强光和终极强光，那我们将无法预计这个方法将膨胀到什么地步。当然为了简化示例，此处在状态发生改变的时候，只是简单地打印一条 log 和改变 button 的 innerHTML。在实际开发中，要处理的事情可能比这多得多，也就是说，buttonWasPressed 方法要比现在庞大得多。

❑ 状态的切换非常不明显，仅仅表现为对 state 变量赋值，比如 this.state = 'weakLight'。在实际开发中，这样的操作很容易被程序员不小心漏掉。我们也没有办法一目了然地明白电灯一共有多少种状态，除非耐心地读完 buttonWasPressed 方法里的所有代码。当状态的种类多起来的时候，某一次切换的过程就好像被埋藏在一个巨大方法的某个阴暗角落里。

❑ 状态之间的切换关系，不过是往 buttonWasPressed 方法里堆砌 if、else 语句，增加或者修改一个状态可能需要改变若干个操作，这使 buttonWasPressed 更加难以阅读和维护。

16.1.2   状态模式改进电灯程序

现在我们学习使用状态模式改进电灯的程序。有意思的是，通常我们谈到封装，一般都会优先封装对象的行为，而不是对象的状态。但在状态模式中刚好相反，状态模式的关键是把事物的每种状态都封装成单独的类，跟此种状态有关的行为都被封装在这个类的内部，所以 button 被按下的的时候，只需要在上下文中，把这个请求委托给当前的状态对象即可，该状态对象会负责渲染它自身的行为，如图 16-1 所示。

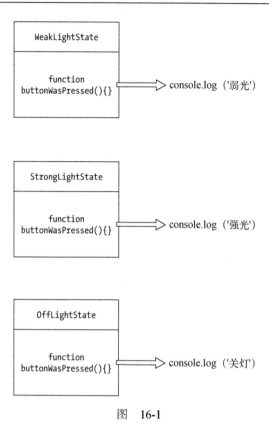

图　16-1

同时我们还可以把状态的切换规则事先分布在状态类中，这样就有效地消除了原本存在的大量条件分支语句，如图 16-2 所示。

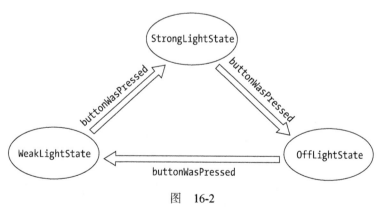

图　16-2

下面进入状态模式的代码编写阶段，首先将定义 3 个状态类，分别是 OffLightState、WeakLightState、StrongLightState。这 3 个类都有一个原型方法 buttonWasPressed，代表在各自状态下，按钮被按下时将发生的行为，代码如下：

```
// OffLightState:

var OffLightState = function( light ){
    this.light = light;
};

OffLightState.prototype.buttonWasPressed = function(){
    console.log( '弱光' );    // offLightState 对应的行为
    this.light.setState( this.light.weakLightState );     // 切换状态到 weakLightState
};

// WeakLightState:

var WeakLightState = function( light ){
    this.light = light;
};

WeakLightState.prototype.buttonWasPressed = function(){
    console.log( '强光' );    // weakLightState 对应的行为
    this.light.setState( this.light.strongLightState );     // 切换状态到 strongLightState
};

// StrongLightState:

var StrongLightState = function( light ){
    this.light = light;
};

StrongLightState.prototype.buttonWasPressed = function(){
    console.log( '关灯' );    // strongLightState 对应的行为
    this.light.setState( this.light.offLightState );     // 切换状态到 offLightState
};
```

接下来改写 Light 类，现在不再使用一个字符串来记录当前的状态，而是使用更加立体化的状态对象。我们在 Light 类的构造函数里为每个状态类都创建一个状态对象，这样一来我们可以很明显地看到电灯一共有多少种状态，代码如下：

```
var Light = function(){
    this.offLightState = new OffLightState( this );
    this.weakLightState = new WeakLightState( this );
    this.strongLightState = new StrongLightState( this );
    this.button = null;
};
```

在 **button** 按钮被按下的事件里，**Context** 也不再直接进行任何实质性的操作，而是通过 self.currState.buttonWasPressed() 将请求委托给当前持有的状态对象去执行，代码如下：

```
Light.prototype.init = function(){
    var button = document.createElement( 'button' ),
        self = this;
```

```
    this.button = document.body.appendChild( button );
    this.button.innerHTML = '开关';

    this.currState = this.offLightState;    // 设置当前状态

    this.button.onclick = function(){
        self.currState.buttonWasPressed();
    }
};
```

最后还要提供一个 Light.prototype.setState 方法，状态对象可以通过这个方法来切换 light 对象的状态。前面已经说过，状态的切换规律事先被完好定义在各个状态类中。在 **Context** 中再也找不到任何一个跟状态切换相关的条件分支语句：

```
Light.prototype.setState = function( newState ){
    this.currState = newState;
};
```

现在可以进行一些测试：

```
var light = new Light();
light.init();
```

不出意外的话，执行结果跟之前的代码一致，但是使用状态模式的好处很明显，它可以使每一种状态和它对应的行为之间的关系局部化，这些行为被分散和封装在各自对应的状态类之中，便于阅读和管理代码。

另外，状态之间的切换都被分布在状态类内部，这使得我们无需编写过多的 if、else 条件分支语言来控制状态之间的转换。

当我们需要为 light 对象增加一种新的状态时，只需要增加一个新的状态类，再稍稍改变一些现有的代码即可。假设现在 light 对象多了一种超强光的状态，那就先增加 SuperStrongLightState 类：

```
var SuperStrongLightState = function( light ){
    this.light = light;
};

SuperStrongLightState.prototype.buttonWasPressed = function(){
    console.log( '关灯' );
    this.light.setState( this.light.offLightState );
};
```

然后在 Light 构造函数里新增一个 superStrongLightState 对象：

```
var Light = function(){
    this.offLightState = new OffLightState( this );
    this.weakLightState = new WeakLightState( this );
```

```
    this.strongLightState = new StrongLightState( this );
    this.superStrongLightState = new SuperStrongLightState( this );  // 新增 superStrongLightState 对象

    this.button = null;
};
```

最后改变状态类之间的切换规则，从 StrongLightState---->OffLightState 变为 StrongLight-
State---->SuperStrongLightState ---->OffLightState：

```
StrongLightState.prototype.buttonWasPressed = function(){
    console.log( '超强光' );      // strongLightState 对应的行为
    this.light.setState( this.light.superStrongLightState );      // 切换状态到 superStrongLightState
};
```

16.2   状态模式的定义

通过电灯的例子，相信我们对于状态模式已经有了一定程度的了解。现在回头来看 GoF 中
对状态模式的定义：

> 允许一个对象在其内部状态改变时改变它的行为，对象看起来似乎修改了它的类。

我们以逗号分割，把这句话分为两部分来看。第一部分的意思是将状态封装成独立的类，并
将请求委托给当前的状态对象，当对象的内部状态改变时，会带来不同的行为变化。电灯的例子
足以说明这一点，在 off 和 on 这两种不同的状态下，我们点击同一个按钮，得到的行为反馈是截
然不同的。

第二部分是从客户的角度来看，我们使用的对象，在不同的状态下具有截然不同的行为，这
个对象看起来是从不同的类中实例化而来的，实际上这是使用了委托的效果。

16.3   状态模式的通用结构

在前面的电灯例子中，我们完成了一个状态模式程序的编写。首先定义了 Light 类，Light
类在这里也被称为上下文（Context）。随后在 Light 的构造函数中，我们要创建每一个状态类的
实例对象，Context 将持有这些状态对象的引用，以便把请求委托给状态对象。用户的请求，即
点击 button 的动作也是实现在 Context 中的，代码如下：

```
var Light = function(){
    this.offLightState = new OffLightState( this );      // 持有状态对象的引用
    this.weakLightState = new WeakLightState( this );
    this.strongLightState = new StrongLightState( this );
    this.superStrongLightState = new SuperStrongLightState( this );
    this.button = null;
};

Light.prototype.init = function(){
    var button = document.createElement( 'button' ),
```

```
        self = this;

    this.button = document.body.appendChild( button );
    this.button.innerHTML = '开关';
    this.currState = this.offLightState;    // 设置默认初始状态

    this.button.onclick = function(){    // 定义用户的请求动作
        self.currState.buttonWasPressed();
    }
};
```

接下来可能是个苦力活，我们要编写各种状态类，light 对象被传入状态类的构造函数，状态对象也需要持有 light 对象的引用，以便调用 light 中的方法或者直接操作 light 对象：

```
var OffLightState = function( light ){
    this.light = light;
};

OffLightState.prototype.buttonWasPressed = function(){
    console.log( '弱光' );
    this.light.setState( this.light.weakLightState );
};
```

16.4　缺少抽象类的变通方式

我们看到，在状态类中将定义一些共同的行为方法，Context 最终会将请求委托给状态对象的这些方法，在这个例子里，这个方法就是 buttonWasPressed。无论增加了多少种状态类，它们都必须实现 buttonWasPressed 方法。

在 Java 中，所有的状态类必须继承自一个 State 抽象父类，当然如果没有共同的功能值得放入抽象父类中，也可以选择实现 State 接口。这样做的原因一方面是我们曾多次提过的向上转型，另一方面是保证所有的状态子类都实现了 buttonWasPressed 方法。遗憾的是，**JavaScript** 既不支持抽象类，也没有接口的概念。所以在使用状态模式的时候要格外小心，如果我们编写一个状态子类时，忘记了给这个状态子类实现 buttonWasPressed 方法，则会在状态切换的时候抛出异常。因为 **Context** 总是把请求委托给状态对象的 buttonWasPressed 方法。

不论怎样严格要求程序员，也许都避免不了犯错的那一天，毕竟如果没有编译器的帮助，只依靠程序员的自觉以及一点好运气，是不靠谱的。这里建议的解决方案跟《模板方法模式》中一致，让抽象父类的抽象方法直接抛出一个异常，这个异常至少会在程序运行期间就被发现：

```
var State = function(){};

State.prototype.buttonWasPressed = function(){
    throw new Error( '父类的 buttonWasPressed 方法必须被重写' );
};

var SuperStrongLightState = function( light ){
```

```
        this.light = light;
};

SuperStrongLightState.prototype = new State();    // 继承抽象父类

SuperStrongLightState.prototype.buttonWasPressed = function(){    // 重写 buttonWasPressed 方法
        console.log( '关灯' );
        this.light.setState( this.light.offLightState );
};
```

16.5 另一个状态模式示例——文件上传

接下来我们要讨论一个复杂一点的例子，这原本是一个真实的项目，是我 2013 年重构微云上传模块的经历。实际上，不论是文件上传，还是音乐、视频播放器，都可以找到一些明显的状态区分。比如文件上传程序中有扫描、正在上传、暂停、上传成功、上传失败这几种状态，音乐播放器可以分为加载中、正在播放、暂停、播放完毕这几种状态。点击同一个按钮，在上传中和暂停状态下的行为表现是不一样的，同时它们的样式 class 也不同。下面我们以文件上传为例进行说明。上传中，点击按钮暂停，如图 16-3 所示。

图   16-3

暂停中，点击按钮继续播放，如图 16-4 所示。

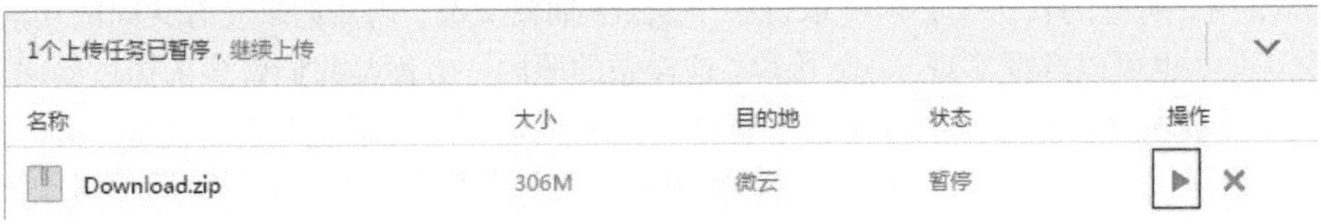

图   16-4

看到这里，再联系一下电灯的例子和之前对状态模式的了解，我们已经找了使用状态模式的理由。

16.5.1 更复杂的切换条件

相对于电灯的例子，文件上传不同的地方在于，现在我们将面临更加复杂的条件切换关系。在电灯的例子中，电灯的状态总是从关到开再到关，或者从关到弱光、弱光到强光、强光再到关。看起来总是循规蹈矩的 A→B→C→A，所以即使不使用状态模式来编写电灯的程序，而是使用原始的 if、else 来控制状态切换，我们也不至于在逻辑编写中迷失自己，因为状态的切换总是遵循一些简单的规律，代码如下：

```
if ( this.state === 'off' ){
    console.log( '开弱光' );
    this.button.innerHTML = '下一次按我是强光';
    this.state = 'weakLight';
}else if ( this.state === 'weakLight' ){
    console.log( '开强光' );
    this.button.innerHTML = '下一次按我是关灯';
    this.state = 'strongLight';
}else if ( this.state === 'strongLight' ){
    console.log( '关灯' );
    this.button.innerHTML = '下一次按我是弱光';
    this.state = 'off';
}
```

　　而文件上传的状态切换相比要复杂得多，控制文件上传的流程需要两个节点按钮，第一个用于暂停和继续上传，第二个用于删除文件，如图 16-5 所示。

图　16-5

　　现在看看文件在不同的状态下，点击这两个按钮将分别发生什么行为。

❑ 文件在扫描状态中，是不能进行任何操作的，既不能暂停也不能删除文件，只能等待扫描完成。扫描完成之后，根据文件的 **md5** 值判断，若确认该文件已经存在于服务器，则直接跳到上传完成状态。如果该文件的大小超过允许上传的最大值，或者该文件已经损坏，则跳往上传失败状态。剩下的情况下才进入上传中状态。

❑ 上传过程中可以点击暂停按钮来暂停上传，暂停后点击同一个按钮会继续上传。

❑ 扫描和上传过程中，点击删除按钮无效，只有在暂停、上传完成、上传失败之后，才能删除文件。

16.5.2　一些准备工作

　　微云提供了一些浏览器插件来帮助完成文件上传。插件类型根据浏览器的不同，有可能是 ActiveObject，也有可能是 WebkitPlugin。

　　上传是一个异步的过程，所以控件会不停地调用 JavaScript 提供的一个全局函数 window.external.upload，来通知 JavaScript 目前的上传进度，控件会把当前的文件状态作为参数 state 塞进 window.external.upload。在这里无法提供一个完整的上传插件，我们将简单地用 setTimeout 来模拟文件的上传进度，window.external.upload 函数在此例中也只负责打印一些 log：

```
window.external.upload = function( state ){
    console.log( state );       // 可能为 sign、uploading、done、error
};
```

另外我们需要在页面中放置一个用于上传的插件对象：

```
var plugin = (function(){
    var plugin = document.createElement( 'embed' );
    plugin.style.display = 'none';

    plugin.type = 'application/txftn-webkit';

    plugin.sign = function(){
        console.log( '开始文件扫描' );
    }
    plugin.pause = function(){
        console.log( '暂停文件上传' );
    };

    plugin.uploading = function(){
        console.log( '开始文件上传' );
    };

    plugin.del = function(){
        console.log( '删除文件上传' );
    }

    plugin.done = function(){
        console.log( '文件上传完成' );
    }

    document.body.appendChild( plugin );

    return plugin;
})();
```

16.5.3　开始编写代码

接下来开始完成其他代码的编写，先定义 Upload 类，控制上传过程的对象将从 Upload 类中创建而来：

```
var Upload = function( fileName ){
    this.plugin = plugin;
    this.fileName = fileName;
    this.button1 = null;
    this.button2 = null;
    this.state = 'sign';     // 设置初始状态为 waiting
};
```

Upload.prototype.init 方法会进行一些初始化工作，包括创建页面中的一些节点。在这些节点里，起主要作用的是两个用于控制上传流程的按钮，第一个按钮用于暂停和继续上传，第二个用于删除文件：

```
Upload.prototype.init = function(){
    var that = this;
    this.dom = document.createElement( 'div' );
    this.dom.innerHTML =
        '<span>文件名称:'+ this.fileName +'</span>\
        <button data-action="button1">扫描中</button>\
        <button data-action="button2">删除</button>';

    document.body.appendChild( this.dom );
    this.button1 = this.dom.querySelector( '[data-action="button1"]' );      // 第一个按钮
    this.button2 = this.dom.querySelector( '[data-action="button2"]' );      // 第二个按钮
    this.bindEvent();
};
```

接下来需要给两个按钮分别绑定点击事件：

```
Upload.prototype.bindEvent = function(){
    var self = this;
    this.button1.onclick = function(){
        if ( self.state === 'sign' ){    // 扫描状态下，任何操作无效
            console.log( '扫描中，点击无效...' );
        }else if ( self.state === 'uploading' ){    // 上传中，点击切换到暂停
            self.changeState( 'pause' );
        }else if ( self.state === 'pause' ){    // 暂停中，点击切换到上传中
            self.changeState( 'uploading' );
        }else if ( self.state === 'done' ){
            console.log( '文件已完成上传，点击无效' );
        }else if ( self.state === 'error' ){
            console.log( '文件上传失败，点击无效' );
        }
    };

    this.button2.onclick = function(){
        if ( self.state === 'done' || self.state === 'error'
                || self.state === 'pause' ){
            // 上传完成、上传失败和暂停状态下可以删除
            self.changeState( 'del' );
        }else if ( self.state === 'sign' ){
            console.log( '文件正在扫描中，不能删除' );
        }else if ( self.state === 'uploading' ){
            console.log( '文件正在上传中，不能删除' );
        }
    };

};
```

再接下来是 Upload.prototype.changeState 方法，它负责切换状态之后的具体行为，包括改变按钮的 innerHTML，以及调用插件开始一些"真正"的操作：

```
Upload.prototype.changeState = function( state ){

    switch( state ){
```

```
            case 'sign':
                this.plugin.sign();
                this.button1.innerHTML = '扫描中，任何操作无效';
                break;
            case 'uploading':
                this.plugin.uploading();
                this.button1.innerHTML = '正在上传，点击暂停';
                break;
            case 'pause':
                this.plugin.pause();
                this.button1.innerHTML = '已暂停，点击继续上传';
                break;
            case 'done':
                this.plugin.done();
                this.button1.innerHTML = '上传完成';
                break;
            case 'error':
                this.button1.innerHTML = '上传失败';
                break;
            case 'del':
                this.plugin.del();
                this.dom.parentNode.removeChild( this.dom );
                console.log( '删除完成' );
                break;
        }

        this.state = state;
    };
```

最后我们来进行一些测试工作：

```
var uploadObj = new Upload( 'JavaScript 设计模式与开发实践' );

uploadObj.init();

window.external.upload = function( state ){     // 插件调用 JavaScript 的方法
    uploadObj.changeState( state );
};

window.external.upload( 'sign' );     // 文件开始扫描

setTimeout(function(){
    window.external.upload( 'uploading' );     // 1 秒后开始上传
}, 1000 );

setTimeout(function(){
    window.external.upload( 'done' );     // 5 秒后上传完成
}, 5000 );
```

　　至此就完成了一个简单的文件上传程序的编写。当然这仍然是一个反例，这里的缺点跟电灯例子中的第一段代码一样，程序中充斥着 if、else 条件分支，状态和行为都被耦合在一个巨大的方法里，我们很难修改和扩展这个状态机。文件状态之间的联系如此复杂，这个问题显得更加严重了。

16.5.4　状态模式重构文件上传程序

状态模式在文件上传的程序中，是最优雅的解决办法之一。通过电灯的例子，我们已经熟知状态模式的结构了，下面就开始一步步地重构它。

第一步仍然是提供 window.external.upload 函数，在页面中模拟创建上传插件，这部分代码没有改变：

```
window.external.upload = function( state ){
    console.log( state );     // 可能为 sign、uploading、done、error
};


var plugin = (function(){
    var plugin = document.createElement( 'embed' );
    plugin.style.display = 'none';

    plugin.type = 'application/txftn-webkit';

    plugin.sign = function(){
        console.log( '开始文件扫描' );
    }

    plugin.pause = function(){
        console.log( '暂停文件上传' );
    };

    plugin.uploading = function(){
        console.log( '开始文件上传' );
    };
    plugin.del = function(){
        console.log( '删除文件上传' );
    }

    plugin.done = function(){
        console.log( '文件上传完成' );
    }

    document.body.appendChild( plugin );

    return plugin;
})();
```

第二步，改造 Upload 构造函数，在构造函数中为每种状态子类都创建一个实例对象：

```
var Upload = function( fileName ){
    this.plugin = plugin;
    this.fileName = fileName;
    this.button1 = null;
    this.button2 = null;
    this.signState = new SignState( this );      // 设置初始状态为 waiting
    this.uploadingState = new UploadingState( this );
```

```
        this.pauseState = new PauseState( this );
        this.doneState = new DoneState( this );
        this.errorState = new ErrorState( this );
        this.currState = this.signState;      // 设置当前状态
    };
```

第三步，Upload.prototype.init 方法无需改变，仍然负责往页面中创建跟上传流程有关的
DOM 节点，并开始绑定按钮的事件：

```
    Upload.prototype.init = function(){
        var that = this;

        this.dom = document.createElement( 'div' );
        this.dom.innerHTML =
            '<span>文件名称:'+ this.fileName +'</span>\
            <button data-action="button1">扫描中</button>\
            <button data-action="button2">删除</button>';

        document.body.appendChild( this.dom );

        this.button1 = this.dom.querySelector( '[data-action="button1"]' );
        this.button2 = this.dom.querySelector( '[data-action="button2"]' );

        this.bindEvent();
    };
```

第四步，负责具体的按钮事件实现，在点击了按钮之后，**Context** 并不做任何具体的操作，
而是把请求委托给当前的状态类来执行：

```
    Upload.prototype.bindEvent = function(){
        var self = this;
        this.button1.onclick = function(){
            self.currState.clickHandler1();
        }
        this.button2.onclick = function(){
            self.currState.clickHandler2();
        }
    };
```

第四步中的代码有一些变化，我们把状态对应的逻辑行为放在 Upload 类中：

```
    Upload.prototype.sign = function(){
        this.plugin.sign();
        this.currState = this.signState;
    };

    Upload.prototype.uploading = function(){
        this.button1.innerHTML = '正在上传，点击暂停';
        this.plugin.uploading();
        this.currState = this.uploadingState;
    };

    Upload.prototype.pause = function(){
```

```
    this.button1.innerHTML = '已暂停，点击继续上传';
    this.plugin.pause();
    this.currState = this.pauseState;
};

Upload.prototype.done = function(){
    this.button1.innerHTML = '上传完成';
    this.plugin.done();
    this.currState = this.doneState;
};

Upload.prototype.error = function(){
    this.button1.innerHTML = '上传失败';
    this.currState = this.errorState;
};

Upload.prototype.del = function(){
    this.plugin.del();
    this.dom.parentNode.removeChild( this.dom );
};
```

第五步，工作略显乏味，我们要编写各个状态类的实现。值得注意的是，我们使用了StateFactory，从而避免因为 JavaScript 中没有抽象类所带来的问题。

```
var StateFactory = (function(){

    var State = function(){};

    State.prototype.clickHandler1 = function(){
        throw new Error( '子类必须重写父类的 clickHandler1 方法' );
    }

    State.prototype.clickHandler2 = function(){
        throw new Error( '子类必须重写父类的 clickHandler2 方法' );
    }

    return function( param ){

        var F = function( uploadObj ){
            this.uploadObj = uploadObj;
        };

        F.prototype = new State();

        for ( var i in param ){
            F.prototype[ i ] = param[ i ];
        }

        return F;
    }

})();

var SignState = StateFactory({
```

```
    clickHandler1: function(){
        console.log( '扫描中，点击无效...' );
    },
    clickHandler2: function(){
        console.log( '文件正在上传中，不能删除' );
    }
});

var UploadingState = StateFactory({
    clickHandler1: function(){
        this.uploadObj.pause();
    },
    clickHandler2: function(){
        console.log( '文件正在上传中，不能删除' );
    }
});

var PauseState = StateFactory({
    clickHandler1: function(){
        this.uploadObj.uploading();
    },
    clickHandler2: function(){
        this.uploadObj.del();
    }
});

var DoneState = StateFactory({
    clickHandler1: function(){
        console.log( '文件已完成上传，点击无效' );
    },
    clickHandler2: function(){
        this.uploadObj.del();
    }
});

var ErrorState = StateFactory({
    clickHandler1: function(){
        console.log( '文件上传失败，点击无效' );
    },
    clickHandler2: function(){
        this.uploadObj.del();
    }
});
```

最后是测试时间：

```
var uploadObj = new Upload( 'JavaScript 设计模式与开发实践' );
uploadObj.init();

window.external.upload = function( state ){
    uploadObj[ state ]();
};

window.external.upload( 'sign' );
```

```
setTimeout(function(){
    window.external.upload( 'uploading' );    // 1秒后开始上传
}, 1000 );

setTimeout(function(){
    window.external.upload( 'done' );    // 5秒后上传完成
}, 5000 );
```

16.6　状态模式的优缺点

到这里我们已经学习了两个状态模式的例子，现在是时候来总结状态模式的优缺点了。状态模式的优点如下。

- □ 状态模式定义了状态与行为之间的关系，并将它们封装在一个类里。通过增加新的状态类，很容易增加新的状态和转换。
- □ 避免 Context 无限膨胀，状态切换的逻辑被分布在状态类中，也去掉了 Context 中原本过多的条件分支。
- □ 用对象代替字符串来记录当前状态，使得状态的切换更加一目了然。
- □ Context 中的请求动作和状态类中封装的行为可以非常容易地独立变化而互不影响。

状态模式的缺点是会在系统中定义许多状态类，编写 20 个状态类是一项枯燥乏味的工作，而且系统中会因此而增加不少对象。另外，由于逻辑分散在状态类中，虽然避开了不受欢迎的条件分支语句，但也造成了逻辑分散的问题，我们无法在一个地方就看出整个状态机的逻辑。

16.7　状态模式中的性能优化点

在这两个例子中，我们并没有太多地从性能方面考虑问题，实际上，这里有一些比较大的优化点。

- □ 有两种选择来管理 state 对象的创建和销毁。第一种是仅当 state 对象被需要时才创建并随后销毁，另一种是一开始就创建好所有的状态对象，并且始终不销毁它们。如果 state 对象比较庞大，可以用第一种方式来节省内存，这样可以避免创建一些不会用到的对象并及时地回收它们。但如果状态的改变很频繁，最好一开始就把这些 state 对象都创建出来，也没有必要销毁它们，因为可能很快将再次用到它们。
- □ 在本章的例子中，我们为每个 Context 对象都创建了一组 state 对象，实际上这些 state 对象之间是可以共享的，各 Context 对象可以共享一个 state 对象，这也是享元模式的应用场景之一。

16.8　状态模式和策略模式的关系

状态模式和策略模式像一对双胞胎，它们都封装了一系列的算法或者行为，它们的类图看起来几乎一模一样，但在意图上有很大不同，因此它们是两种迥然不同的模式。

策略模式和状态模式的相同点是，它们都有一个上下文、一些策略或者状态类，上下文把请求委托给这些类来执行。

它们之间的区别是策略模式中的各个策略类之间是平等又平行的，它们之间没有任何联系，所以客户必须熟知这些策略类的作用，以便客户可以随时主动切换算法；而在状态模式中，状态和状态对应的行为是早已被封装好的，状态之间的切换也早被规定完成，"改变行为"这件事情发生在状态模式内部。对客户来说，并不需要了解这些细节。这正是状态模式的作用所在。

16.9　JavaScript 版本的状态机

前面两个示例都是模拟传统面向对象语言的状态模式实现，我们为每种状态都定义一个状态子类，然后在 Context 中持有这些状态对象的引用，以便把 currState 设置为当前的状态对象。

状态模式是状态机的实现之一，但在 JavaScript 这种"无类"语言中，没有规定让状态对象一定要从类中创建而来。另外一点，JavaScript 可以非常方便地使用委托技术，并不需要事先让一个对象持有另一个对象。下面的状态机选择了通过 Function.prototype.call 方法直接把请求委托给某个字面量对象来执行。

下面改写电灯的例子，来展示这种更加轻巧的做法：

```javascript
var Light = function(){
    this.currState = FSM.off;    // 设置当前状态
    this.button = null;
};

Light.prototype.init = function(){
    var button = document.createElement( 'button' ),
        self = this;

    button.innerHTML = '已关灯';
    this.button = document.body.appendChild( button );

    this.button.onclick = function(){
        self.currState.buttonWasPressed.call( self );    // 把请求委托给 FSM 状态机
    }
};

var FSM = {
    off: {
        buttonWasPressed: function(){
            console.log( '关灯' );
            this.button.innerHTML = '下一次按我是开灯';
            this.currState = FSM.on;
        }
    },
    on: {
```

```
        buttonWasPressed: function(){
            console.log( '开灯' );
            this.button.innerHTML = '下一次按我是关灯';
            this.currState = FSM.off;
        }
    }
};

var light = new Light();
light.init();
```

接下来尝试另外一种方法，即利用下面的 delegate 函数来完成这个状态机编写。这是面向对象设计和闭包互换的一个例子，前者把变量保存为对象的属性，而后者把变量封闭在闭包形成的环境中：

```
var delegate = function( client, delegation ){
    return {
        buttonWasPressed: function(){      // 将客户的操作委托给 delegation 对象
            return delegation.buttonWasPressed.apply( client, arguments );
        }
    }
};

var FSM = {
    off: {
        buttonWasPressed: function(){
            console.log( '关灯' );
            this.button.innerHTML = '下一次按我是开灯';
            this.currState = this.onState;
        }
    },
    on: {
        buttonWasPressed: function(){
            console.log( '开灯' );
            this.button.innerHTML = '下一次按我是关灯';
            this.currState = this.offState;
        }
    }
};

var Light = function(){
    this.offState = delegate( this, FSM.off );
    this.onState = delegate( this, FSM.on );
    this.currState = this.offState;    // 设置初始状态为关闭状态
    this.button = null;
};

Light.prototype.init = function(){
    var button = document.createElement( 'button' ),
        self = this;
    button.innerHTML = '已关灯';
    this.button = document.body.appendChild( button );
    this.button.onclick = function(){
```

```
        self.currState.buttonWasPressed();
    }
};

var light = new Light();
light.init();
```

16.10   表驱动的有限状态机

其实还有另外一种实现状态机的方法，这种方法的核心是基于表驱动的。我们可以在表中很清楚地看到下一个状态是由当前状态和行为共同决定的。这样一来，我们就可以在表中查找状态，而不必定义很多条件分支，如图 16-6 所示。

状态转移表			
当前状态→条件↓	状态 A	状态 B	状态 C
条件 X	…	…	…
条件 Y	…	状态 C	…
条件 Z	…	…	…

图   16-6

刚好 GitHub 上有一个对应的库实现，通过这个库，可以很方便地创建出 FSM：

```
var fsm = StateMachine.create({
    initial: 'off',
    events: [
        { name: 'buttonWasPressed', from: 'off',  to: 'on'  },
        { name: 'buttonWasPressed',  from: 'on',  to: 'off' }
    ],
    callbacks: {
        onbuttonWasPressed: function( event, from, to ){
            console.log( arguments );
        }
    },
    error: function( eventName, from, to, args, errorCode, errorMessage ) {
        console.log( arguments );   // 从一种状态试图切换到一种不可能到达的状态的时候
    }
});

button.onclick = function(){
    fsm.buttonWasPressed();
}
```

关于这个库的更多内容这里不再赘述，有兴趣的同学可以前往：https:// github.com/jakesgordon/ javascript-state-machine 学习。

16.11 实际项目中的其他状态机

在实际开发中，很多场景都可以用状态机来模拟，比如一个下拉菜单在hover动作下有显示、悬浮、隐藏等状态；一次 TCP 请求有建立连接、监听、关闭等状态；一个格斗游戏中人物有攻击、防御、跳跃、跌倒等状态。

状态机在游戏开发中也有着广泛的用途，特别是游戏 AI 的逻辑编写。在我曾经开发的HTML5 版街头霸王游戏里，游戏主角 Ryu 有走动、攻击、防御、跌倒、跳跃等多种状态。这些状态之间既互相联系又互相约束。比如 Ryu 在走动的过程中如果被攻击，就会由走动状态切换为跌倒状态。在跌倒状态下，Ryu 既不能攻击也不能防御。同样，Ryu 也不能在跳跃的过程中切换到防御状态，但是可以进行攻击。这种场景就很适合用状态机来描述。代码如下：

```
var FSM = {
    walk: {
        attack: function(){
            console.log( '攻击' );
        },
        defense: function(){
            console.log( '防御' );
        },
        jump: function(){
            console.log( '跳跃' );
        }
    },

    attack: {
        walk: function(){
            console.log( '攻击的时候不能行走' );
        },
        defense: function(){
            console.log( '攻击的时候不能防御' );
        },
        jump: function(){
            console.log( '攻击的时候不能跳跃' );
        }
    }
}
```

16.12 小结

这一章通过几个例子，讲解了状态模式在实际开发中的应用。状态模式也许是被大家低估的模式之一。实际上，通过状态模式重构代码之后，很多杂乱无章的代码会变得清晰。虽然状态模式一开始并不是非常容易理解，但我们有必要去好好掌握这种设计模式。

第 17 章

适配器模式

适配器模式的作用是解决两个软件实体间的接口不兼容的问题。使用适配器模式之后，原本由于接口不兼容而不能工作的两个软件实体可以一起工作。

适配器的别名是包装器（wrapper），这是一个相对简单的模式。在程序开发中有许多这样的场景：当我们试图调用模块或者对象的某个接口时，却发现这个接口的格式并不符合目前的需求。这时候有两种解决办法，第一种是修改原来的接口实现，但如果原来的模块很复杂，或者我们拿到的模块是一段别人编写的经过压缩的代码，修改原接口就显得不太现实了。第二种办法是创建一个适配器，将原接口转换为客户希望的另一个接口，客户只需要和适配器打交道。

17.1 现实中的适配器

适配器在现实生活的应用非常广泛，接下来我们来看几个现实生活中的适配器模式。

1. 港式插头转换器

港式的电器插头比大陆的电器插头体积要大一些。如果从香港买了一个 Mac book，我们会发现充电器无法插在家里的插座上，为此而改造家里的插座显然不方便，所以我们需要一个适配器：

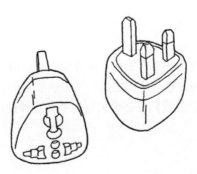

2. 电源适配器

Mac book 电池支持的电压是 20V，我们日常生活中的交流电压一般是 220V。除了我们了解的 220V 交流电压，日本和韩国的交流电压大多是 100V，而英国和澳大利亚的是 240V。笔记本电脑的电源适配器就承担了转换电压的作用，电源适配器使笔记本电脑在 100V~240V 的电压之内都能正常工作，这也是它为什么被称为电源"适配器"的原因。

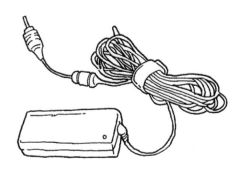

3. USB 转接口

在以前的电脑上，PS2 接口是连接鼠标、键盘等其他外部设备的标准接口。但随着技术的发展，越来越多的电脑开始放弃了 PS2 接口，转而仅支持 USB 接口。所以那些过去生产出来的只拥有 PS2 接口的鼠标、键盘、游戏手柄等，需要一个 USB 转接口才能继续正常工作，这是 PS2-USB 适配器诞生的原因。

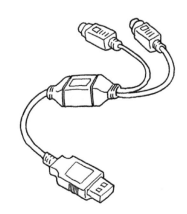

17.2　适配器模式的应用

如果现有的接口已经能够正常工作，那我们就永远不会用上适配器模式。适配器模式是一种"亡羊补牢"的模式，没有人会在程序的设计之初就使用它。因为没有人可以完全预料到未来的事情，也许现在好好工作的接口，未来的某天却不再适用于新系统，那么我们可以用适配器模式把旧接口包装成一个新的接口，使它继续保持生命力。比如在 JSON 格式流行之前，很多 cgi 返回的都是 XML 格式的数据，如果今天仍然想继续使用这些接口，显然我们可以创造一个 XML-JSON 的适配器。

下面这个实例可以帮助我们深刻了解适配器模式。

回忆 1.2 节中多态的例子，当我们向 googleMap 和 baiduMap 都发出 "显示" 请求时，googleMap 和 baiduMap 分别以各自的方式在页面中展现了地图：

```
var googleMap = {
    show: function(){
        console.log( '开始渲染谷歌地图' );
    }
};

var baiduMap = {
    show: function(){
        console.log( '开始渲染百度地图' );
    }
};

var renderMap = function( map ){
    if ( map.show instanceof Function ){
        map.show();
    }
};

renderMap( googleMap );    // 输出：开始渲染谷歌地图
renderMap( baiduMap );     // 输出：开始渲染百度地图
```

这段程序得以顺利运行的关键是 googleMap 和 baiduMap 提供了一致的 show 方法，但第三方的接口方法并不在我们自己的控制范围之内，假如 baiduMap 提供的显示地图的方法不叫 show 而叫 display 呢？

baiduMap 这个对象来源于第三方，正常情况下我们都不应该去改动它。此时我们可以通过增加 baiduMapAdapter 来解决问题：

```
var googleMap = {
    show: function(){
        console.log( '开始渲染谷歌地图' );
    }
};

var baiduMap = {
    display: function(){
        console.log( '开始渲染百度地图' );
    }
};

var baiduMapAdapter = {
    show: function(){
        return baiduMap.display();
```

```
    }
};

renderMap( googleMap );         // 输出：开始渲染谷歌地图
renderMap( baiduMapAdapter );    // 输出：开始渲染百度地图
```

再来看看另外一个例子。假设我们正在编写一个渲染广东省地图的页面。目前从第三方资源里获得了广东省的所有城市以及它们所对应的 ID，并且成功地渲染到页面中：

```
var getGuangdongCity = function(){
    var guangdongCity = [
        {
            name: 'shenzhen',
            id: 11,
        }, {
            name: 'guangzhou',
            id: 12,
        }
    ];

    return guangdongCity;
};

var render = function( fn ){
    console.log( '开始渲染广东省地图' );
    document.write( JSON.stringify( fn() ) );
};

render( getGuangdongCity );
```

利用这些数据，我们编写完成了整个页面，并且在线上稳定地运行了一段时间。但后来发现这些数据不太可靠，里面还缺少很多城市。于是我们又在网上找到了另外一些数据资源，这次的数据更加全面，但遗憾的是，数据结构和正运行在项目中的并不一致。新的数据结构如下：

```
var guangdongCity = {
    shenzhen: 11,
    guangzhou: 12,
    zhuhai: 13
};
```

除了大动干戈地改写渲染页面的前端代码之外，另外一种更轻便的解决方式就是新增一个数据格式转换的适配器：

```
var getGuangdongCity = function(){
    var guangdongCity = [
        {
            name: 'shenzhen',
            id: 11,
        }, {
            name: 'guangzhou',
            id: 12,
        }
```

```
    ];

    return guangdongCity;
};


var render = function( fn ){
    console.log( '开始渲染广东省地图' );
    document.write( JSON.stringify( fn() ) );
};

var addressAdapter = function( oldAddressfn ){

    var address = {},
        oldAddress = oldAddressfn();

    for ( var i = 0, c; c = oldAddress[ i++ ]; ){
        address[ c.name ] = c.id;
    }

     return function(){
         return address;
     }
};


render( addressAdapter( getGuangdongCity ) );
```

那么接下来需要做的，就是把代码中调用 getGuangdongCity 的地方，用经过 addressAdapter
适配器转换之后的新函数来代替。

17.3　小结

适配器模式是一对相对简单的模式。在本书提到的设计模式中，有一些模式跟适配器模式的
结构非常相似，比如装饰者模式、代理模式和外观模式（参见第 19 章）。这几种模式都属于"包
装模式"，都是由一个对象来包装另一个对象。区别它们的关键仍然是模式的意图。

- 适配器模式主要用来解决两个已有接口之间不匹配的问题，它不考虑这些接口是怎样实
  现的，也不考虑它们将来可能会如何演化。适配器模式不需要改变已有的接口，就能够
  使它们协同作用。
- 装饰者模式和代理模式也不会改变原有对象的接口，但装饰者模式的作用是为了给对象
  增加功能。装饰者模式常常形成一条长的装饰链，而适配器模式通常只包装一次。代理
  模式是为了控制对对象的访问，通常也只包装一次。
- 外观模式的作用倒是和适配器比较相似，有人把外观模式看成一组对象的适配器，但外
  观模式最显著的特点是定义了一个新的接口。

第三部分
设计原则和编程技巧

目前，我们已经学习了几乎所有常用的 JavaScript 设计模式。在这一部分，我们将学习一些面向对象的设计原则，可以说每种设计模式都是为了让代码迎合其中一个或多个原则而出现的，它们本身已经融入了设计模式之中，给面向对象编程指明了方向。

前辈总结的这些设计原则通常指的是单一职责原则、里氏替换原则、依赖倒置原则、接口隔离原则、合成复用原则和最少知识原则。

在本部分的第 18 章到第 20 章，我们挑选了几个适合 JavaScript 开发的设计原则加以说明，第 21 章主要讲解接口和面向接口编程在 JavaScript 开发中的意义，第 22 章则提供了一些平时常见和经典的代码重构技巧，来帮助我们更好地改进自己的代码。

第 18 章

单一职责原则

就一个类而言，应该仅有一个引起它变化的原因。在 JavaScript 中，需要用到类的场景并不太多，单一职责原则更多地是被运用在对象或者方法级别上，因此本节我们的讨论大多基于对象和方法。

单一职责原则（SRP）的职责被定义为"引起变化的原因"。如果我们有两个动机去改写一个方法，那么这个方法就具有两个职责。每个职责都是变化的一个轴线，如果一个方法承担了过多的职责，那么在需求的变迁过程中，需要改写这个方法的可能性就越大。

此时，这个方法通常是一个不稳定的方法，修改代码总是一件危险的事情，特别是当两个职责耦合在一起的时候，一个职责发生变化可能会影响到其他职责的实现，造成意想不到的破坏，这种耦合性得到的是低内聚和脆弱的设计。

因此，SRP 原则体现为：一个对象（方法）只做一件事情。

18.1 设计模式中的 SRP 原则

SRP 原则在很多设计模式中都有着广泛的运用，例如代理模式、迭代器模式、单例模式和装饰者模式。

1. 代理模式

我们在第 6 章中已经见过这个图片预加载的例子了。通过增加虚拟代理的方式，把预加载图片的职责放到代理对象中，而本体仅仅负责往页面中添加 img 标签，这也是它最原始的职责。

myImage 负责往页面中添加 img 标签：

```
var myImage = (function(){
    var imgNode = document.createElement( 'img' );
    document.body.appendChild( imgNode );
    return {
        setSrc: function( src ){
```

```
            imgNode.src = src;
        }
    }
})();
```

proxyImage 负责预加载图片，并在预加载完成之后把请求交给本体 myImage：

```
var proxyImage = (function(){
    var img = new Image;
    img.onload = function(){
        myImage.setSrc( this.src );
    }
    return {
        setSrc: function( src ){
            myImage.setSrc( 'file:// /C:/Users/svenzeng/Desktop/loading.gif' );
            img.src = src;
        }
    }
})();
```

```
proxyImage.setSrc( 'http:// imgcache.qq.com/music/photo/000GGDys0yAONk.jpg' );
```

把添加 img 标签的功能和预加载图片的职责分开放到两个对象中，这两个对象各自都只有一个被修改的动机。在它们各自发生改变的时候，也不会影响另外的对象。

2. 迭代器模式

我们有这样一段代码，先遍历一个集合，然后往页面中添加一些 div，这些 div 的 innerHTML 分别对应集合里的元素：

```
var appendDiv = function( data ){
    for ( var i = 0, l = data.length; i < l; i++ ){
        var div = document.createElement( 'div' );
        div.innerHTML = data[ i ];
        document.body.appendChild( div );
    }
};
```

```
appendDiv( [ 1, 2, 3, 4, 5, 6 ] );
```

这其实是一段很常见的代码，经常用于 ajax 请求之后，在回调函数中遍历 ajax 请求返回的数据，然后在页面中渲染节点。

appendDiv 函数本来只是负责渲染数据，但是在这里它还承担了遍历聚合对象 data 的职责。我们想象一下，如果有一天 cgi 返回的 data 数据格式从 array 变成了 object，那我们遍历 data 的代码就会出现问题，必须改成 for (var i in data)的方式，这时候必须去修改 appendDiv 里的代码，否则因为遍历方式的改变，导致不能顺利往页面中添加 div 节点。

我们有必要把遍历 data 的职责提取出来，这正是迭代器模式的意义，迭代器模式提供了一种方法来访问聚合对象，而不用暴露这个对象的内部表示。

当把迭代聚合对象的职责单独封装在 each 函数中后，即使以后还要增加新的迭代方式，我们只需要修改 each 函数即可，appendDiv 函数不会受到牵连，代码如下：

```
var each = function( obj, callback ) {
    var value,
        i = 0,
        length = obj.length,
        isArray = isArraylike( obj );     // isArraylike 函数未实现，可以翻阅 jQuery 源代码

    if ( isArray ) {   // 迭代类数组
        for ( ; i < length; i++ ) {
            callback.call( obj[ i ], i, obj[ i ] );
        }
    } else {
        for ( i in obj ) {    // 迭代 object 对象
            value = callback.call( obj[ i ], i, obj[ i ] );
        }
    }
    return obj;
};

var appendDiv = function( data ){
    each( data, function( i, n ){
        var div = document.createElement( 'div' );
        div.innerHTML = n;
        document.body.appendChild( div );
    });
};

appendDiv( [ 1, 2, 3, 4, 5, 6 ] );
appendDiv({a:1,b:2,c:3,d:4} );
```

3. 单例模式

第 4 章曾实现过一个惰性单例，最开始的代码是这样的：

```
var createLoginLayer = (function(){
    var div;
    return function(){
        if ( !div ){
            div = document.createElement( 'div' );
            div.innerHTML = '我是登录浮窗';
            div.style.display = 'none';
            document.body.appendChild( div );
        }
        return div;
    }
})();
```

现在我们把管理单例的职责和创建登录浮窗的职责分别封装在两个方法里，这两个方法可以独立变化而互不影响，当它们连接在一起的时候，就完成了创建唯一登录浮窗的功能，下面的代码显然是更好的做法：

```
var getSingle = function( fn ){     // 获取单例
    var result;
        return function(){
            return result || ( result = fn .apply(this, arguments ) );
        }
};

var createLoginLayer = function(){          // 创建登录浮窗
    var div = document.createElement( 'div' );
    div.innerHTML = '我是登录浮窗';
    document.body.appendChild( div );
    return div;
};

var createSingleLoginLayer = getSingle( createLoginLayer );

var loginLayer1 = createSingleLoginLayer();
var loginLayer2 = createSingleLoginLayer();

alert ( loginLayer1 === loginLayer2 );     // 输出： true
```

4. 装饰者模式

使用装饰者模式的时候，我们通常让类或者对象一开始只具有一些基础的职责，更多的职责在代码运行时被动态装饰到对象上面。装饰者模式可以为对象动态增加职责，从另一个角度来看，这也是分离职责的一种方式。

下面是第 15 章曾提到的例子，我们把数据上报的功能单独放在一个函数里，然后把这个函数动态装饰到业务函数上面：

```html
<html>
    <body>
        <button tag="login" id="button">点击打开登录浮层</button>
    </body>

<script>

Function.prototype.after = function( afterfn ){
    var __self = this;
    return function(){
        var ret = __self.apply( this, arguments );
        afterfn.apply( this, arguments );
        return ret;
    }
};

var showLogin = function(){
    console.log( '打开登录浮层' );
};

var log = function(){
    console.log( '上报标签为: ' + this.getAttribute( 'tag' ) );
```

```
};

document.getElementById( 'button' ).onclick = showLogin.after( log );
    // 打开登录浮层之后上报数据

</script>
</html>
```

SRP 原则的应用难点就是如何去分离职责,下面的小节我们将开始讨论这点。

18.2　何时应该分离职责

SRP 原则是所有原则中最简单也是最难正确运用的原则之一。

要明确的是,并不是所有的职责都应该一一分离。

一方面,如果随着需求的变化,有两个职责总是同时变化,那就不必分离他们。比如在 ajax 请求的时候,创建 xhr 对象和发送 xhr 请求几乎总是在一起的,那么创建 xhr 对象的职责和发送 xhr 请求的职责就没有必要分开。

另一方面,职责的变化轴线仅当它们确定会发生变化时才具有意义,即使两个职责已经被耦合在一起,但它们还没有发生改变的征兆,那么也许没有必要主动分离它们,在代码需要重构的时候再进行分离也不迟。

18.3　违反 SRP 原则

在人的常规思维中,总是习惯性地把一组相关的行为放到一起,如何正确地分离职责不是一件容易的事情。

我们也许从来没有考虑过如何分离职责,但这并不妨碍我们编写代码完成需求。对于 SRP 原则,许多专家委婉地表示 "This is sometimes hard to see."。

一方面,我们受设计原则的指导,另一方面,我们未必要在任何时候都一成不变地遵守原则。在实际开发中,因为种种原因违反 SRP 的情况并不少见。比如 jQuery 的 attr 等方法,就是明显违反 SRP 原则的做法。jQuery 的 attr 是个非常庞大的方法,既负责赋值,又负责取值,这对于 jQuery 的维护者来说,会带来一些困难,但对于 jQuery 的用户来说,却简化了用户的使用。

在方便性与稳定性之间要有一些取舍。具体是选择方便性还是稳定性,并没有标准答案,而是要取决于具体的应用环境。比如如果一个电视机内置了 DVD 机,当电视机坏了的时候,DVD 机也没法正常使用,那么一个 DVD 发烧友通常不会选择这样的电视机。但如果我们的客厅本来就小得夸张,或者更在意 DVD 在使用上的方便,那让电视机和 DVD 机耦合在一起就是更好的选择。

18.4　SRP 原则的优缺点

　　SRP 原则的优点是降低了单个类或者对象的复杂度，按照职责把对象分解成更小的粒度，这有助于代码的复用，也有利于进行单元测试。当一个职责需要变更的时候，不会影响到其他的职责。

　　但 SRP 原则也有一些缺点，最明显的是会增加编写代码的复杂度。当我们按照职责把对象分解成更小的粒度之后，实际上也增大了这些对象之间相互联系的难度。

第 19 章

最少知识原则

最少知识原则（LKP）说的是一个软件实体应当尽可能少地与其他实体发生相互作用。这里的软件实体是一个广义的概念，不仅包括对象，还包括系统、类、模块、函数、变量等。本节我们主要针对对象来说明这个原则，下面引用《面向对象设计原理与模式》一书中的例子来解释最少知识原则：

> 某军队中的将军需要挖掘一些散兵坑。下面是完成任务的一种方式：将军可以通知上校让他叫来少校，然后让少校找来上尉，并让上尉通知一个军士，最后军士唤来一个士兵，然后命令士兵挖掘一些散兵坑。

这种方式十分荒谬，不是吗？不过，我们还是先来看一下这个过程的等价代码：

gerneral.getColonel(c).getMajor(m).getCaptain(c).getSergeant(s).getPrivate(p).digFoxhole();

让代码通过这么长的消息链才能完成一个任务，这就像让将军通过那么多繁琐的步骤才能命令别人挖掘散兵坑一样荒谬！而且，这条链中任何一个对象的改动都会影响整条链的结果。

最有可能的是，将军自己根本就不会考虑挖散兵坑这样的细节信息。但是如果将军真的考虑了这个问题的话，他一定会通知某个军官："我不关心这个工作如何完成，但是你得命令人去挖散兵坑。"

19.1　减少对象之间的联系

单一职责原则指导我们把对象划分成较小的粒度，这可以提高对象的可复用性。但越来越多的对象之间可能会产生错综复杂的联系，如果修改了其中一个对象，很可能会影响到跟它相互引用的其他对象。对象和对象耦合在一起，有可能会降低它们的可复用性。在程序中，对象的"朋友"太多并不是一件好事，"城门失火，殃及池鱼"和"一人犯法，株连九族"的故事时有发生。

最少知识原则要求我们在设计程序时，应当尽量减少对象之间的交互。如果两个对象之间不必彼此直接通信，那么这两个对象就不要发生直接的相互联系。常见的做法是引入一个第三者对象，来承担这些对象之间的通信作用。如果一些对象需要向另一些对象发起请求，可以通过第三者对象来转发这些请求。

19.2　设计模式中的最少知识原则

最少知识原则在设计模式中体现得最多的地方是中介者模式和外观模式，下面我们分别进行介绍。

1. 中介者模式

在第 14 章我们曾讲过一个博彩公司的例子。

在世界杯期间购买足球彩票，如果没有博彩公司作为中介，上千万的人一起计算赔率和输赢绝对是不可能的事情。博彩公司作为中介，每个人都只和博彩公司发生关联，博彩公司会根据所有人的投注情况计算好赔率，彩民们赢了钱就从博彩公司拿，输了钱就赔给博彩公司。

中介者模式很好地体现了最少知识原则。通过增加一个中介者对象，让所有的相关对象都通过中介者对象来通信，而不是互相引用。所以，当一个对象发生改变时，只需要通知中介者对象即可。

2. 外观模式

我们在第二部分没有提到外观模式，是因为外观模式在 JavaScript 中的使用场景并不多。外观模式主要是为子系统中的一组接口提供一个一致的界面，外观模式定义了一个高层接口，这个接口使子系统更加容易使用，如图 19-1 所示。

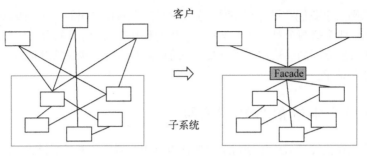

图　19-1

外观模式的作用是对客户屏蔽一组子系统的复杂性。外观模式对客户提供一个简单易用的高层接口，高层接口会把客户的请求转发给子系统来完成具体的功能实现。大多数客户都可以通过请求外观接口来达到访问子系统的目的。但在一段使用了外观模式的程序中，请求外观并不是强制的。如果外观不能满足客户的个性化需求，那么客户也可以选择越过外观来直接访问子系统。

拿全自动洗衣机的一键洗衣按钮举例，这个一键洗衣按钮就是一个外观。如果是老式洗衣机，客户要手动选择浸泡、洗衣、漂洗、脱水这 4 个步骤。如果这种洗衣机被淘汰了，新式洗衣机的漂洗方式发生了改变，那我们还得学习新的漂洗方式。而全自动洗衣机的好处很明显，不管洗衣机内部如何进化，客户要操作的，始终只是一个一键洗衣的按钮。这个按钮就是为一组子系统所创建的外观。但如果一键洗衣程序设定的默认漂洗时间是 20 分钟，而客户希望这个漂洗时间是 30 分钟，那么客户自然可以选择越过一键洗衣程序，自己手动来控制这些“子系统”运转。

外观模式容易跟普通的封装实现混淆。这两者都封装了一些事物，但外观模式的关键是定义一个高层接口去封装一组“子系统”。子系统在 C++或者 Java 中指的是一组类的集合，这些类相互协作可以组成系统中一个相对独立的部分。在 JavaScript 中我们通常不会过多地考虑“类”，如果将外观模式映射到 JavaScript 中，这个子系统至少应该指的是一组函数的集合。

最简单的外观模式应该是类似下面的代码：

```
var A = function(){
    a1();
    a2();
}

var B = function(){
    b1();
    b2();
}

var facade = function(){
    A();
    B();
}

facade();
```

许多 **JavaScript** 设计模式的图书或者文章喜欢把 **jQuery** 的 $.ajax 函数当作外观模式的实现，这是不合适的。如果 $.ajax 函数属于外观模式，那几乎所有的函数都可以被称为"外观模式"。问题是我们根本没有办法越过 $.ajax "外观"去直接使用该函数中的某一段语句。

现在再来看看外观模式和最少知识原则之间的关系。外观模式的作用主要有两点。

❑ 为一组子系统提供一个简单便利的访问入口。
❑ 隔离客户与复杂子系统之间的联系，客户不用去了解子系统的细节。

从第二点来，外观模式是符合最少知识原则的。比如全自动洗衣机的一键洗衣按钮，隔开了客户和浸泡、洗衣、漂洗、脱水这些子系统的直接联系，客户不用去了解这些子系统的具体实现。

假设我们在编写这个老式洗衣机的程序，客户至少要和浸泡、洗衣、漂洗、脱水这 4 个子系统打交道。如果其中的一个子系统发生了改变，那么客户的调用代码就得发生改变。而通过外观将客户和这些子系统隔开之后，如果修改子系统内部，只要外观不变，就不会影响客户的调用。同样，对外观的修改也不会影响到子系统，它们可以分别变化而互不影响。

19.3　封装在最少知识原则中的体现

封装在很大程度上表达的是数据的隐藏。一个模块或者对象可以将内部的数据或者实现细节隐藏起来，只暴露必要的接口 API 供外界访问。对象之间难免产生联系，当一个对象必须引用另外一个对象的时候，我们可以让对象只暴露必要的接口，让对象之间的联系限制在最小的范围之内。

同时，封装也用来限制变量的作用域。在 **JavaScript** 中对变量作用域的规定是：

❑ 变量在全局声明，或者在代码的任何位置隐式申明（不用 var），则该变量在全局可见；
❑ 变量在函数内显式申明（使用 var），则在函数内可见。

把变量的可见性限制在一个尽可能小的范围内，这个变量对其他不相关模块的影响就越小，变量被改写和发生冲突的机会也越小。这也是广义的最少知识原则的一种体现。

假设我们要编写一个具有缓存效果的计算乘积的函数 function mult (){}，我们需要一个对象 var cache = {}来保存已经计算过的结果。cache 对象显然只对 mult 有用，把 cache 对象放在 mult 形成的闭包中，显然比把它放在全局作用域更加合适，代码如下：

```
var mult = (function(){
    var cache = {};
    return function(){
        var args = Array.prototype.join.call( arguments, ',' );
        if ( cache[ args ] ){
            return cache[ args ];
        }
        var a = 1;
        for ( var i = 0, l = arguments.length; i < l; i++ ){
```

```
            a = a * arguments[i];
        }
        return cache[ args ] = a;
    }

})();

mult( 1, 2, 3 );    // 输出： 6
```

其实，最少知识原则也叫迪米特法则（Law of Demeter，LoD），"迪米特"这个名字源自 1987 年美国东北大学一个名为"Demeter"的研究项目。

许多人更倾向于使用迪米特法则这个名字，也许是因为显得更酷一点。但本书参考 *Head First Design Patterns* 的建议，称之为最少知识原则。一是因为这个名字更能体现其含义，另一个原因是"法则"给人的感觉是必须强制遵守，而原则只是一种指导，没有哪条原则是在实际开发中必须遵守的。比如，虽然遵守最小知识原则减少了对象之间的依赖，但也有可能增加一些庞大到难以维护的第三者对象。跟单一职责原则一样，在实际开发中，是否选择让代码符合最少知识原则，要根据具体的环境来定。

第 20 章

开放–封闭原则

在面向对象的程序设计中，开放–封闭原则（OCP）是最重要的一条原则。很多时候，一个程序具有良好的设计，往往说明它是符合开放–封闭原则的。

开放–封闭原则最早由 Eiffel 语言的设计者 Bertrand Meyer 在其著作 *Object-Oriented Software Construction* 中提出。它的定义如下：

> 软件实体（类、模块、函数）等应该是可以扩展的，但是不可修改。

本节我们不采用顺述的方式。在明白开放–封闭原则的定义之前，先看一个示例，这个示例曾经出现在第 15 章中，我们需要再往 window.onload 函数中添加一些新的功能。

20.1 扩展 window.onload 函数

假设我们是一个大型 Web 项目的维护人员，在接手这个项目时，发现它已经拥有 10 万行以上的 JavaScript 代码和数百个 JS 文件。

不久后接到了一个新的需求，即在 window.onload 函数中打印出页面中的所有节点数量。这当然难不倒我们了。于是我们打开文本编辑器，搜索出 window.onload 函数在文件中的位置，在函数内部添加以下代码：

```
window.onload = function(){
    // 原有代码略
    console.log( document.getElementsByTagName( '*' ).length );
};
```

在项目需求变迁的过程中，我们经常会找到相关代码，然后改写它们。这似乎是理所当然的事情，不改动代码怎么满足新的需求呢？想要扩展一个模块，最常用的方式当然是修改它的源代码。如果一个模块不允许修改，那么它的行为常常是固定的。然而，改动代码是一种危险的行为，也许我们都遇到过 bug 越改越多的场景。刚刚改好了一个 bug，但是又在不知不觉中引发了其他的 bug。

如果目前的 window.onload 函数是一个拥有 500 行代码的巨型函数,里面密布着各种变量和交叉的业务逻辑,而我们的需求又不仅仅是打印一个 log 这么简单。那么"改好一个 bug,引发其他 bug"这样的事情就很可能会发生。我们永远不知道刚刚的改动会有什么副作用,很可能会引发一系列的连锁反应。

那么,有没有办法在不修改代码的情况下,就能满足新需求呢? 在第 15 章中,我们已经得到了答案,通过增加代码,而不是修改代码的方式,来给 window.onload 函数添加新的功能,代码如下:

```
Function.prototype.after = function( afterfn ){
    var __self = this;
    return function(){
        var ret = __self.apply( this, arguments );
        afterfn.apply( this, arguments );
        return ret;
    }
};

window.onload = ( window.onload || function(){} ).after(function(){
    console.log( document.getElementsByTagName( '*' ).length );
});
```

通过动态装饰函数的方式,我们完全不用理会从前 window.onload 函数的内部实现,无论它的实现优雅或是丑陋。就算我们作为维护者,拿到的是一份混淆压缩过的代码也没有关系。只要它从前是个稳定运行的函数,那么以后也不会因为我们的新增需求而产生错误。新增的代码和原有的代码可以井水不犯河水。

20.2 开放和封闭

上一节为 window.onload 函数扩展功能时,用到了两种方式。一种是修改原有的代码,另一种是增加一段新的代码。使用哪种方式效果更好,已经不言而喻。

现在可以引出开放–封闭原则的思想:当需要改变一个程序的功能或者给这个程序增加新功能的时候,可以使用增加代码的方式,但是不允许改动程序的源代码。

在现实生活中,我们也能找到一些跟开放–封闭原则相关的故事。下面这个故事人尽皆知,且跟肥皂相关。

有一家生产肥皂的大企业,从欧洲花巨资引入了一条生产线。这条生产线可以自动完成从原材料加工到包装成箱的整个流程,但美中不足的是,生产出来的肥皂有一定的空盒几率。于是老板又从欧洲找来一支专家团队,花费数百万元改造这一生产线,终于解决了生产出空盒肥皂的问题。

　　另一家企业也引入了这条生产线，他们同样遇到了空盒肥皂的问题。但他们的解决
办法很简单：用一个大风扇在生产线旁边吹，空盒肥皂就会被吹走。

　　这个故事告诉我们，相比修改源程序，如果通过增加几行代码就能解决问题，那这显然更加
简单和优雅，而且增加代码并不会影响原系统的稳定。讲述这个故事，我们的目的不在于说明风
扇的成本有多低，而是想说明，如果使用风扇这样简单的方式可以解决问题，根本没有必要去大
动干戈地改造原有的生产线。

20.3　用对象的多态性消除条件分支

　　过多的条件分支语句是造成程序违反开放-封闭原则的一个常见原因。每当需要增加一个新
的 if 语句时，都要被迫改动原函数。把 if 换成 switch-case 是没有用的，这是一种换汤不换药
的做法。实际上，每当我们看到一大片的 if 或者 swtich-case 语句时，第一时间就应该考虑，能
否利用对象的多态性来重构它们。

　　利用对象的多态性来让程序遵守开放-封闭原则，是一个常用的技巧。我们依然选用 1.2 节中
让动物发出叫声的例子。下面先提供一段不符合开放-封闭原则的代码。每当我们增加一种新的
动物时，都需要改动 makeSound 函数的内部实现：

```
var makeSound = function( animal ){
    if ( animal instanceof Duck ){
        console.log( '嘎嘎嘎' );
    }else if ( animal instanceof Chicken ){
        console.log( '咯咯咯' );
    }
};

var Duck = function(){};
var Chicken = function(){};

makeSound( new Duck() );       // 输出：嘎嘎嘎
makeSound( new Chicken() );    // 输出：咯咯咯
```

动物世界里增加一只狗之后，makeSound 函数必须改成：

```
var makeSound = function( animal ){
    if ( animal instanceof Duck ){
        console.log( '嘎嘎嘎' );
    }else if ( animal instanceof Chicken ){
        console.log( '咯咯咯' );
    }else if ( animal instanceof Dog ){      // 增加跟狗叫声相关的代码
        console.log('汪汪汪' );
    }
};

var Dog = function(){};
makeSound( new Dog() );      // 增加一只狗
```

利用多态的思想，我们把程序中不变的部分隔离出来（动物都会叫），然后把可变的部分封装起来（不同类型的动物发出不同的叫声），这样一来程序就具有了可扩展性。当我们想让一只狗发出叫声时，只需增加一段代码即可，而不用去改动原有的 makeSound 函数：

```
var makeSound = function( animal ){
    animal.sound();
};

var Duck = function(){};

Duck.prototype.sound = function(){
    console.log( '嘎嘎嘎' );
};

var Chicken = function(){};

Chicken.prototype.sound = function(){
    console.log( '咯咯咯' );
};

makeSound( new Duck() );     // 嘎嘎嘎
makeSound( new Chicken() );  // 咯咯咯


/********* 增加动物狗，不用改动原有的 makeSound 函数 ***************/

var Dog = function(){};
Dog.prototype.sound = function(){
    console.log( '汪汪汪' );
};

makeSound( new Dog() );      // 汪汪汪
```

20.4 找出变化的地方

开放-封闭原则是一个看起来比较虚幻的原则，并没有实际的模板教导我们怎样亦步亦趋地实现它。但我们还是能找到一些让程序尽量遵守开放-封闭原则的规律，最明显的就是找出程序中将要发生变化的地方，然后把变化封装起来。

通过封装变化的方式，可以把系统中稳定不变的部分和容易变化的部分隔离开来。在系统的演变过程中，我们只需要替换那些容易变化的部分，如果这些部分是已经被封装好的，那么替换起来也相对容易。而变化部分之外的就是稳定的部分。在系统的演变过程中，稳定的部分是不需要改变的。

在上一节的例子中，由于每种动物的叫声都不同，所以动物具体怎么叫是可变的，于是我们把动物具体怎么叫的逻辑从 makeSound 函数中分离出来。

而动物都会叫这是不变的，makeSound 函数里的实现逻辑只跟动物都会叫有关，这样一来，

makeSound 就成了一个稳定和封闭的函数。

除了利用对象的多态性之外，还有其他方式可以帮助我们编写遵守开放–封闭原则的代码，下面将详细介绍。

1. 放置挂钩

放置挂钩（hook）也是分离变化的一种方式。我们在程序有可能发生变化的地方放置一个挂钩，挂钩的返回结果决定了程序的下一步走向。这样一来，原本的代码执行路径上就出现了一个分叉路口，程序未来的执行方向被预埋下多种可能性。

翻阅过 jQuery 源代码的读者也许会留意，jQuery 从 1.4 版本开始，陆续加入了 fixHooks、keyHooks、mouseHooks、cssHooks 等挂钩。在第 11 章中我们已经见过 hook 的作用，Template Method 模式中的父类是一个相当稳定的类，它封装了子类的算法骨架和执行步骤。

由于子类的数量是无限制的，总会有一些"个性化"的子类迫使我们不得不去改变已经封装好的算法骨架。于是我们可以在父类中的某个容易变化的地方放置挂钩，挂钩的返回结果由具体子类决定。这样一来，程序就拥有了变化的可能。

关于模板方法模式中的挂钩应用，可以参考第 11 章。

2. 使用回调函数

在 JavaScript 中，函数可以作为参数传递给另外一个函数，这是高阶函数的意义之一。在这种情况下，我们通常会把这个函数称为回调函数。在 JavaScript 版本的设计模式中，策略模式和命令模式等都可以用回调函数轻松实现。

回调函数是一种特殊的挂钩。我们可以把一部分易于变化的逻辑封装在回调函数里，然后把回调函数当作参数传入一个稳定和封闭的函数中。当回调函数被执行的时候，程序就可以因为回调函数的内部逻辑不同，而产生不同的结果。

比如，我们通过 ajax 异步请求用户信息之后要做一些事情，请求用户信息的过程是不变的，而获取到用户信息之后要做什么事情，则是可能变化的：

```javascript
var getUserInfo = function( callback ){
    $.ajax( 'http:// xxx.com/getUserInfo', callback );
};

getUserInfo( function( data ){
    console.log( data.userName );
});

getUserInfo( function( data ){
    console.log( data.userId );
});
```

另外一个例子是关于 Array.prototype.map 的。在不支持 Array.prototype.map 的浏览器中，我们可以简单地模拟实现一个 map 函数。

arrayMap 函数的作用是把一个数组"映射"为另外一个数组。映射的步骤是不变的，而映射的规则是可变的，于是我们把这部分规则放在回调函数中，传入 arrayMap 函数：

```
var arrayMap = function( ary, callback ){
    var i = 0,
        length = ary.length,
        value,
        ret = [];

    for ( ; i < length; i++ ){
        value = callback( i, ary[ i ] );
        ret.push( value );
    }

    return ret;
}

var a = arrayMap( [ 1, 2, 3 ], function( i, n ){
    return n * 2;
});

var b = arrayMap( [ 1, 2, 3 ], function( i, n ){
    return n * 3;
});

console.log( a );    // 输出: [ 2, 4, 6 ]
console.log( b );    // 输出: [ 3, 6, 9 ]
```

20.5　设计模式中的开放–封闭原则

有一种说法是，设计模式就是给做的好的设计取个名字。几乎所有的设计模式都是遵守开放–封闭原则的，我们见到的好设计，通常都经得起开放–封闭原则的考验。不管是具体的各种设计模式，还是更抽象的面向对象设计原则，比如单一职责原则、最少知识原则、依赖倒置原则等，都是为了让程序遵守开放–封闭原则而出现的。可以这样说，开放–封闭原则是编写一个好程序的目标，其他设计原则都是达到这个目标的过程。

本章我们已经讨论过装饰者模式是如何遵守开放–封闭原则的，本节将继续例举几个模式，来更深一步地了解设计模式在遵守开放–封闭原则方面做出的努力。

1. 发布–订阅模式

发布–订阅模式用来降低多个对象之间的依赖关系，它可以取代对象之间硬编码的通知机制，一个对象不用再显式地调用另外一个对象的某个接口。当有新的订阅者出现时，发布者的代码不需要进行任何修改；同样当发布者需要改变时，也不会影响到之前的订阅者。

2. 模板方法模式

在第 11 章中，我们曾提到，模板方法模式是一种典型的通过封装变化来提高系统扩展性的设计模式。在一个运用了模板方法模式的程序中，子类的方法种类和执行顺序都是不变的，所以我们把这部分逻辑抽出来放到父类的模板方法里面；而子类的方法具体怎么实现则是可变的，于是把这部分变化的逻辑封装到子类中。通过增加新的子类，便能给系统增加新的功能，并不需要改动抽象父类以及其他的子类，这也是符合开放－封闭原则的。

3. 策略模式

策略模式和模板方法模式是一对竞争者。在大多数情况下，它们可以相互替换使用。模板方法模式基于继承的思想，而策略模式则偏重于组合和委托。

策略模式将各种算法都封装成单独的策略类，这些策略类可以被交换使用。策略和使用策略的客户代码可以分别独立进行修改而互不影响。我们增加一个新的策略类也非常方便，完全不用修改之前的代码。

4. 代理模式

我们在第 6 章中举了几个例子，开放－封闭原则在它们之中都得到了体现。拿预加载图片举例，我们现在已有一个给图片设置 src 的函数 myImage，当我们想为它增加图片预加载功能时，一种做法是改动 myImage 函数内部的代码，更好的做法是提供一个代理函数 proxyMyImage，代理函数负责图片预加载，在图片预加载完成之后，再将请求转交给原来的 myImage 函数，myImage 在这个过程中不需要任何改动。

预加载图片的功能和给图片设置 src 的功能被隔离在两个函数里，它们可以单独改变而互不影响。myImage 不知晓代理的存在，它可以继续专注于自己的职责——给图片设置 src。

5. 职责链模式

在第 14 章的学习中，我们遇到过一个例子，把一个巨大的订单函数分别拆成了 500 元订单、200 元订单以及普通订单的 3 个函数。这 3 个函数通过职责链连接在一起，客户的请求会在这条链条里面依次传递：

```
var order500yuan = new Chain(function( orderType, pay, stock ){
    // 具体代码略
});

var order200yuan = new Chain(function( orderType, pay, stock ){
    // 具体代码略
});

var orderNormal = new Chain(function( orderType, pay, stock ){
    // 具体代码略
});

order500yuan.setNextSuccessor( order200yuan ).setNextSuccessor( orderNormal );
order500yuan.passRequest( 1, true, 10 );    // 500 元定金预购，得到 100 优惠券
```

可以看到，当我们增加一个新类型的订单函数时，不需要改动原有的订单函数代码，只需要在链条中增加一个新的节点。

20.6　开放–封闭原则的相对性

在职责链模式代码中，大家也许会产生这个疑问：开放–封闭原则要求我们只能通过增加源代码的方式扩展程序的功能，而不允许修改源代码。那当我们往职责链中增加一个新的 100 元订单函数节点时，不也必须改动设置链条的代码吗？代码如下：

```
order500yuan.setNextSuccessor( order200yuan ).setNextSuccessor( orderNormal );
```

变为：

```
order500yuan.setNextSuccessor( order200yuan ).setNextSuccessor( order100yuan ).setNextSuccessor( orderNormal );
```

实际上，让程序保持完全封闭是不容易做到的。就算技术上做得到，也需要花费太多的时间和精力。而且让程序符合开放–封闭原则的代价是引入更多的抽象层次，更多的抽象有可能会增大代码的复杂度。

更何况，有一些代码是无论如何也不能完全封闭的，总会存在一些无法对其封闭的变化。作为程序员，我们可以做到的有下面两点。

- ❑ 挑选出最容易发生变化的地方，然后构造抽象来封闭这些变化。
- ❑ 在不可避免发生修改的时候，尽量修改那些相对容易修改的地方。拿一个开源库来说，修改它提供的配置文件，总比修改它的源代码来得简单。

比如在第 13 章中出现的那个巨大的订单函数，它包含了各种订单的逻辑，有 500 元和 200元的，也有普通订单的。这个函数是最有可能发生变化的，一旦增加新的订单，就必须修改这个巨大的函数。而用职责链模式重构之后，我们只需要新增一个节点，然后重新设置链条中节点的连接顺序。重构后的修改方式显然更加清晰简单。

20.7　接受第一次愚弄

下面这段话引自 Bob 大叔的《敏捷软件开发原则、模式与实践》。

　　有句古老的谚语说："愚弄我一次，应该羞愧的是你。再次愚弄我，应该羞愧的是我。"这也是一种有效的对待软件设计的态度。为了防止软件背着不必要的复杂性，我们会允许自己被愚弄一次。

让程序一开始就尽量遵守开放–封闭原则，并不是一件很容易的事情。一方面，我们需要尽快知道程序在哪些地方会发生变化，这要求我们有一些"未卜先知"的能力。另一方面，留给程序员的需求排期并不是无限的，所以我们可以说服自己去接受不合理的代码带来的第一次愚弄。在最初编写代码的时候，先假设变化永远不会发生，这有利于我们迅速完成需求。当变化发生并且对我们接下来的工作造成影响的时候，可以再回过头来封装这些变化的地方。然后确保我们不会掉进同一个坑里，这有点像星矢说的："圣斗士不会被同样的招数击倒第二次。"

第 21 章

接口和面向接口编程

当我们谈到接口的时候，通常会涉及以下几种含义，下面先简单介绍。

我们经常说一个库或者模块对外提供了某某 API 接口。通过主动暴露的接口来通信，可以隐藏软件系统内部的工作细节。这也是我们最熟悉的第一种接口含义。

第二种接口是一些语言提供的关键字，比如 Java 的 interface。interface 关键字可以产生一个完全抽象的类。这个完全抽象的类用来表示一种契约，专门负责建立类与类之间的联系。

第三种接口即是我们谈论的"面向接口编程"中的接口，接口的含义在这里体现得更为抽象。用《设计模式》中的话说就是：

> 接口是对象能响应的请求的集合。

本章主要讨论的是第二种和第三种接口。首先要讲清楚的是，本章的前半部分都是针对 Java 语言的讲解，这是因为 JavaScript 并没有从语言层面提供对抽象类（Abstract class）或者接口（interface）的支持，我们有必要从一门提供了抽象类和接口的语言开始，逐步了解"面向接口编程"在面向对象程序设计中的作用。

21.1 回到 Java 的抽象类

首先让我们来回顾一下 1.2 节中的动物世界。目前我们有一个鸭子类 Duck，还有一个让鸭子发出叫声的 AnimalSound 类，该类有一个 makeSound 方法，接收 Duck 类型的对象作为参数，这几个类一直合作得很愉快，代码如下：

```java
public class Duck {      // 鸭子类
    public void makeSound(){
        System.out.println( "嘎嘎嘎" );
    }
}
```

```
public class AnimalSound {
    public void makeSound( Duck duck ){    // (1) 只接受 Duck 类型的参数
        duck.makeSound();
    }
}

public class Test {
    public static void main( String args[] ){
        AnimalSound animalSound = new AnimalSound();
        Duck duck = new Duck();
        animalSound.makeSound( duck );    // 输出：嘎嘎嘎
    }
}
```

目前已经可以顺利地让鸭子发出叫声。后来动物世界里又增加了一些鸡，现在我们想让鸡也叫唤起来，但发现这是一件不可能完成的事情，因为在上面这段代码的(1)处，即 AnimalSound 类的 sound 方法里，被规定只能接受 Duck 类型的对象作为参数：

```
public class Chicken {    // 鸡类
    public void makeSound(){
        System.out.println( "咯咯咯" );
    }
}

public class Test {
    public static void main( String args[] ){
        AnimalSound animalSound = new AnimalSound();
        Chicken chicken = new Chicken();
        animalSound.makeSound( chicken );
        // 报错，animalSound.makeSound 只能接受 Duck 类型的参数
    }
}
```

在享受静态语言类型检查带来的安全性的同时，我们也失去了一些编写代码的自由。

通过 1.3 节的讲解，我们已经明白，静态类型语言通常设计为可以"向上转型"。当给一个类变量赋值时，这个变量的类型既可以使用这个类本身，也可以使用这个类的超类。就像看到天上有只麻雀，我们既可以说"一只麻雀在飞"，也可以说"一只鸟在飞"，甚至可以说成"一只动物在飞"。通过向上转型，对象的具体类型被隐藏在"超类型"身后。当对象类型之间的耦合关系被解除之后，这些对象才能在类型检查系统的监视下相互替换使用，这样才能看到对象的多态性。

所以如果想让鸡也叫唤起来，必须先把 duck 对象和 chicken 对象都向上转型为它们的超类型 Animal 类，进行向上转型的工具就是抽象类或者 interface。我们即将使用的是抽象类。

先创建一个 Animal 抽象类：

```
public abstract class Animal {
    abstract void makeSound();    // 抽象方法
}
```

然后让 Duck 类和 Chicken 类都继承自抽象类 Animal：

```java
public class Chicken extends Animal{
    public void makeSound(){
        System.out.println( "咯咯咯" );
    }
}

public class Duck extends Animal{
    public void makeSound(){
        System.out.println( "嘎嘎嘎" );
    }
}
```

也可以把 Animal 定义为一个具体类而不是抽象类，但一般不这么做。**Scott Meyers** 曾指出，只要有可能，不要从具体类继承。

现在剩下的就是让 AnimalSound 类的 makeSound 方法接收 Animal 类型的参数，而不是具体的 Duck 类型或者 Chicken 类型：

```java
public class AnimalSound{
    public void makeSound( Animal animal ){ // 接收 Animal 类型的参数，而非 Duck 类型或 Chicken 类型
        animal.makeSound();
    }
}

public class Test {
    public static void main( String args[] ){
        AnimalSound animalSound = new AnimalSound ();
        Animal duck = new Duck();              // 向上转型
        Animal chicken = new Chicken();        // 向上转型
        animalSound.makeSound( duck );         // 输出：嘎嘎嘎
        animalSound.makeSound( chicken );      // 输出：咯咯咯
    }
}
```

本节通过抽象类完成了一个体现对象多态性的例子。但目前的重点并非讲解多态，而是在于说明抽象类。抽象类在这里主要有以下两个作用。

❑ 向上转型。让 Duck 对象和 Chicken 对象的类型都隐藏在 Animal 类型身后，隐藏对象的具体类型之后，duck 对象和 chicken 对象才能被交换使用，这是让对象表现出多态性的必经之路。

❑ 建立一些契约。继承自抽象类的具体类都会继承抽象类里的 abstract 方法，并且要求覆写它们。这些契约在实际编程中非常重要，可以帮助我们编写可靠性更高的代码。比如在命令模式中，各个子命令类都必须实现 execute 方法，才能保证在调用 command.execute 的时候不会抛出异常。如果让子命令类 OpenTvCommand 继承自抽象类 Command：

```java
abstract class Command{
    public abstract void execute();
}
```

```
public class OpenTvCommand extends Command{
    public OpenTvCommand (){};
    public void execute(){
    System.out.println( "打开电视机" );
    }
}
```

那么自然有编译器帮助我们检查和保证子命令类 OpenTvCommand 覆写了抽象类 Command 中的 execute 抽象方法。如果没有这样做，编译器会尽可能早地抛出错误来提醒正在编写这段代码的程序员。

总而言之，不关注对象的具体类型，而仅仅针对超类型中的"契约方法"来编写程序，可以产生可靠性高的程序，也可以极大地减少子系统实现之间的相互依赖关系，这就是我们本章要讨论的主题：

　　　面向接口编程，而不是面向实现编程。

奇怪的是，本节我们一直讨论的是抽象类，跟接口又有什么关系呢？实际上这里的接口并不是指 interface，而是一个抽象的概念。

从过程上来看，"面向接口编程"其实是"面向超类型编程"。当对象的具体类型被隐藏在超类型身后时，这些对象就可以相互替换使用，我们的关注点才能从对象的类型上转移到对象的行为上。"面向接口编程"也可以看成面向抽象编程，即针对超类型中的 abstract 方法编程，接口在这里被当成 abstract 方法中约定的契约行为。这些契约行为暴露了一个类或者对象能够做什么，但是不关心具体如何去做。

21.2　interface

除了用抽象类来完成面向接口编程之外，使用 interface 也可以达到同样的效果。虽然很多人在实际使用中刻意区分抽象类和 interface，但使用 interface 实际上也是继承的一种方式，叫作接口继承。

相对于单继承的抽象类，一个类可以实现多个 interface。抽象类中除了 abstract 方法之外，还可以有一些供子类公用的具体方法。interface 使抽象的概念更进一步，它产生一个完全抽象的类，不提供任何具体实现和方法体（Java 8 已经有了提供实现方法的 interface），但允许该 interface 的创建者确定方法名、参数列表和返回类型，这相当于提供一些行为上的约定，但不关心该行为的具体实现过程。

interface 同样可以用于向上转型，这也是让对象表现出多态性的一条途径，实现了同一个接口的两个类就可以被相互替换使用。

再回到用抽象类实现让鸭子和鸡发出叫声的故事。这个故事得以完美收场的关键是让抽象类 Animal 给 duck 和 chicken 进行向上转型。但此时也引入了一个限制，抽象类是基于单继承的，也就是说我们不可能让 Duck 和 Chicken 再继承自另一个家禽类。如果使用 interface，可以仅仅针对发出叫声这个行为来编写程序，同时一个类也可以实现多个 interface。

下面用 interface 来改写基于抽象类的代码。我们先定义 Animal 接口，所有实现了 Animal 接口的动物类都将拥有 Animal 接口中约定的行为：

```
public interface Animal{
    abstract void makeSound();
}

public class Duck implements Animal{
    public void makeSound() {      // 重写 Animal 接口的 makeSound 抽象方法
        System.out.println( "嘎嘎嘎" );
    }
}

public class Chicken implements Animal{
    public void makeSound() {      // 重写 Animal 接口的 makeSound 抽象方法
        System.out.println( "咯咯咯" );
    }
}

public class AnimalSound {
    public void makeSound( Animal animal ){
        animal.makeSound();
    }
}

public class Test {
    public static void main( String args[] ){
        Animal duck = new Duck();
        Animal chicken = new Chicken();

        AnimalSound animalSound = new AnimalSound();
        animalSound.makeSound( duck );      // 输出：嘎嘎嘎
        animalSound.makeSound( chicken );      // 输出：咯咯咯
    }
}
```

21.3　JavaScript 语言是否需要抽象类和 interface

通过前面的讲解，我们明白了抽象类和 interface 的作用主要都是以下两点。

❑ 通过向上转型来隐藏对象的真正类型，以表现对象的多态性。
❑ 约定类与类之间的一些契约行为。

对于 JavaScript 而言，因为 JavaScript 是一门动态类型语言，类型本身在 JavaScript 中是一个相对模糊的概念。也就是说，不需要利用抽象类或者 interface 给对象进行"向上转型"。除了 number、string、**boolean** 等基本数据类型之外，其他的对象都可以被看成"天生"被"向上转型"

成了 Object 类型：

```
var ary = new Array();
var date = new Date();
```

如果 JavaScript 是一门静态类型语言，上面的代码也许可以理解为：

```
Array ary = new Array();
Date date = new Date();
```

或者：

```
Object ary = new Array();
Object date = new Date();
```

很少有人在 JavaScript 开发中去关心对象的真正类型。在动态类型语言中，对象的多态性是与生俱来的，但在另外一些静态类型语言中，对象类型之间的解耦非常重要，甚至有一些设计模式的主要目的就是专门隐藏对象的真正类型。

因为不需要进行向上转型，接口在 JavaScript 中的最大作用就退化到了检查代码的规范性。比如检查某个对象是否实现了某个方法，或者检查是否给函数传入了预期类型的参数。如果忽略了这两点，有可能会在代码中留下一些隐藏的 bug。比如我们尝试执行 obj 对象的 show 方法，但是 obj 对象本身却没有实现这个方法，代码如下：

```
function show( obj ){
    obj.show();        // Uncaught TypeError: undefined is not a function
}

var myObject = {};    // myObject 对象没有 show 方法
show( myObject );
```

或者：

```
function show( obj ){
    obj.show();        // TypeError: number is not a function
}

var myObject = {    // myObject.show 不是 Function 类型
    show: 1
};
show( myObject );
```

此时，我们不得不加上一些防御性代码：

```
function show( obj ){
    if ( obj && typeof obj.show === 'function' ){
        obj.show();
    }
}
```

或者：

```
function show( obj ){
    try{
        obj.show();
    }catch( e ){

    }
}

var myObject = {};      // myObject 对象没有 show 方法
// var myObject = {      // myObject.show 不是 Function 类型
    // show: 1
// };

show( myObject );
```

如果 JavaScript 有编译器帮我们检查代码的规范性，那事情要比现在美好得多，我们不用在业务代码中到处插入一些跟业务逻辑无关的防御性代码。作为一门解释执行的动态类型语言，把希望寄托在编译器上是不可能了。如果要处理这类异常情况，我们只有手动编写一些接口检查的代码。

21.4 用鸭子类型进行接口检查

在 1.2 节中，我们已经了解过鸭子类型的概念：

"如果它走起路来像鸭子，叫起来也是鸭子，那么它就是鸭子。"

鸭子类型是动态类型语言面向对象设计中的一个重要概念。利用鸭子类型的思想，不必借助超类型的帮助，就能在动态类型语言中轻松地实现本章提到的设计原则：面向接口编程，而不是面向实现编程。比如，一个对象如果有 push 和 pop 方法，并且提供了正确的实现，它就能被当作栈来使用；一个对象如果有 length 属性，也可以依照下标来存取属性，这个对象就可以被当作数组来使用。如果两个对象拥有相同的方法，则有很大的可能性它们可以被相互替换使用。

在 Object.prototype.toString.call([]) === '[object Array]' 被发现之前，我们经常用鸭子类型的思想来判断一个对象是否是一个数组，代码如下：

```
var isArray = function( obj ){
    return obj &&
        typeof obj === 'object' &&
        typeof obj.length === 'number' &&
        typeof obj.splice === 'function'
};
```

当然在 JavaScript 开发中，总是进行接口检查是不明智的，也是没有必要的，毕竟现在还找不到一种好用并且通用的方式来模拟接口检查，跟业务逻辑无关的接口检查也会让很多 JavaScript 程序员觉得不值得和不习惯。在 Ross Harmes 和 Dustin Diaz 合著的 *Pro JavaScript Design Patterns* 一书中，提供了一种根据鸭子类型思想模拟接口检查的方法，但这种基于双重循环的检查方法并不是很实用，而且只能检查对象的某个属性是否属于 Function 类型。

21.5　用 TypeScript 编写基于 interface 的命令模式

虽然在大多数时候 interface 给 JavaScript 开发带来的价值并不像在静态类型语言中那么大，但如果我们正在编写一个复杂的应用，还是会经常怀念接口的帮助。

下面我们以基于命令模式的示例来说明 interface 如何规范程序员的代码编写，这段代码本身并没有什么实用价值，在 JavaScript 中，我们一般用闭包和高阶函数来实现命令模式。

假设我们正在编写一个用户界面程序，页面中有成百上千个子菜单。因为项目很复杂，我们决定让整个程序都基于命令模式来编写，即编写菜单集合界面的是某个程序员，而负责实现每个子菜单具体功能的工作交给了另外一些程序员。

那些负责实现子菜单功能的程序员，在完成自己的工作之后，会把子菜单封装成一个命令对象，然后把这个命令对象交给编写菜单集合界面的程序员。他们已经约定好，当调用子菜单对象的 execute 方法时，会执行对应的子菜单命令。

虽然在开发文档中详细注明了每个子菜单对象都必须有自己的 execute 方法，但还是有一个粗心的 JavaScript 程序员忘记给他负责的子菜单对象实现 execute 方法，于是当执行这个命令的时候，便会报出错误，代码如下：

```
<html>
    <body>
        <button id="exeCommand">执行菜单命令</button>
    <script>
    var RefreshMenuBarCommand = function(){};

    RefreshMenuBarCommand.prototype.execute = function(){
        console.log( '刷新菜单界面' );
    };

    var AddSubMenuCommand = function(){};

    AddSubMenuCommand.prototype.execute = function(){
        console.log( '增加子菜单' );
    };

    var DelSubMenuCommand = function(){};

    /*****没有实现DelSubMenuCommand.prototype.execute *****/
    // DelSubMenuCommand.prototype.execute = function(){

    // };

    var refreshMenuBarCommand = new RefreshMenuBarCommand(),
        addSubMenuCommand = new AddSubMenuCommand(),
        delSubMenuCommand = new DelSubMenuCommand();

    var setCommand = function( command ){
        document.getElementById( 'exeCommand' ).onclick = function(){
```

```
            command.execute();
        }
    };

    setCommand( refreshMenuBarCommand );
    // 点击按钮后输出："刷新菜单界面"
    setCommand( addSubMenuCommand );
    // 点击按钮后输出："增加子菜单"
    setCommand( delSubMenuCommand );
    // 点击按钮后报错。Uncaught TypeError: undefined is not a function

    </script>
    </body>
</html>
```

为了防止粗心的程序员忘记给某个子命令对象实现 execute 方法，我们只能在高层函数里添加一些防御性的代码，这样当程序在最终被执行的时候，有可能抛出异常来提醒我们，代码如下：

```
var setCommand = function( command ){
    document.getElementById( 'exeCommand' ).onclick = function(){
        if ( typeof command.execute !== 'function' ){
            throw new Error( "command 对象必须实现 execute 方法" );
        }
        command.execute();
    }
};
```

如果确实不喜欢重复编写这些防御性代码，我们还可以尝试使用 TypeScript 来编写这个程序。

TypeScript 是微软开发的一种编程语言，是 JavaScript 的一个超集。跟 CoffeeScript 类似，TypeScript 代码最终会被编译成原生的 JavaScript 代码执行。通过 TypeScript，我们可以使用静态语言的方式来编写 JavaScript 程序。用 TypeScript 来实现一些设计模式，显得更加原汁原味。

TypeScript 目前的版本还没有提供对抽象类的支持，但是提供了 interface。下面我们就来编写一个 TypeScript 版本的命令模式。

首先定义 Command 接口：

```
interface Command{
    execute: Function;
}
```

接下来定义 RefreshMenuBarCommand、AddSubMenuCommand 和 DelSubMenuCommand 这 3 个类，它们分别都实现了 Command 接口，这可以保证它们都拥有 execute 方法：

```
class RefreshMenuBarCommand implements Command{
    constructor (){
    }
    execute(){
        console.log( '刷新菜单界面' );
```

```
    }
}

class AddSubMenuCommand implements Command{
    constructor (){
    }
    execute(){
        console.log( '增加子菜单' );
    }
}

class DelSubMenuCommand implements Command{
    constructor (){
    }
    // 忘记重写 execute 方法
}

var refreshMenuBarCommand = new RefreshMenuBarCommand(),
    addSubMenuCommand = new AddSubMenuCommand(),
    delSubMenuCommand = new DelSubMenuCommand();

refreshMenuBarCommand.execute();    // 输出：刷新菜单界面
addSubMenuCommand.execute();        // 输出：增加子菜单
delSubMenuCommand.execute();     // 输出: Uncaught TypeError: undefined is not a function
```

如图 21-1 所示，当我们忘记在 DelSubMenuCommand 类中重写 execute 方法时，TypeScript 提供的编译器及时给出了错误提示。

```
Class DelSubMenuCommand declares interface Command but does not implement it: Type
'DelSubMenuCommand' is missing property 'execute' from type 'Command'.
DelSubMenuCommand
class DelSubMenuCommand implements Command{
    constructor (){

    }
    //忘记重写execute方法
}
```

图　21-1

这段 TypeScript 代码翻译过来的 JavaScript 代码如下：

```
var RefreshMenuBarCommand = (function () {
    function RefreshMenuBarCommand() {
    }
    RefreshMenuBarCommand.prototype.execute = function () {
        console.log('刷新菜单界面');
    };
    return RefreshMenuBarCommand;
})();

var AddSubMenuCommand = (function () {
    function AddSubMenuCommand() {
    }
```

```
    AddSubMenuCommand.prototype.execute = function () {
        console.log('增加子菜单');
    };
    return AddSubMenuCommand;
})();

var DelSubMenuCommand = (function () {
    function DelSubMenuCommand() {
    }
    return DelSubMenuCommand;
})();

var refreshMenuBarCommand = new RefreshMenuBarCommand(),
    addSubMenuCommand = new AddSubMenuCommand(),
    delSubMenuCommand = new DelSubMenuCommand();

refreshMenuBarCommand.execute();
addSubMenuCommand.execute();
delSubMenuCommand.execute();
```

第 22 章

代码重构

本书并非志在讨论重构的书，但我们到目前为止，实际上一直在不停地进行代码级别上的优化。在讲设计模式的章节中，我们总是先写一段反例代码，而后再介绍一段通过设计模式重构之后的更好的代码。这种强烈的对比会加深我们对该模式的理解。

模式和重构之间有着一种与生俱来的关系。从某种角度来看，设计模式的目的就是为许多重构行为提供目标。

在实际的项目开发中，除了使用设计模式进行重构之外，还有一些常见而容易忽略的细节，这些细节也是帮助我们达到重构目标的重要手段。本章将挑选一些进行介绍，其中有一部分思想来自 Martin Fowler 的名著《重构：改善既有代码的设计》，虽然该书是使用 Java 语言写成的，但这些重构的技巧，有很大一部分可以为 JavaScript 语言所借鉴。

虽然本章会提出一些重构的目标和手段，但它们都是建议，没有哪些是必须严格遵守的标准。具体是否需要重构，以及如何进行重构，这需要我们根据系统的类型、项目工期、人力等外界因素一起决定。

22.1 提炼函数

在 JavaScript 开发中，我们大部分时间都在与函数打交道，所以我们希望这些函数有着良好的命名，函数体内包含的逻辑清晰明了。如果一个函数过长，不得不加上若干注释才能让这个函数显得易读一些，那些函数就很有必要进行重构。

如果在函数中有一段代码可以被独立出来，那我们最好把这些代码放进另外一个独立的函数中。这是一种很常见的优化工作，这样做的好处主要有以下几点。

- ❑ 避免出现超大函数。
- ❑ 独立出来的函数有助于代码复用。
- ❑ 独立出来的函数更容易被覆写。

❑ 独立出来的函数如果拥有一个良好的命名，它本身就起到了注释的作用。

比如在一个负责取得用户信息的函数里面，我们还需要打印跟用户信息有关的 log，那么打印 log 的语句就可以被封装在一个独立的函数里：

```
var getUserInfo = function(){
    ajax( 'http:// xxx.com/userInfo', function( data ){
        console.log( 'userId: ' + data.userId );
        console.log( 'userName: ' + data.userName );
        console.log( 'nickName: ' + data.nickName );
    });
};
```

改成：

```
var getUserInfo = function(){
    ajax( 'http:// xxx.com/userInfo', function( data ){
        printDetails( data );
    });
};

var printDetails = function( data ){
    console.log( 'userId: ' + data.userId );
    console.log( 'userName: ' + data.userName );
    console.log( 'nickName: ' + data.nickName );
};
```

22.2　合并重复的条件片段

如果一个函数体内有一些条件分支语句，而这些条件分支语句内部散布了一些重复的代码，那么就有必要进行合并去重工作。假如我们有一个分页函数 paging，该函数接收一个参数 currPage，currPage 表示即将跳转的页码。在跳转之前，为防止 currPage 传入过小或者过大的数字，我们要手动对它的值进行修正，详见如下伪代码：

```
var paging = function( currPage ){
    if ( currPage <= 0 ){
        currPage = 0;
        jump( currPage );     // 跳转
    }else if ( currPage >= totalPage ){
        currPage = totalPage;
        jump( currPage );     // 跳转
    }else{
        jump( currPage );     // 跳转
    }
};
```

可以看到，负责跳转的代码 jump(currPage)在每个条件分支内都出现了，所以完全可以把这句代码独立出来：

```javascript
var paging = function( currPage ){
    if ( currPage <= 0 ){
        currPage = 0;
    }else if ( currPage >= totalPage ){
        currPage = totalPage;
    }
    jump( currPage );        // 把 jump 函数独立出来
};
```

22.3   把条件分支语句提炼成函数

在程序设计中，复杂的条件分支语句是导致程序难以阅读和理解的重要原因，而且容易导致一个庞大的函数。假设现在有一个需求是编写一个计算商品价格的 getPrice 函数，商品的计算只有一个规则：如果当前正处于夏季，那么全部商品将以 8 折出售。代码如下：

```javascript
var getPrice = function( price ){
    var date = new Date();
    if ( date.getMonth() >= 6 && date.getMonth() <= 9 ){      // 夏天
        return price * 0.8;
    }
    return price;
};
```

观察这句代码：

```javascript
if ( date.getMonth() >= 6 && date.getMonth() <= 9 ){
    // ...
}
```

这句代码要表达的意思很简单，就是判断当前是否正处于夏天（7~10 月）。尽管这句代码很短小，但代码表达的意图和代码自身还存在一些距离，阅读代码的人必须要多花一些精力才能明白它传达的意图。其实可以把这句代码提炼成一个单独的函数，既能更准确地表达代码的意思，函数名本身又能起到注释的作用。代码如下：

```javascript
var isSummer = function(){
    var date = new Date();
    return date.getMonth() >= 6 && date.getMonth() <= 9;
};

var getPrice = function( price ){
    if ( isSummer() ){      // 夏天
        return price * 0.8;
    }
    return price;
};
```

22.4　合理使用循环

在函数体内，如果有些代码实际上负责的是一些重复性的工作，那么合理利用循环不仅可以完成同样的功能，还可以使代码量更少。下面有一段创建 XHR 对象的代码，为了简化示例，我们只考虑版本 9 以下的 IE 浏览器，代码如下：

```
var createXHR = function(){
    var xhr;
    try{
        xhr = new ActiveXObject( 'MSXML2.XMLHttp.6.0' );
    }catch(e){
        try{
            xhr = new ActiveXObject( 'MSXML2.XMLHttp.3.0' );
        }catch(e){
            xhr = new ActiveXObject( 'MSXML2.XMLHttp' );
        }
    }
    return xhr;
};

var xhr = createXHR();
```

下面我们灵活地运用循环，可以得到跟上面代码一样的效果：

```
var createXHR = function(){
var versions= [ 'MSXML2.XMLHttp.6.0ddd', 'MSXML2.XMLHttp.3.0', 'MSXML2.XMLHttp' ];
    for ( var i = 0, version; version = versions[ i++ ]; ){
        try{
            return new ActiveXObject( version );
        }catch(e){

        }
    }
};

var xhr = createXHR();
```

22.5　提前让函数退出代替嵌套条件分支

许多程序员都有这样一种观念："每个函数只能有一个入口和一个出口。"现代编程语言都会限制函数只有一个入口。但关于"函数只有一个出口"，往往会有一些不同的看法。

下面这段伪代码是遵守"函数只有一个出口的"的典型代码：

```
var del = function( obj ){
    var ret;
    if ( !obj.isReadOnly ){   // 不为只读的才能被删除
        if ( obj.isFolder ){   // 如果是文件夹
```

```
        ret = deleteFolder( obj );
    }else if ( obj.isFile ){    // 如果是文件
        ret = deleteFile( obj );
    }
}
return ret;
};
```

嵌套的条件分支语句绝对是代码维护者的噩梦,对于阅读代码的人来说,嵌套的 if、else 语句相比平铺的 if、else,在阅读和理解上更加困难,有时候一个外层 if 分支的左括号和右括号之间相隔 500 米之远。用《重构》里的话说,嵌套的条件分支往往是由一些深信“每个函数只能有一个出口的”程序员写出的。但实际上,如果对函数的剩余部分不感兴趣,那就应该立即退出。引导阅读者去看一些没有用的 else 片段,只会妨碍他们对程序的理解。

于是我们可以挑选一些条件分支,在进入这些条件分支之后,就立即让这个函数退出。要做到这一点,有一个常见的技巧,即在面对一个嵌套的 if 分支时,我们可以把外层 if 表达式进行反转。重构后的 del 函数如下:

```
var del = function( obj ){
    if ( obj.isReadOnly ){    // 反转 if 表达式
        return;
    }
    if ( obj.isFolder ){
        return deleteFolder( obj );
    }
    if ( obj.isFile ){
        return deleteFile( obj );
    }
};
```

22.6　传递对象参数代替过长的参数列表

有时候一个函数有可能接收多个参数,而参数的数量越多,函数就越难理解和使用。使用该函数的人首先得搞明白全部参数的含义,在使用的时候,还要小心翼翼,以免少传了某个参数或者把两个参数搞反了位置。如果我们想在第 3 个参数和第 4 个参数之中增加一个新的参数,就会涉及许多代码的修改,代码如下:

```
var setUserInfo = function( id, name, address, sex, mobile, qq ){
    console.log( 'id= ' + id );
    console.log( 'name= ' +name );
    console.log( 'address= ' + address );
    console.log( 'sex= ' + sex );
    console.log( 'mobile= ' + mobile );
    console.log( 'qq= ' + qq );
};

setUserInfo( 1314, 'sven', 'shenzhen', 'male', '137********', 377876679 );
```

这时我们可以把参数都放入一个对象内，然后把该对象传入 setUserInfo 函数，setUserInfo 函数需要的数据可以自行从该对象里获取。现在不用再关心参数的数量和顺序，只要保证参数对应的 key 值不变就可以了：

```
var setUserInfo = function( obj ){
    console.log( 'id= ' + obj.id );
    console.log( 'name= ' + obj.name );
    console.log( 'address= ' + obj.address );
    console.log( 'sex= ' + obj.sex );
    console.log( 'mobile= ' + obj.mobile );
    console.log( 'qq= ' + obj.qq );
};

setUserInfo({
    id: 1314,
    name: 'sven',
    address: 'shenzhen',
    sex: 'male',
    mobile: '137********',
    qq: 377876679
});
```

22.7　尽量减少参数数量

如果调用一个函数时需要传入多个参数，那这个函数是让人望而生畏的，我们必须搞清楚这些参数代表的含义，必须小心翼翼地把它们按照顺序传入该函数。而如果一个函数不需要传入任何参数就可以使用，这种函数是深受人们喜爱的。在实际开发中，向函数传递参数不可避免，但我们应该尽量减少函数接收的参数数量。下面举个非常简单的示例。有一个画图函数 draw，它现在只能绘制正方形，接收了 3 个参数，分别是图形的 width、heigth 以及 square：

```
var draw = function( width, height, square ){};
```

但实际上正方形的面积是可以通过 width 和 height 计算出来的，于是我们可以把参数 square 从 draw 函数中去掉：

```
var draw = function( width, height ){
    var square = width * height;
};
```

假设以后这个 draw 函数开始支持绘制圆形，我们需要把参数 width 和 height 换成半径 radius，但图形的面积 square 始终不应该由客户传入，而是应该在 draw 函数内部，由传入的参数加上一定的规则计算得来。此时，我们可以使用策略模式，让 draw 函数成为一个支持绘制多种图形的函数。

22.8　少用三目运算符

有一些程序员喜欢大规模地使用三目运算符，来代替传统的 if、else。理由是三目运算符性能高，代码量少。不过，这两个理由其实都很难站得住脚。

即使我们假设三目运算符的效率真的比 if、else 高，这点差距也是完全可以忽略不计的。在实际的开发中，即使把一段代码循环一百万次，使用三目运算符和使用 if、else 的时间开销处在同一个级别里。

同样，相比损失的代码可读性和可维护性，三目运算符节省的代码量也可以忽略不计。让 JS 文件加载更快的办法有很多种，如压缩、缓存、使用 CDN 和分域名等。把注意力只放在使用三目运算符节省的字符数量上，无异于一个 300 斤重的人把超重的原因归罪于头皮屑。

如果条件分支逻辑简单且清晰，这无碍我们使用三目运算符：

```
var global = typeof window !== "undefined" ? window : this;
```

但如果条件分支逻辑非常复杂，如下段代码所示，那我们最好的选择还是按部就班地编写 if、else。if、else 语句的好处很多，一是阅读相对容易，二是修改的时候比修改三目运算符周围的代码更加方便：

```
if ( !aup || !bup ) {
    return a === doc ? -1 :
        b === doc ? 1 :
        aup ? -1 :
        bup ? 1 :
        sortInput ?
        ( indexOf.call( sortInput, a ) - indexOf.call( sortInput, b ) ) :
        0;
}
```

22.9　合理使用链式调用

经常使用 jQuery 的程序员相当习惯链式调用方法，在 JavaScript 中，可以很容易地实现方法的链式调用，即让方法调用结束后返回对象自身，如下代码所示：

```
var User = function(){
    this.id = null;
    this.name = null;
};

User.prototype.setId = function( id ){
    this.id = id;
    return this;
};

User.prototype.setName = function( name ){
```

```
    this.name = name;
    return this;
};

console.log( new User().setId( 1314 ).setName( 'sven' ) );
```

或者：

```
var User = {
    id: null,
    name: null,
    setId: function( id ){
        this.id = id;
        return this;
    },
    setName: function( name ){
        this.name = name;
        return this;
    }
};

console.log( User.setId( 1314 ).setName( 'sven' ) );
```

　　使用链式调用的方式并不会造成太多阅读上的困难，也确实能省下一些字符和中间变量，但节省下来的字符数量同样是微不足道的。链式调用带来的坏处就是在调试的时候非常不方便，如果我们知道一条链中有错误出现，必须得先把这条链拆开才能加上一些调试 log 或者增加断点，这样才能定位错误出现的地方。

　　如果该链条的结构相对稳定，后期不易发生修改，那么使用链式调用无可厚非。但如果该链条很容易发生变化，导致调试和维护困难，那么还是建议使用普通调用的形式：

```
var user = new User();

user.setId( 1314 );
user.setName( 'sven' );
```

22.10　分解大型类

　　在我编写的 HTML5 版 "街头霸王" 的第一版代码中，负责创建游戏人物的 Spirit 类非常庞大，不仅要负责创建人物精灵，还包括了人物的攻击、防御等动作方法，代码如下：

```
var Spirit = function( name ){
    this.name = name;
};

Spirit.prototype.attack = function( type ){    // 攻击
    if ( type === 'waveBoxing' ){
        console.log( this.name + ': 使用波动拳' );
```

```
    }else if( type === 'whirlKick' ){
        console.log( this.name + ': 使用旋风腿' );
    }
};

var spirit = new Spirit( 'RYU' );

spirit.attack( 'waveBoxing' );      // 输出：RYU: 使用波动拳
spirit.attack( 'whirlKick' );     // 输出：RYU: 使用旋风腿
```

后来发现，Spirit.prototype.attack 这个方法实现是太庞大了，实际上它完全有必要作为一个单独的类存在。面向对象设计鼓励将行为分布在合理数量的更小对象之中：

```
var Attack = function( spirit ){
    this.spirit = spirit;
};

Attack.prototype.start = function( type ){
    return this.list[ type ].call( this );
};

Attack.prototype.list = {
    waveBoxing: function(){
        console.log( this.spirit.name + ': 使用波动拳' );
    },
    whirlKick: function(){
        console.log( this.spirit.name + ': 使用旋风腿' );
    }
};
```

现在的 Spirit 类变得精简了很多，不再包括各种各样的攻击方法，而是把攻击动作委托给 Attack 类的对象来执行，这段代码也是策略模式的运用之一：

```
var Spirit = function( name ){
    this.name = name;
    this.attackObj = new Attack( this );
};

Spirit.prototype.attack = function( type ){    // 攻击
    this.attackObj.start( type );
};

var spirit = new Spirit( 'RYU' );

spirit.attack( 'waveBoxing' );    // 输出：RYU: 使用波动拳
spirit.attack( 'whirlKick' );     // 输出：RYU: 使用旋风腿
```

22.11　用 return 退出多重循环

假设在函数体内有一个两重循环语句，我们需要在内层循环中判断，当达到某个临界条件时退出外层的循环。我们大多数时候会引入一个控制标记变量：

```
var func = function(){
    var flag = false;
    for ( var i = 0; i < 10; i++ ){
        for ( var j = 0; j < 10; j++ ){
            if ( i * j >30 ){
                flag = true;
                break;
            }
        }
        if ( flag === true ){
            break;
        }
    }
};
```

第二种做法是设置循环标记：

```
var func = function(){
    outerloop:
    for ( var i = 0; i < 10; i++ ){
        innerloop:
        for ( var j = 0; j < 10; j++ ){
            if ( i * j >30 ){
                break outerloop;
            }
        }
    }
};
```

这两种做法无疑都让人头晕目眩，更简单的做法是在需要中止循环的时候直接退出整个方法：

```
var func = function(){
    for ( var i = 0; i < 10; i++ ){
        for ( var j = 0; j < 10; j++ ){
            if ( i * j >30 ){
                return;
            }
        }
    }
};
```

当然用 return 直接退出方法会带来一个问题，如果在循环之后还有一些将被执行的代码呢？如果我们提前退出了整个方法，这些代码就得不到被执行的机会：

```
var func = function(){
    for ( var i = 0; i < 10; i++ ){
        for ( var j = 0; j < 10; j++ ){
            if ( i * j >30 ){
                return;
            }
        }
    }
    console.log( i );    // 这句代码没有机会被执行
};
```

为了解决这个问题，我们可以把循环后面的代码放到 return 后面，如果代码比较多，就应该把它们提炼成一个单独的函数：

```javascript
var print = function( i ){
    console.log( i );
};

var func = function(){
    for ( var i = 0; i < 10; i++ ){
        for ( var j = 0; j < 10; j++ ){
            if ( i * j >30 ){
                return print( i );
            }
        }
    }
};

func();
```

参考文献

[1] 埃克尔.Java编程思想（第4版）.陈昊鹏 译.北京：机械工业出版社，2007

[2] 奥尔森.Ruby 设计模式.谈熠 陈熙 译.北京：机械工业出版社，2008

[3] 布施曼.面向模式的软件架构：模式与模式语言.肖鹏，等译.北京：人民邮电出版社，2010

[4] 弗里曼.Head First设计模式.O'Reilly Taiwan公司 译.北京：中国电力出版社，2007

[5] 福勒.重构-改善既有代码的设计.熊节 译.北京：人民邮电出版社，2010

[6] 伽玛，赫尔姆，约翰逊，等.设计模式：可复用面向对象软件的基础.李英军，马晓星，蔡
     敏，等译.北京：机械工业出版社，2007

[7] 科瑞夫福斯盖.重构与模式.杨光 刘基诚 译.北京：人民邮电出版社，2010

[8] 克罗克福特.JavaScript：The Good Parts.江苏：东南大学出版社，2009

[9] 刘伟.设计模式的艺术：软件开发人员内功修炼之道.北京：清华大学出版社，2013

[10] 马丁.敏捷软件开发：原则、模式与实践.邓辉 译.北京：清华大学出版社，2003

[11] 赛贝尔.编程人生：15位软件先驱访谈录.图灵俱乐部 译.北京：人民邮电出版社，2010

[12] 沙洛维，特罗特.设计模式解析.徐言声 译.北京：人民邮电出版社，2012

[13] 斯科瑞.面向对象设计原理与模式.腾灵灵 仲婷 译.北京：清华大学出版社，2009

[14] 斯特凡洛夫.JavaScript面向对象编程指南.凌杰 译.北京：人民邮电出版社，2013

[15] 松本行弘.代码的未来.周自恒 译.北京：人民邮电出版社，2013

[16] 松本行弘.松本行弘的程序世界.柳德燕 李黎明 夏倩，等译.北京：人民邮电出版社，2011

[17] 塔特.七周七语言：理解多种编程范型.戴玮 白明 巨成 译.北京：人民邮电出版社，2012

[18] 威利斯迪斯.设计模式沉思录.葛子昂 译.北京：人民邮电出版社，2010

[19] 韦森菲尔德.写给大家看的面向对象编程书.张雷生 刘晓兵 译.北京：人民邮电出版社，2009

[20] 阎宏.Java与模式.北京：电子工业出版社，2002

[21] 月影.JavaScript王者归来.北京：清华大学出版社，2008

[22]　扎卡斯. JavaScript高级程序设计（第3版）. 李松峰 曹力 译. 北京：人民邮电出版社，2012

[23]　周爱民. JavaScript语言精髓与编程实践. 北京：电子工业出版社，2008

[24]　Peter Norvig. Design Patterns in Dynamic Programming. http://norvig.com/design-patterns/ designpatterns.pdf

[25]　winter. C#字符串与享元（Flyweight）模式. http://www.cnblogs.com/winter-cn/archive/2009/ 12/ 02/1614987.html

[26]　winter. 放过设计模式吧. http://www.cnblogs.com/winter-cn/archive/2012/03/10/2389575.html

[27]　winter. 原型模式，不只是clone那么简单. http://www.cnblogs.com/winter-cn/archive/2009/12/ 02/1614987.html

欢迎加入

图灵社区 iTuring.cn

——最前沿的IT类电子书发售平台

电子出版的时代已经来临。在许多出版界同行还在犹豫彷徨的时候，图灵社区已经采取实际行动拥抱这个出版业巨变。作为国内第一家发售电子图书的IT类出版商，图灵社区目前为读者提供两种DRM-free的阅读体验：在线阅读和PDF。

相比纸质书，电子书具有许多明显的优势。它不仅发布快，更新容易，而且尽可能采用了彩色图片（即使有的书纸质版是黑白印刷的）。读者还可以方便地进行搜索、剪贴、复制和打印。

图灵社区进一步把传统出版流程与电子书出版业务紧密结合，目前已实现作译者网上交稿、编辑网上审稿、按章发布的电子出版模式。这种新的出版模式，我们称之为"敏捷出版"，它可以让读者以较快的速度了解到国外最新技术图书的内容，弥补以往翻译版技术书"出版即过时"的缺憾。同时，敏捷出版使得作、译、编、读的交流更为方便，可以提前消灭书稿中的错误，最大程度地保证图书出版的质量。

优惠提示：现在购买电子书，读者将获赠书款20%的社区银子，可用于兑换纸质样书。

——最方便的开放出版平台

图灵社区向读者开放在线写作功能，协助你实现自出版和开源出版的梦想。利用"合集"功能，你就能联合二三好友共同创作一部技术参考书，以免费或收费的形式提供给读者。（收费形式须经过图灵社区立项评审。）这极大地降低了出版的门槛。只要你有写作的意愿，图灵社区就能帮助你实现这个梦想。成熟的书稿，有机会入选出版计划，同时出版纸质书。

图灵社区引进出版的外文图书，都将在立项后马上在社区公布。如果你有意翻译哪本图书，欢迎你来社区申请。只要你通过试译的考验，即可签约成为图灵的译者。当然，要想成功地完成一本书的翻译工作，是需要有坚强的毅力的。

——最直接的读者交流平台

在图灵社区，你可以十分方便地写作文章、提交勘误、发表评论，以各种方式与作译者、编辑人员和其他读者进行交流互动。提交勘误还能够获赠社区银子。

你可以积极参与社区经常开展的访谈、乐译、评选等多种活动，赢取积分和银子，积累个人声望。